Galileo Press

# Dem Wandel voraus

Hasso Plattner im Gespräch mit
August-Wilhelm Scheer,
Siegfried Wendt und
Daniel S. Morrow

Galileo Press

# Inhaltsverzeichnis

# Geleitwort

*von Dr. Thomas Middelhoff,*
*Vorstandsvorsitzender der Bertelsmann AG*

Die Unternehmensgeschichte der SAP ist eine der spannendsten der vergangenen 20 Jahre, und Hasso Plattner ist eine der bemerkenswertesten Unternehmerpersönlichkeiten in Deutschland, aber auch darüber hinaus. Reichlich Stoff also für ein gut zu lesendes Buch.

Anfangs war das Unternehmen aus Walldorf ein typisches Start-up, eine der kleinen Softwarefirmen mit viel großer Konkurrenz: IBM, Siemens, Lotus oder Microsoft. Heute ist SAP ein Vorzeige-Unternehmen mit weltweiten Aktivitäten und einer rasanten Börsenentwicklung. Auf die oft gestellte Frage: Kann ein Unternehmen außerhalb der USA gegen die Markt- und Marketingmacht der amerikanischen Softwarefirmen überhaupt zur Spitze vorstoßen? – gibt es nur eine Antwort: Ja. Sehen Sie sich das Beispiel SAP an.

SAP hat das erreicht mit flachen Hierarchien, einer »ehrlichen Unternehmenskultur« (Plattner), enger Kundenorientierung und dem klaren Ziel, nach Amerika zu gehen und dort erfolgreich zu sein. 40 Prozent ihres Umsatzes macht SAP in den USA, 20 Prozent in Deutschland.

Wie die Geschichten sich doch gleichen! Dort, wo deutsche Unternehmen die Chancen der Globalisierung offensiv nutzen, sind sie oftmals auch erfolgreich; wo sie abwarten und verängstigt auf den neuen Wettbewerb schauen, werden sie zur Seite gedrängt. Das haben wir auch bei Bertelsmann beherzigt: Kein Medienhaus ist heute internationaler. Neben der Globalisierung ist das Internet die nächste große Herausforderung für Unternehmen aller Wirtschaftsbranchen. Preise werden transparent, Märkte global, Arbeitsprozesse digital, und Veränderungen vollziehen sich schneller. Alle Unternehmensbereiche müssen ihre Strukturen überprüfen, ständig anpassen und flexibler gestalten. Groß bleibt nur, wer schnell ist und das Internet in die eigenen Stammgeschäfte integriert. Die Vorreiter und größten Gewinner dieser Entwicklung sind die Multimedia-Start-ups, die mit einer unvorstellbaren Börsenkapitalisierung die traditionellen Branchen umpflügen und klassische Großunternehmen überrunden oder übernehmen. Die Übernahme von Time Warner durch AOL im Januar 2000 ist der bemerkenswerteste Beleg für diese These.

Hasso Plattner erzählt diese schöne Anekdote eines amerikanischen Mitarbeiters, der – als noch kaum einer in Deutschland davon sprach – warnte: Achten Sie aufs Internet! Tatsächlich haben viele Unternehmen den von dieser Technologie ausgelösten dramatischen Umbruch in den Firmen und Branchen lange Zeit unterschätzt; manche tun dies noch heute. SAP reagiert mit der Strategie mySAP.com, Bertelsmann ist heute mit ihren Internet- und E-Commerce-Aktivitäten besser als jedes andere Medienunternehmen weltweit auf diese Herausforderungen vorbereitet.

Es gibt einen »War for Talent«, also einen Wettbewerb der Top-Unternehmen um jene, die sowohl die Gesetzmäßigkeiten der Globalisierung als auch die der Internet-Welt in ihrem Denken und Handeln verinnerlicht haben. Der Schlüssel dazu – sagt Hasso Plattner – ist schlicht der Spaß an der Arbeit und am Arbeiten im Team. Eine ebenso einfache wie bestechende Aussage. Die Stock Options sind zwar wichtig, aber eben auch nicht alles. Führungskräfte wollen etwas bewegen – sich selber und die Firma –, sie suchen die Herausforderung und möchten sich mit den Produkten ihrer Arbeit identifizieren. Was sie scheuen, sind Unternehmen, die nach den Prinzipien operieren: »Das haben wir schon immer so gemacht« oder »Als Neuer müssen Sie sich erst einmal hinten in die Reihe stellen«.

Das Gesetz der Internet-Welt heißt: Alles auf den Prüfstand stellen. Kontinuität ja, aber bitte schnell reagieren. Dann sind und bleiben Unternehmen wie SAP oder Bertelsmann auch in einer globalen Wirtschaft Magnete für Kreative und Unternehmertalente; und dann bleiben sie innovative Spitzenunternehmen im Weltmaßstab. Das ist für mich eine der zentralen Erkenntnisse dieses lehrreichen Buches.

# Vorwort

Dieses Buch war ein Abenteuer. Der Stoff wurde in sechs temperamentvoll-konzentrierten Diskussionssitzungen aufgezeichnet und anschließend redaktionell überarbeitet. Das Anfangskonzept, ein zwischen den drei Gesprächspartnern Plattner, Scheer und Wendt gleichmäßig aufgeteilter Inhalt, wurde bald aufgegeben. Die sprühenden Erzählungen von Hasso Plattner erwiesen sich als so spannend, dass sich die Gesprächspartner Scheer und Wendt mehr und mehr darauf konzentrierten, Hasso Plattner zu motivieren und durch ihre Fragen und Beiträge den roten Faden zu behalten.

So entstand eine faszinierende Dokumentation zu Gründung und Entwicklung der SAP AG, wesentlichen Meilensteinen des R/3-Systems und der in die Zukunft weisenden Internetstrategie der SAP. Besonders eindrucksvoll werden der Übergang vom System R/2 auf das System R/3 und die Entwicklung von mySAP.com geschildert. Während der erste Generationswechsel mehr technisch bedingt war und quasi dem Trend vom Zentralcomputer zur Client-Server-Architektur folgte, ist die Entwicklung vom mySAP.com gleichzeitig mit einer Neukonzeption der betriebswirtschaftlichen Geschäftsprozesse zwischen Unternehmungen verbunden. Aber auch »die SAP wurde neu erfunden«, wie Plattner in diesem Zusammenhang erzählt.

Viele Aussagen sind weit über das SAP-Umfeld hinaus interessant. Sie zeigen die Atmosphäre in der High-Tech-Welt, das kampfbetonte Verhalten der Marktteilnehmer und die enormen Anforderungen an geistige Flexibilität und psychische Belastbarkeit.

Obwohl die einzelnen Gesprächssitzungen jeweils thematisch vorbesprochen und durch Stichwörter gegliedert waren, verliefen sie ausgesprochen spontan. Diese hohe Gesprächsintensität spiegelt die weitgehend wortgetreue Wiedergabe der Sitzungen wider. Den Lektoren ist es durch eine behutsame Überarbeitung des Textes gelungen, die Dynamik und Atmosphäre der Gespräche für den Leser zu konservieren. Bei den Ausführungen zu technischen Problemen wurde mehr auf inhaltliche Verständlichkeit geachtet als auf die letzte Korrektheit der Verwendung technischer Fachbegriffe.

So wird mit diesem Buch ein wichtiger Einblick in die Denkweise einer der wichtigsten Gestalter der Softwareindustrie gegeben. Wir hoffen, dass das Erlebnis von Offenheit, Engagement und geistiger Power, das wir als Gesprächspartner von Hasso Plattner bei den Diskussionen hatten, auch von den Lesern bei der Lektüre gespürt wird.

**August-Wilhelm Scheer**
Saarbrücken, im Januar 2000

**Siegfried Wendt**
Potsdam, im Januar 2000

# Danksagung

Dazu, dass ein spannendes und informatives Buch gelungen ist, haben viele beigetragen. Diesen allen gilt es Dank zu sagen.

Mein erster Dank gebührt meinen beiden Gesprächspartnern Prof. Dr. August-Wilhelm Scheer und Prof. Dr. Siegfried Wendt. Sie hatten die Idee und haben mich zu diesem Unterfangen angestiftet. Sie haben mich immer wieder motiviert, ein ums andere Mal vorangetrieben, immer heftig mitdiskutiert – auch kontrovers, auch provokativ, immer aber konstruktiv. Das Abenteuer Buch hätte ohne sie nicht stattgefunden. Herzlichen Dank sage ich auch Dr. Thomas Middelhoff, Vorstandsvorsitzender der Bertelsmann AG, für seine freundliche Bereitschaft, das Buch mit einem Geleitwort zu eröffnen.

Dieses Buch ist untrennbar mit der Geschichte, Gegenwart und Zukunft der SAP verknüpft. Ohne die SAP hätte es kein Buch zu verfassen gegeben. Ohne meine vier Gründerkollegen hätte es die SAP nicht, zumindest aber nicht so und mit großer Wahrscheinlichkeit auch nicht so erfolgreich gegeben. Ich widme dieses Buch deshalb Dietmar Hopp, Dr. h.c. Klaus E. Tschira, Hans-Werner Hector und Dr. Claus Wellenreuther für das Wagnis, Zeit, Mut und Entbehrungen in eine Vision zu investieren. Auch die Familien seien hier von ganzem Herzen einbezogen!

Entscheidende Impulse kamen auch von meinen vier derzeitigen Vorstandskollegen, die mich alle bereits seit längerer Zeit begleiten. Mein besonderer Dank gilt Prof. Dr. Henning Kagermann, Dr. Peter Zencke, Dr. Claus E. Heinrich und Gerhard Oswald, denen der Erfolg der SAP nach den ersten Jahren bis heute maßgeblich mit zu verdanken ist. Sie haben Entwicklungen angestossen und vorangetrieben. Ebenso danke ich allen früheren und derzeitigen Beschäftigten der SAP weltweit für ihr Engagement und die ergiebige Zusammenarbeit.

Ferner danke ich Herrn Dipl.-Hdl. Michael Hoffmann und Herrn Dipl.-Wirtsch.-Ing. Markus Bold für die Vorbereitung der Gesprächstermine sowie die redaktionelle Überarbeitung des Manuskriptes und fachliche Hinweise; Frau Lucie Bender und Frau Vera Grießer für die sorgfältige Erfassung der Texte sowie Dr. Bernd-Uwe Pagel und Bernhard Hochlehnert von der SAP AG für die positive und konstruktive Mitarbeit an diesem Projekt. Auch dem Verlag Galileo Press und insbesondere Herrn Tomas Wehren sei an dieser Stelle für die professionelle Zusammenarbeit gedankt.

Abschließend geht mein Dank auch an Direktor David K. Allison von der Smithsonian Institution, National Museum of American History, Division of Information Technology, für die Erlaubnis, das im April 1997 von Herrn Daniel S. Morrow mit mir geführte Interview im Rahmen des Buches nachdrucken zu dürfen.

**Hasso Plattner**

Walldorf, im Januar 2000

Hasso Plattner erhielt 1997 als damaliger Chairman von SAP America, Inc., stellvertretender Vorstandsvorsitzender der SAP AG und als der Hauptarchitekt des R/3-Systems den Information Technology Leadership Award for Global Integration im Rahmen des Computerworld Smithsonian Awards Program. Die Auszeichnung wurde Plattner im National Building Museum in Washington, D.C., am 9. Juni 1997 verliehen.

Das folgende Interview fand im Rahmen des Smithsonian-Programms zur Aufzeichnung mündlicher Erzählungen für die Nachwelt statt. Es wurde auf Englisch geführt. Der Gesprächspartner von Hasso Plattner war Daniel S. Morrow, der leitende Direktor des Smithsonian Awards Program.

# Vom Glück des Tüchtigen

*Unsere Idee war es von Anfang an, dass jeder alles sofort erledigt. Man hat dann Zugriff auf aktuelle Informationen, wo auch immer sie sich befinden, und auf alles, was man wissen will. Wir haben jahrelang zu kämpfen gehabt. Man debattierte darüber und meinte, dass das nicht die richtige Sichtweise sei.*
*Durch das Internet hat sich das jetzt verändert.*

Walldorf, den 9. April 1997

**MORROW** Im Namen der Smithsonian Institution und zukünftiger Generationen von Studierenden, Lehrenden und Bürgern dieser Welt, für die wir diese Dokumente aufbewahren, und im Namen von Dr. David Spielberg und seinen Kollegen bei Ernst & Young, deren Großzügigkeit dieses Programm möglich macht, gratuliere ich Ihnen zu 25 erfolgreichen Jahren mit SAP, zur Qualität Ihrer Arbeit und Ihrem Beitrag zur globalen Integration. Ich danke Ihnen für diese Zeit und diesen Beitrag zur Geschichte der Informationstechnologie.

**PLATTNER** Vielen Dank. Es ist eine große Ehre für mich, dass dieses Interview stattfindet, insbesondere weil ich der erste Nicht-Amerikaner bin, dem sie zuteil wird.

**Herkunft**

**MORROW** Sprechen wir zunächst über Ihren Geburtsort, Ihre Familie und Ihre Ausbildung in den jungen Jahren, bevor Sie nach Karlsruhe gingen.

**PLATTNER** Ich wurde in Berlin geboren. Mein Vater war bzw. ist Arzt, und ich verbrachte die ersten 15 Jahre in Berlin. Dann ging ich nach Bayern, was ein ziemlicher Schritt war – etwa so wie ein Umzug von New York nach Houston. Ich verbrachte einige Zeit in Bayern. Ich ging drei Jahre lang in der Schweiz zur Schule und begann dann mit dem Studium der Elektrotechnik in Karlsruhe. Nach dem Abschluss des Studiums ging ich zur IBM.

**Morrow** »Elektrotechnik« wird als »communications engineering« ins Englische übersetzt. Entspricht Ihr Abschluss nicht eher dem eines Elektroingenieurs?

**Plattner** Damals war es eine Kombination aus Elektrotechnik und Computertechnologie. Zwischen 1965 und 1968 befasste ich mich ausschließlich mit digitaler Kommunikation, und in den letzten Jahren des Studiums lag mein Schwerpunkt auf Software.

**Persönliche Einflüsse**

**Morrow** Wer hat Ihr Leben und Ihre Karriere am meisten beeinflusst, als Sie noch ganz jung waren, d. h., bevor Sie anfingen zu studieren?

**Plattner** Mein Großvater hat mich sehr beeinflusst. Elf Jahre lang hatte ich keinen Kontakt zu ihm, weil er Kriegsgefangener war. Er hatte zufällig denselben Namen wie der deutsche Arbeitsminister, Funk, der für einige der Gräueltaten der Naziregierung verantwortlich gewesen war, und hatte deshalb elf Jahre lang Schwierigkeiten wegen seines Namens. Er war Ingenieur und technischer Leiter. Vielleicht habe ich von ihm das Ingenieurhafte und meinen Perfektionismus.

Auch mein Vater hat großen Einfluss auf mich gehabt. Er ist Arzt. Und wieder war da der Perfektionismus – vielleicht eine meiner problematischsten Eigenschaften.

**Morrow** Einige Ihrer Kollegen, die diese Auszeichnung vor Ihnen erhalten haben, haben Geschichten aus ihrer Jugend erzählt, die ihre zukünftige Karriere erahnen ließen. Steve Jobs z. B. hat erzählt, dass er einen Lehrer hatte, der ihn dazu motivierte, seine Mathematikaufgaben zu machen, indem er ihm dafür 5 Dollar zahlte. John Warnock von Adobe Systems war kurz davor, in Mathematik durchzufallen, bis einer seiner

Lehrer seine gesamte Einstellung gegenüber der Mathematik veränderte und damit seine Karriere möglich machte. Gab es einen Lehrer, der Sie in Ihrer frühen Jugend inspiriert hat?

**Eine Lebensmaxime**

**PLATTNER** Zwei Lehrer haben mich früh inspiriert. Einer meiner Lehrer in Westberlin war gerade aus Ostberlin gekommen. Er war mein Kunstlehrer. Er sagte: »Wenn man dahin kommt, dass man seine Ansichten nicht mehr ändert, dann weiß man, dass man alt ist.« Dieser Gedanke hat sich wirklich bei mir festgesetzt. Bis heute. Wenn ich bei mir eine konservative Einstellung spüre oder in einer bestimmten Situation nicht weiterkomme, kommt mir dieser Gedanke in den Sinn. Er hat mich immer motiviert, Auswege zu finden, aus festgefahrenen Situationen herauszukommen und mir immer wieder eine neue Meinung zu bilden.

Der andere Lehrer, der großen Einfluss auf mich hatte, unterrichtete am Bodensee, wo ich die letzten drei Schuljahre verbrachte. Ich lebte in der Schweiz (meine Mutter lebte in der Schweiz), und er war mein Mathematik- und Physiklehrer. Er war zehn Jahre lang Seemann gewesen, bevor er Lehrer wurde. Obwohl er ein Seemann war, kam er zurück, um Mathematik und Physik zu unterrichten. Das war eine ungewöhnliche Kombination.

**MORROW** War das der Ursprung Ihres Interesses am Segeln?

**PLATTNER** Nein. Mein Vater und ich segelten, als wir in Berlin lebten. Wir hatten kein Geld – nichts –, aber selbst in der tiefsten Depression, als Berlin eine Insel war und wir die große Luftbrücke hatten, hatten wir ein Segelboot. Obwohl ich noch sehr klein war, erinnere ich mich an die Luftbrücke von 1948. Ich erinnere mich, wie die britischen Wasserflugzeuge anschwebten und in der Nähe unseres Bootes landeten.

Als Schüler war ich bereits Geschäftsmann. Ich war ein relativ guter Schüler, aber mit einigen Mängeln. Einmal erhielt ich eine sehr schlechte Note in Französisch. Daraufhin sagte ich zu meinem Französischlehrer: »Das war's. Ich spreche nicht mehr mit Ihnen. Fragen Sie mich nichts mehr. Ich werde die Noten, die Sie mir geben, ignorieren, egal, wie schlecht sie sind. Ich werde sie in meinen anderen Fächern ausgleichen.« Dann ging ich zu allen anderen Lehrern, und dem Kunstlehrer sagte ich: »Ich bin gut. Sie müssen mir eine Eins geben.« Die Eins ist in Deutschland die beste Note. Und so ging ich von einem Lehrer zum nächsten und handelte meine Noten aus, außer für die Kernfächer, für die das nicht möglich war. Es endete damit, dass ich in Mathematik, Physik, Englisch und Deutsch geprüft wurde. Die anderen Noten handelte ich jedoch aus, und das Ergebnis war für mich ganz gut.

**Vorbilder in Sport und Politik**

**Morrow** Wer war Ihr Held im Sport, als Sie ein junger Mann waren?

**Plattner** Jesse Owens, weil er in den vier klassischen Disziplinen der Leichtathletik gewann. Zu der Zeit wurde er von niemandem wirklich unterstützt und gefördert. Vielleicht erinnern Sie sich, dass er 1936 in Deutschland nicht gerade willkommen war. Aber er war eindeutig der überragende Athlet seiner Generation.

**Morrow** Gab es für Sie einen politischen Helden?

**Plattner** Ich habe persönliche Bindungen nach Südafrika. Meine Mutter wanderte vor 27 Jahren nach Südafrika aus, und ich verbrachte seit 1970 insgesamt zweieinhalb Jahre in Südafrika. Ich habe die Geschichte Südafrikas während der letzten 27 Jahre verfolgt. Während meines Aufenthalts dort verbrachte ich die meiste Zeit in Kapstadt, wo sich das Gefängnis Robin Island befand. Es wurde viel über den Gefangenen Mandela gesprochen. Und jetzt ist er Präsident. Meiner Ansicht nach war Mandelas Verhalten bei seiner Freilassung nach 27 Jahren beispielhaft, die Handlungsweise eines professionellen Politikers.

Ich habe Robin Island gesehen und die Geschichten von der anderen Seite gehört. Ich habe in Südafrika einen Golfplatz – ein Hotel und eine Golfanlage in George –, und gerade erst letzte Woche hatten wir einen Gast aus dem Parlament. Er ist 71 Jahre alt und spielt Golf mit Handicap 11. Er hat jedoch 40 Jahre lang kein Golf gespielt, da er 26 Jahre im Gefängnis verbracht hat. Er ist einer von Mandelas Freunden. Teil der Geschichte zu sein, diese Menschen sehen, mit ihnen sprechen und persönlichen Umgang haben zu können, das ist eine wirklich außergewöhnliche Erfahrung. Ich denke, es ist eine Leistung, dass sie es ohne größeren Aufruhr geschafft haben. Und sie sind sehr stolz darauf.

**Morrow** Jetzt verstehe ich besser, warum Sie Ihr Boot »Morning Glory« genannt haben.

**Plattner** Ja. Morning Glory ist eine Kletterpflanze und eine in Kapstadt sehr beliebte Blume. Die Gegend, in der mein Haus liegt, ist voll von Morning Glories.

**Universität – eine enttäuschte Liebe**

**Morrow** Es ist offensichtlich, dass Sie das Unterrichten lieben. Sie unterrichten junge Menschen. Sie wurden mit einem Ehrendoktor und einer Ehrenprofessur ausgezeichnet. Warum haben Sie sich angesichts Ihrer intellektuellen Leistungen entschieden, zur IBM zu gehen, anstatt an der Universität zu bleiben und eine akademische Laufbahn einzuschlagen?

**Plattner** Ich habe mich einige Zeit mit dieser Entscheidung herumgeschlagen. Ich habe in Karlsruhe angefangen, und wir hatten einen in Deutschland sehr bekannten Professor, Professor Steinbuch, der für Standard-Elektrik-Lorenz arbeitete. Er war der Erste in Deutschland, der einen professionellen Computer mit Transistoren baute. So kam ich dazu, digitale Systeme zu studieren.

Damals gab ich drei Studenten Nachhilfestunden. Alle bekamen eine Eins und ich eine Zwei minus, da ich in der Prüfung eine Auseinandersetzung mit Professor Steinbuch hatte. Er fragte mich: »Was würde passieren, wenn ein Ferritkern immer kleiner würde? Was wäre mit der Hysterese?« Ich sagte: »Sie würde immer kleiner werden.« Er wollte aber hören, dass die Kanten immer schärfer würden, und ich war anderer Meinung. Deshalb bekam ich eine Zwei minus. Es war das Institut meiner Wahl, und ich wollte dort Assistent werden und meine Doktorarbeit schreiben. Ich war so enttäuscht, dass ich die Universität sofort verließ und zehn Jahre lang nicht mehr nach Karlsruhe zurückkehrte. Ich ging zur IBM. Ich hatte zwar noch einige Arbeiten an der Universität abzuschließen, aber ich ging mit 24 zur IBM, was ungewöhnlich war. Ich denke, das war der richtige Schritt. Es war für mich immer ein Vorteil, dass ich viel jünger war als alle anderen Kollegen.

**Lehrjahre bei der IBM**

**Morrow** Erzählen Sie uns von Ihrem ersten Job bei der IBM und Ihren Eindrücken von der damaligen IBM-Kultur.

**Plattner** Ich hatte einen Termin in Böblingen im Forschungslabor. Leider war die Person, mit der ich verabredet war, der Leiter des Labors, in Poughkeepsie und stand also nicht zur Verfügung. Deshalb schickte mich die IBM weiter zu einer Veranstaltung in Stuttgart, wo man jedoch ausschließlich Mitarbeiter für den Außendienst einstellte. Dort sagte jemand zu mir: »Bloß nicht ins Labor! Dort liegen sie nur auf den Sofas, entspannen sich und denken nach. Nein, nur draußen passiert wirklich was. Sie müssen in den Außendienst kommen.« Ich weiß nicht, warum, aber dieser Typ überzeugte mich davon, in den Außendienst zu gehen, und so ging ich zur IBM in den Außendienst.

Also war es mit der Universität und der Wissenschaft vorbei. Ich wurde bei der IBM (nach heutigen Begriffen) Berater für Hardware und Software.

**Morrow** Eine Legende besagt, dass man damals bei der IBM zu den Außendienstmitarbeitern sagte: »Dies ist nicht unbedingt der beste Computer der Welt, aber es ist der teuerste. Verkauft ihn!«

**Plattner** In Karlsruhe hatten wir den zweitschnellsten Control Data-Computer. In meinem letzten Jahr dort arbeitete ich nachts an einem Computer mit 1 Million Instruktionen pro Sekunde. Dann ging ich zur IBM, und der Außendienst hatte Computer mit 30 000 Instruktionen pro Sekunde. Es war schwierig, sich an diese Geschäftswelt zu gewöhnen – aber sehr gut für die Ausbildung.

Die Stärke der IBM waren ihre Leistungen vor Ort beim Kunden. Damals war IBM eindeutig kundenorientiert. Das war, bevor die IBM gezwungen war, Dienstleistungen zu berechnen. Man brachte uns bei, dass wir den Kunden zu dienen hatten und unser Bestes geben mussten, und diesen Gedanken lebten wir. Wenn wir unser Bestes für die Kunden gäben, würde es ihnen bei ihrer Arbeit helfen, und sie würden mehr Computer kaufen.

**Europäisches Erbe: Vielheit**

**Morrow** Wie hat es Ihre Sicht der Informationstechnologie geprägt, dass Sie in Europa erzogen und ausgebildet wurden und Europäer, insbesondere Deutscher sind? Inwiefern unterscheidet sich ihre Sicht von der amerikanischer Firmenchefs wie Larry Ellison oder Scott McNealy?

**Plattner** Innerhalb der IBM dachten wir sehr »lokal«, d. h., wir waren bei der IBM Deutschland und der IBM Europa, und die IBM USA war weit weg. Als wir jedoch die IBM verließen und die SAP gründeten, war unser erster Kunde Imperial Chemical Industries (ICI), ein multinationales Unternehmen. Vom ersten Tag an musste ich 25% der Zeit Englisch sprechen, da jeder ernstzunehmende Manager bei der ICI Engländer war, oder jedenfalls kein Deutscher. Meine erste Präsentation bei der ICI hielt ich in englischer Sprache. Das half uns dabei, auf unserem Weg zum internationalen Geschäft auf einer Hunderterskala von 0 auf 50 zu beschleunigen. Ich glaube, es war sehr wichtig für die SAP, dass die ICI ein multinationales Unternehmen war, was unseren Horizont sofort erweiterte.

Erster Kunde und erstes »Entwicklungszentrum« der SAP:
ICI (Imperial Chemical Industries) in Östringen

Gleich im ersten Jahr stellten wir fest, wie schwierig es ist, dass die Franzosen ganz andere Ansichten und die Briten nochmals besondere Ansichten darüber haben, wie man ein Unternehmen führt und wie man Computersysteme betreibt. ICI hatte große Niederlassungen in den Niederlanden, der Hauptsitz für Europa befand sich in Brüssel. Unser erster Kunde war also völlig international, und wir waren an all diesen Geschäften und Verhandlungen beteiligt. Es dauerte viele, viele Jahre, bis wir unsere Software an die nicht-deutschen Teile der ICI verkaufen konnten. Ich glaube jedoch, dass die ICI der Ausgangspunkt war für die Vorstellung von Integration und internationaler Software, die wir verfolgten. Wir hatten Glück, dass wir die ICI als ersten Kunden hatten.

**Wie es zur Gründung der SAP kam**

**Morrow** Wie haben Sie die anderen Mitgründer der SAP kennen gelernt, und was für eine Beziehung hatten Sie damals zu ihnen?

**Plattner** Wir arbeiteten alle im IBM-Büro in Mannheim. Ich saß Dietmar Hopp gegenüber, und wir entwickelten zu unserer

IBM-Zeit das erste Realtime-Auftragsbearbeitungssystem für die ICI. Ein anderer Kollege, Dr. Claus Wellenreuther, entwickelte Finanzsoftware. Er hatte ein kleines Batch-Programm geschrieben und 15mal installiert, und er wollte, dass IBM diese Software übernimmt und eine größere Initiative damit startet. Wir drei fragten zusammen bei der IBM an, ob wir das innerhalb der IBM machen könnten. IBM sagte: »Nein, nein, wir haben Forschungsabteilungen für solche Entwicklungen. Verkauft Computer. Oder helft bei der Installation von Computern. Um die Softwareentwicklung kümmern sich andere.« Wir erhielten die Erlaubnis also nicht. Ich bin übrigens auch nicht so sicher, ob die SAP es heute zulassen würde, dass Mitarbeiter in einem Büro in Marseille eine neue Version des SAP-Systems entwickeln!

So beschlossen wir also, die IBM zu verlassen. Zwei weitere Kollegen, Klaus Tschira und Hans-Werner Hector, schlossen sich uns an, und so starteten wir zu fünft mit drei Mitarbeitern. Tschira brachte die Betriebssystemkenntnisse mit. Wir waren alle DOS-Leute, und er hatte viel Erfahrung mit Betriebssystemen. Er betreute hier die großen Installationen. Das war zu der Zeit, als Mitarbeiter die IBM verließen, um Beratungsfirmen aufzubauen. Unser einziges Ziel war es dagegen, Standardsoftware zu entwickeln. Das war unser primäres Ziel, und dieses Ziel blieb immer im Mittelpunkt all unserer späteren Unternehmungen. Das war sehr wichtig. Obwohl unser erstes Projekt eine kundenspezifische Softwareentwicklung war, dachten wir nur an Standardsoftware. Und nur 18 Monate, nachdem wir 1972 angefangen hatten, gaben wir unsere erste Standardsoftware frei.

Zu Beginn waren wir alle Programmierer. Wir alle schrieben Programme, wir alle waren als Berater tätig, und alle verkauften wir Software. Das ist vermutlich völlig anders als bei einigen jungen US-Firmen. Mancher von uns war erfolgreicher als andere beim Verkaufen, aber in den ersten drei Jahren machte jeder alles. Wir arbeiteten auch nachts. Nachts mussten wir die Software entwickeln und testen. Tagsüber mussten wir als Berater tätig sein, und wir mussten reisen, um das Produkt zu verkaufen.

**Morrow** War das das legendäre R/1?

**Plattner** Das war R/1. Wir nannten es »System R«. Wir wussten damals nicht, dass es ein R/2 und ein R/3 geben würde. Ich erinnere mich daran, wie Claus Wellenreuther im zweiten Jahr, als wir gerade in der Schweiz unterwegs waren, sagte: »Wir könnten vielleicht 100 bis 200 Installationen erreichen.« Ich sagte daraufhin: »Mensch, das ist eine riesige Zahl!« – im Bewußtsein, dass wir uns gerade um unseren sechsten Kunden bemühten. Bis Ende der 70er Jahre erreichten wir mit dem System R zwischen 70 und 80 Installationen.

**Vorsichtiges Wachstum, wohlüberlegte Ausgaben**

**Morrow** Soviel ich weiß, haben Sie im ersten Jahr Ihre Belegschaft fast verdoppelt, von fünf auf neun Mitarbeiter.

**Plattner** Im ersten Jahr verdoppelten wir unsere Belegschaft auf etwa zehn Mitarbeiter. Und wir wuchsen ziemlich langsam – nicht so aggressiv wie die Start-ups in der Bay Area. Aber wir hatten Mitte der 70er Jahre eine wunderbare Zeit. Es gab Jahre, in denen wir 50 % Gewinn vor Steuern hatten.

Aus unternehmerischer Sicht ist vielleicht interessant, dass wir während der ersten 15 Jahre die gesamte Firma selbst finanzierten. Wir gingen nie zu einer Bank, um um Geld zu bitten, wir haben uns immer selbst finanziert. Wir waren die alleinigen Eigentümer, als wir beschlossen, an die Börse zu gehen.

**Morrow** Sie haben niemals Risikokapital benötigt?

**Plattner** Nie. Ich bin nicht gegen Risikokapital. Ich glaube, dass es in den Vereinigten Staaten eine großartige Einrichtung ist, weil dadurch die Erholung der Wirtschaft in den 90er Jahren, insbesondere in der High-Tech-Industrie, sehr beschleunigt wurde. Als ich dachte, die High-Tech-Industrie sei an Japan

Die erste Notierung der SAP-Aktie an der Frankfurter Börse (Oktober 1988)

verloren gegangen, erholten sich plötzlich die Halbleitertechnologie und die Softwareindustrie wieder. Wir in Deutschland haben es anders gemacht: durch vorsichtiges Wachstum und wohlüberlegte Ausgaben. Wir hatten immer noch genug Geld, um vielleicht nicht die tollsten Autos, so doch gute Autos zu kaufen.

**Innovation und Kundennähe**

Bevor wir mit der Entwicklung von R/2 begannen, bekamen wir einen anderen internationalen Kunden, John Deere in Mannheim. John Deere hatte die Idee, dass unsere Software auf einem Computer laufen und mehrere Länder bedienen sollte, oder eigentlich mehrere rechtlich selbständige Einheiten mit unterschiedlicher Gesetzgebung und verschiedenen Sprachen. John Deere hatte, glaube ich, die Welt in zwei Bereiche eingeteilt: Division I, das war Amerika, und Division II, das waren Europa und Afrika. Wir benötigten jedenfalls Deutsch, Französisch und Englisch.

1975 und 1976 stellten wir also von einem einsprachigen auf ein mehrsprachiges System um. Eines unserer Gütezeichen war später, dass nicht mehrere Systemversionen im Einsatz sein mussten, sondern dass ein Computersystem Benutzer in Frankreich, in Südafrika, Deutschland und England bedienen konnte.

**Morrow** Es war also die Nähe zum Kunden, die die Innovation vorantrieb.

**Plattner** Die Nähe zu unseren Kunden hat uns immer geholfen, innovativ zu sein. John Deere bat uns, die Software zu internationalisieren, und wir taten es. Das war der Anfang der internationalen Versionen der SAP-Systeme. Das war damals ein großer Schritt. Dann bekamen wir mehr Kunden, und es kamen Freudenberg und Grundig hinzu. Sie waren große IMS-Kunden.

Die Integration von IMS war mühsam. Wir hatten drei Installationen dieser Art, und es war sehr teuer für uns, sie zu supporten. Das war ein Beweggrund für die Entwicklung der nächsten Softwaregeneration. Damals zogen wir nach Walldorf und hatten etwa 80 Mitarbeiter. Die meisten davon waren Entwickler. Wir stellten damals keine Berater ein. Wir stellten Entwickler ein, und sie mussten, soweit es möglich war, dasselbe tun wie wir, also sich um das Design kümmern, programmieren, testen, verkaufen und beraten.

**Das Ende beinahe**

**Morrow** Und können Sie uns eine Anekdote erzählen?

**Plattner** Nun, 1973 hatten wir eine der kritischsten Situationen in unserer 25jährigen Geschichte zu überstehen. Das war ganz am Anfang der Entwicklung unseres Standardsoftware-Produkts (nicht die erste Version, die wir bei ICI installierten). Zu der Zeit befanden sich unsere Programme auf Lochkarten. Die Lochkarten wurden in solchen Metallkästen aufbewahrt – 2 000 Lochkarten pro Kasten. Wir mussten die Lochkarten vom einen Computer zum anderen tragen. Eines Tages nahm

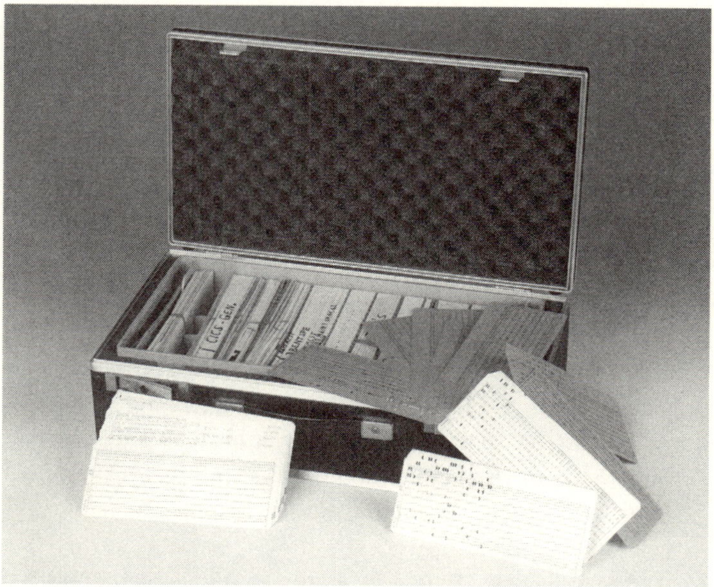

Kasten mit Lochkarten (System R)

ich den Kasten aus meinem Auto. Es war ein regnerischer Tag, wie er in Deutschland üblich ist, und ich gehe also über den Parkplatz, plötzlich stolpere ich und lasse den Kasten fallen. Da lagen sie nun auf dem Boden – alle 2000 Lochkarten für einen der Kernbereiche unseres Systems!

**Morrow** Oh, nein. Was haben Sie gemacht?

**Plattner** Ich brauchte zwei Tage, um alles zu rekonstruieren. Seither ist es ein stehender Witz bei der SAP, wie gefährlich es ist, mich Karten tragen zu lassen. Und in der Tat, es hätte das Ende der Firma sein können.

**Niederlassung in Walldorf**

**Morrow** Warum sind Sie ausgerechnet nach Walldorf gezogen?

**Plattner** Das war eigentlich nicht die von mir favorisierte Möglichkeit. Als Alternative hatten wir Schwetzingen, das in der Nähe von Heidelberg liegt. Ich hätte das vorgezogen. Wir hatten damals unseren Hauptsitz noch in Weinheim, einem netten Städtchen nördlich von Heidelberg, wo ich auch wohnte, ebenso wie Wellenreuther und Hector, drei von uns fünf wohnten also dort. Mein Partner, Dietmar Hopp, wohnte dagegen in Walldorf.

Dietmar und Klaus gingen in Weinheim zum Bürgermeister, der ihnen sagte: »Nein, tut mir leid. Wir haben Freudenberg, und noch eine andere große Firma, Naturin. Wir brauchen keine weitere Firma, ich kann Ihnen also keine besonderen Konditionen gewähren.« Walldorf hatte damals keine Industrie – nur kleine Baufirmen und einige Reparaturbetriebe. Walldorf war also sehr interessiert und bot uns ein großes Gelände für sehr wenig Geld an. Das war nicht zu unterbieten. So musste ich also fahren, und Dietmar Hopp hatte von zuhause aus nur fünf Minuten Fahrzeit.

**Morrow** Wie viele Mitarbeiter waren es, als Sie hierher nach Walldorf zogen?

**Plattner** Ich glaube, wir hatten etwa 80 Mitarbeiter, als wir nach Walldorf zogen. Sie arbeiteten jedoch nicht alle hier. Die meisten arbeiteten vor Ort bei Kunden. An unserem Hauptsitz in Walldorf hatten wir vielleicht zehn feste Mitarbeiter, nicht mehr.

Bald danach, 1980, bekamen wir hier unseren ersten Computer, einen Siemens-Computer. Das war ein echter Meilenstein in unserer Geschichte. Das war drüben auf der anderen Seite dieses Gebäudes.

**Morrow** Ich habe auch gehört, dass bis 1986 Ihre größte Kapitalinvestition neben dem Gebäude einem IBM-Großrechner galt.

**Plattner** Ja. Das ist ungewöhnlich für Softwareunternehmen, aber wir bezahlten für alle Gebäude. Und wir bauten sie. Als wir in den späten 70er und frühen 80er Jahren einiges Geld verdient hatten, bauten wir – wir mieteten keine Gebäude

Das erste eigene Firmengebäude in der Max-Planck-Straße
im Walldorfer Gewerbegebiet (1980)

mehr. Wir besaßen alles, was wir für die Herstellung unserer Software benötigten. Als Nächstes kauften wir Computer. Wir bekamen einen Großrechner. Von da an wurden wir größer und größer, und die Freundschaft mit der IBM wurde enger. Wir wurden dann zu einem großen IBM-Kunden.

**System R/2**

Damit sind wir beim R/2, also Anfang der 80er Jahre. Wir begannen, wie bereits erwähnt, 1979 mit der Entwicklung, als wir mit der letzten Phase unseres Systems R kämpften. Das R/2-System hatte zu seiner Spitzenzeit 2200 Installationen.

Ich sollte erwähnen, dass wir nach wie vor R/2 weiterentwickeln. Wir haben immer noch 200 Mitarbeiter für die Entwicklung und Wartung der Software, da wir noch 2000 Installationen weltweit haben.[1] Wir sind dabei, die für den Euro erforderlichen Änderungen bereitzustellen und zwei neue IBM-Mainframe-Releases für das System zu entwickeln, und das R/2-Entwicklungsteam wird bald das 20jährige Jubiläum

1. Anm. der Red.: Ende 1999 betreuten etwa 100 Entwickler noch 850 R/2-Installationen weltweit. Über 95% der alten R/2-Kunden sind in der Zwischenzeit auf R/3 migriert.

Der SAP-Vorstand im Frühjahr 1988 mit den Gründern (v. links) Klaus E. Tschira, Hasso Plattner, Dietmar Hopp und Hans-Werner Hector

feiern. Ein Teil der Software, die Dietmar, Claus und ich geschrieben haben, ist immer noch im Einsatz.

**Morrow** Haben Sie an Finanzanwendungen gearbeitet?

**Plattner** Ich habe alles gemacht – Technologie, Finanzanwendungen, einige der Interpreter und den Dialogteil des Systems. Aber ja, 17 Jahre lang war ich für die Finanzanwendungen zuständig. Ich habe eine erhebliche Menge Code geschrieben.

Nur zufällig bin ich dazu gekommen. Als wir damit begannen, unser erstes Standardsystem zu entwickeln, mussten wir uns die Arbeit aufteilen. Ich wollte den Vertriebsteil übernehmen, und Dietmar sagte: »Ich mache den Einkauf.« Claus sagte: »Ich übernehme das Finanzwesen.« Es stellte sich jedoch heraus, dass wir Vertriebssysteme nicht verkaufen konnten; damals konnte man den Vertrieb und Versand der Firmen nicht standardisieren. Also konzentrierte ich mich auf das Finanzwesen und den Einkauf, und Claus Wellenreuther machte mit einem kleinen System weiter. Wir hatten das System R und das kleine System F. System F bestand bis Ende der 70er Jahre, und 1980 verließ Claus Wellenreuther dann die SAP. Das geschah eines Nachmittags, und plötzlich musste ich mich mit dem Finanzwesen beschäftigen, und so fing es an. Aber ich entwickelte weiterhin Teile der Technologie. Insbesondere im R/2-System entwickelte ich mehr Technologie als Anwendungen.

**Unterwegs zur Client-Server-Architektur**

**Morrow** Man schreibt Ihnen zu, dass Sie maßgeblich daran beteiligt waren, die SAP von den Großrechneranwendungen zur Client-Server-Architektur geführt zu haben.

**Plattner** Ja. In den späten Achtzigern kündigte IBM SAA (Systems Application Architecture) an. Gleich an diesem Tag oder am nächsten starteten wir das Projekt und begannen mit der Entwicklung der dritten Generation unserer Software. Die Gleichung war einfach. IBM sagte: »Die Programmiersprache ist C, und die Verarbeitung ist kooperativ.« Wir verwendeten den Presentation Manager als Frontend und SQL als Datenbank. So lagen also die genauen Bestandteile und die Infrastruktur vor, und wir starteten das Projekt. Ich stellte eine Gruppe von Leuten zusammen, entledigte mich all meiner anderen Verpflichtungen und startete das R/3-Projekt.

Die Zeit von 1988 bis 1992 war wunderbar. Ich reiste überhaupt nicht. Ich saß nur hier im Entwicklungszentrum und entwickelte. Ich hatte jeden Tag Meetings und ging umher. Das machte mir Spaß. Es war eine tolle Zeit. Mir war klar, dass diese Entwicklung nicht scheitern durfte.

Dann erfuhren wir in den frühen Neunzigern, dass IBM es nicht schaffen würde – dass SAA vielleicht eine Falle war. Das war ein weiterer kritischer Zeitpunkt in der Geschichte der SAP. So ist es wirklich passiert. Es war nicht so, dass wir so klug waren und darüber nachdachten und diese tolle Strategie hatten.

Aber etwa 1988 hatten wir bereits beschlossen, die Grundlage für die neue Software auf UNIX-Computern zu entwickeln. Das geschah im Stillen. Wir hatten alle Bestandteile – SQL, C und verteilte Verarbeitung – auf UNIX-Computern. OS/2 lief immer noch nicht, und es gab keine Möglichkeit, UNIX auf Großrechnern zu betreiben. Also entwickelten wir die gesamte Software für die Infrastruktur auf UNIX, einschließlich unserer Programmiersprache der vierten Generation, ABAP/4. Das bedeutete, dass wir diese Sprache neu entwickeln und alles in C auf UNIX neu realisieren mussten. Damals konnten wir die neue Anwendung auf einem DB2-basierten Großrechner mit unserer ABAP/4-Sprache entwickeln. Die Anwendungsentwickler wussten nicht, dass das System nicht auf UNIX-Rechnern lief, sondern auf einem alten Großrechner.

Ich denke, das war eine clevere Idee. Wir wollten dann die zwei Systeme miteinander verheiraten und das auf C-Code basierende System mit der ABAP/4-basierten Anwendung zusammenbringen. Das geschah Ende 1990 oder Anfang 1991. Und es war alles andere als einfach. Der Grund dafür war sehr, sehr merkwürdig.

**Auf zur Hannover-Messe**

C lief auf einem Großrechner. Also konvertierten wir unser C-basiertes System für den Großrechner, denn das primäre Ziel war: SAA, das IBM-System, portabel zu machen. IBM dachte nicht an UNIX, aber an OS/2, und OS/2 war viel näher an UNIX als sonst etwas.

Das System lief unter IMS, aber wir konnten es nicht debuggen. So setzte ich einen UNIX-Entwickler, der für den C-Code verantwortlich war, und einen Entwickler mit viel Erfahrung auf dem IBM-Großrechner zusammen und ließ sie mit dem Debugging beginnen. Sie schalteten TSO (Time Sharing Option) ein, um einen Debugger zu starten, und was passierte? Einer der vier Prozessoren stürzte ab.

Dann traf der zweite Programmierer auf ein Problem und schaltete den Debugger ein. Der zweite Prozessor stürzte ab. Unser CFO beschwerte sich: »Die Terminals funktionieren nicht. Was ist los? Irgendetwas stimmt nicht.« Unsere 200 R/2-Entwickler beklagten sich: »Das ist ein schlechter Tag heute. Ich glaube, wir sollten besser hier aufhören und nach Hause gehen.«

Dann schalteten der dritte und vierte R/3-Entwickler den Debugger ein, weil alle das Debugging benötigten. Wir wollten sechs Wochen später auf der Hannover-Messe das System zum ersten Mal präsentieren. Das war unser ganz großes Ziel.

Alle vier Prozessoren waren tot. Peter Zencke sagte: »Vielleicht sollten wir versuchen, die Anwendung vom Großrechner auf diese Workstation zu migrieren. Vielleicht funktioniert es, anders herum ging es ja auch. Warum sollte es nicht funktionieren?«

**Morrow** Und dadurch wurden die vier Prozessoren wieder frei?

**Plattner** Und wir waren bereit für die Hannover-Messe mit diesem kleinen Rechner, einer einzigen Workstation. Ich sagte: »Aber das ist nicht das, was wir verkaufen wollen.« »Ich bin ganz Ihrer Meinung«, sagte er, »aber wir können damit die CeBIT bestreiten.« Ich sagte: »Also gut, machen Sie, was Sie wollen. Ich gehe jetzt nach Hause. Es ist spät. Versuchen Sie es nur.«

**R/3 ist ein UNIX-System**

Fünfzehn Leute – genauer gesagt, vierzehn Leute, denn ich verließ den Raum – stürzten sich auf diese Workstation, und jeder öffnete ein Fenster. Wir hatten nur eine Tastatur. Sie arbeiteten gleichzeitig. Ich habe noch nie Leute gesehen mit mehr Willen zum Erfolg. Sie begannen sofort damit, die Software auf die Workstation zu migrieren. Wir gingen damit auf die Hannover-Messe, und das neue System war da. Es lief auf einer UNIX-Workstation. Und wir konnten nicht mehr verbergen, dass wir alles auf UNIX entwickelten.

Im Grunde lockte man aus uns heraus, dass R/3 ein UNIX-System ist. Und doch hält sich die Vorstellung, dass R/3 ursprünglich ein Großrechnersystem gewesen sei. Aber in Wirklichkeit lief es niemals je auf einem Großrechner.

Am nächsten Tag erhielt ich eine Einladung von HP, die uns baten, uns ihre Workstations anzuschauen. HP hatte eine Prototyp-Workstation, die zweimal so schnell war wie die Digital-Workstation. Ich sagte: »Ich bin sehr beeindruckt. Zweimal so schnell, und da ist noch mehr drin.« Ich kaufte auf der Stelle 200 Workstations. HP sagte: »Wir können Ihren Auftrag nicht erfüllen.« Ich sagte: »Nun, wir sind ein IBM-Laden. Unser zweiter Lieferant ist Digital. Wenn Sie mit SAP Geschäfte machen wollen, dann los.« Innerhalb von sechs Wochen erhielten wir 200 Workstations. Wir installierten sie hier in unserem Entwicklungszentrum und hatten damit das 50fache der Rechenleistung unseres großen Mainframe – das 50fache!

**Der Tag, an dem R/3 geboren wurde**

Wir brauchten weitere sechs Wochen, um das Problem der verteilten Verarbeitung zu lösen. Damals erfanden wir die dreischichtige Client-Server-Architektur. Wie konnten wir die Rechenleistung von 200 Computern ausnutzen? Und ein zentrales Repository synchronisieren? Darum geht es bei R/3 – um ein zentrales Repository mit verteilter Rechenleistung. Und vom ersten Tag an, als diese Maschinen in Betrieb genommen wurden und Hewlett-Packard uns bei der Realisierung der Verteilung unterstützte, hatten wir ein völlig anderes System. Wir hatten genug Rechenleistung. Jeder Entwickler hatte eine Maschine für sich, die fast doppelt so schnell war wie einer unserer Mainframes, oder mindestens genauso schnell wie einer unserer Mainframeprozessoren. Die Tests gingen also weiter. Unsere Entwicklungsgeschwindigkeit beschleunigte sich rasant, und das war der Durchbruch für R/3 oder eigentlich der Tag, an dem R/3 geboren wurde.

R/3 verdankt seine Entstehung also eigentlich der Notwendigkeit, auf die Hannover-Messe zu kommen. Das ist die wahre Geschichte.

Zusammenfassend kann man sagen, dass Imperial Chemicals der schlechthin perfekte erste Kunde war. John Deere war ein perfekter Kunde für die Internationalisierung. Dann gerieten wir in eine Krise und mussten auf die Hannover-Messe gehen, wurden durch die Umstände dazu gezwungen, die HP 5000 zu verwenden, und dann entstand R/3. Plötzlich liefen wir auf Workstations.

**Die ersten R/3-Kunden**

**Morrow** Gab es einen zentralen R/3-Kunden?

**Plattner** Ja. Die Idee bei R/3 war, ein System für AS/400 zu entwickeln. AS/400-Computer waren kleine Rechner, und wir wollten das untere Ende des Marktes abdecken, da R/2 am oberen Ende gut eingeführt war und wir keinerlei Pläne hatten, die R/2-Entwicklung einzustellen. R/3 sollte also das untere Ende des Marktes abdecken. Jetzt lief das System auf AS/400 aber nicht; es funktionierte physisch nicht. C war nicht da, und die SAA-Elemente für AS/400 waren nicht da. Es war offensichtlich, dass SAA zusammenbrechen würde. Das IBM-Projekt Whitewater, ein Finanzanwendungsprojekt, scheiterte, und das schon fortgeschrittene Fertigungsprojekt in Atlanta wurde eingestellt. Bei 2000 Mitarbeitern, die an einem Fertigungssystem arbeiteten, war diese Situation für uns die größte Bedrohung, die wir jemals hatten. Zusätzlich gab es Probleme bei OfficeVision; das Projekt wurde später aufgegeben. Für uns war jetzt klar, wir müssen uns auf UNIX verlegen und das untere Ende des Marktes ins Visier nehmen.

Obwohl wir über eine fast unbegrenzte Rechenleistung verfügten, waren wir durch die Datenbankkapazität eingeschränkt. Der erste R/3-Interessent in Deutschland war eine, wie wir glaubten, »mittelgroße« Firma, ein Schraubenhersteller. Doch die Firma Würth machte 1991 einen Umsatz von 2 Milliarden Dollar und war in 80 Ländern weltweit aktiv.

Plötzlich erkannten wir, dass dieser angeblich »mittelständische« Kunde eines der größten Lager überhaupt in Deutschland hatte und – was die Transaktionsrate anging – größer war als der größte produktive R/2-Kunde. Das bedeutete, dass wir vom ersten Tag an all unsere Vorstellungen, wie wir das untere Ende des Marktes ansprechen würden, begraben mussten.

**Der kluge Vertriebsmitarbeiter**

**MORROW** Wer entdeckte diesen Schraubenhersteller?

**PLATTNER** Ein Vertriebsmitarbeiter. Ein Vertriebsmitarbeiter stellte fest, dass Würth sehr modern war. Man sagte dort: »Wir installieren kein Großrechnerprodukt. Wir gehen auf UNIX.« Und der Vertriebsmitarbeiter war so klug zu denken: »Arbeiten wir hier nicht auf einem UNIX-System?« Unser erster R/3-Kunde in Deutschland war also eine große, international operierende Firma, und da waren wir wieder.

Der erste produktive R/3-Kunde war eine ganz kleine Firma in Dänemark namens Kamura, eine Tochtergesellschaft einer finnischen Firma. Wir hatten dort phantastische Voraussetzungen für ein Pilotprojekt, außerdem war unsere R/2-Einführung dort sehr mühsam gewesen. Kamura war eine UNIX-Firma; wir hatten R/2 in ihrem Rechenzentrum installiert, und die Firma war nicht zufrieden. Darum versprach ich ihnen: »Sobald wir ein UNIX-System haben, werden wir Ihr System ersetzen.« So war Kamura Mitte 1992 unser erster produktiver Kunde. Und die komischen Geschichten erreichten damit ihren Höhepunkt.

**MORROW** Eine perfekte Chronologie unglaublich glücklicher Ereignisse.

**PLATTNER** Ja.

**Schlüssel zum Erfolg**

**MORROW** Ein Schlüsselelement für diesen Erfolg scheint die Nähe zum Kunden zu sein.

Der Vorstand berät (1988)

**Plattner** Die Nähe zum Kunden ist der Schlüsselfaktor. Es ist ebenfalls sehr wichtig, mit dem Verstand zu erfassen oder einfach nur zu spüren, dass da etwas passiert, dass Veränderungen anstehen, und für die Veränderungen bereit zu sein. Sie müssen vielleicht nicht unbedingt vorauslaufen an der Spitze des Feldes. Wenn Sie aber sehen, dass die Menge losrennt, sollten Sie möglichst zum vorderen Drittel gehören.

**Morrow** R/3 hat ohne Zweifel die Welt im Sturm erobert. Sie sagten, dass es eine tolle Geschichte zu Ihrem Start auf dem US-Markt gibt.

**R/3 in Amerika**

**Plattner** 1992 war die SAP eine erfahrene Firma, die seit 20 Jahren aktiv war, und wir hatten etliche Millionen für die Entwicklung von R/3 ausgegeben. Wir planten den R/3-Rollout wie eine militärische Operation. Wir hatten 200 Installationen in Deutschland und im englischsprachigen Europa für die zweite Hälfte 1992 geplant. Unsere ersten R/3-Kunden waren kleine Firmen, was unserer Absicht entsprach. R/2 deckte das obere Ende des Marktes ab, und wir wollten kleine Firmen für R/3. Deshalb verdienten wir nicht viel mit dem R/3-System.

Wie Sie sich erinnern können, war 1992 dann das Jahr des Einbruchs für den IBM-Großrechner. Plötzlich ließen sich keine Großrechner mehr verkaufen.

**Morrow** Eine Katastrophe.

**Plattner** Eine Katastrophe. Und Sie wissen, wo all unsere Konkurrenten aus diesem Jahr heute stehen! Es war zwei Wochen vor der SAP-Anwender-Konferenz in Orlando, der SAPPHIRE 1992. Ich traf mich mit Dietmar Hopp, und er sagte: »Was können wir tun?« Ich sagte: »Wir könnten damit anfangen, R/3 in den Vereinigten Staaten zu verkaufen.« Und er sagte: »In Ordnung, machen wir's.«

Aber das System war nicht fertig. Es sollte drei Monate später fertig sein, zu Beginn des Jahres 1993, und für diesen Zeitpunkt war es auch angekündigt. Also sagten wir: »Gut, wir werden ankündigen, dass das System in drei Monaten verfügbar sein wird und dass wir es Anfang des nächsten Jahres ausliefern werden.«

Ich ging nach Orlando. Ich hatte bereits einige Zeit in den Vereinigten Staaten verbracht, und ich wusste, wie Analysten und Presseleute denken. Da stand ich nun auf der Bühne, mit einem R/3-System unter einer Abdeckung in einer UNIX-Kiste, bereit für die Vorführung. Gegen Ende der Rede sagte ich: »Wir sind in Europa sehr erfolgreich mit R/3. Wir haben bereits 100 Systeme installiert.« Was auch stimmte. Und dann sagte ich: »Wir sind der Planung voraus. Wer R/3 heute auf dieser Anwenderkonferenz bestellt, der erhält das System innerhalb von sechs Wochen. Das garantiere ich. Und wer Mängel in der englischen Übersetzung im System entdeckt, dessen Software wird innerhalb von sechs Wochen ersetzt oder aktualisiert, oder wir stellen einen Übersetzer vor Ort zur Verfügung.«

Wenn Sie eine Rede halten, wissen Sie genau, ob Sie mit Ihrem Publikum im Einklang sind. Es gab Applaus. Die Presse war begeistert. Zwei Wochen danach unterschrieb der erste Kunde, Convex Computers in Dallas.

Ich flog von Orlando nach Los Angeles. Ich sah all die kleinen Produktionsfirmen in Los Angeles, und ich sagte: »Das sollten unsere Kunden sein. Ich will die kleinen Firmen.« Der erste Interessent war jedoch Chevron Oil.

**Morrow** Eine ziemlich kleine Firma!

**Mit UNIX in die Erste Liga**

**Plattner** Wahrlich, eine ziemlich kleine Firma! Wir arbeiteten sechs Wochen lang. Wir flogen die Leute von Chevron zu Kamura in Dänemark – die große Chevron bei Kamura, dem Düngemittelhersteller. Chevron war sowohl ein Upstream- als auch ein Downstream-Mineralölunternehmen – die Nummer 10 in den Vereinigten Staaten.

Wir gewannen. Wir gewannen gegen Oracle, gegen J.D. Edwards, SSA und all die anderen, da Chevron ein UNIX-System wollte. Das bedeutete, dass R/3 plötzlich in der Ersten Liga spielte, noch vor R/2. Wir mussten unsere gesamte Entwicklungsplanung ändern. Wir konnten es nicht mehr aufhalten. Ein Goldrausch setzte ein. Wieder hatten wir Glück gehabt.

Wir hatten das richtige Produkt, ein UNIX-basiertes Produkt, als die ganze Welt sich zum Downsizing anschickte. Downsizing war 1992 das Modewort Nr. 1, und Anfang 1993 hatten wir ein Produkt. Es war zwar nicht perfekt, bei weitem nicht so perfekt wie das R/2-System. Aber jeder hatte die Funktionalität gesehen, die SAP liefern konnte, und man vertraute uns.

Das war also die Geschichte, wie aus R/3, einem System für den kleinen AS/400-Markt, ein System wurde, das noch vor R/2 in der obersten US-Liga mitspielte, der Liga der Großkonzerne mit den weltweiten Installationen.

**Morrow** Phantastisch. All das traf natürlich mit der Reengineering- und der Downsizing-Revolution in den Vereinigten Staaten zusammen.

**Strategische Partnerschaften**

Erzählen Sie mir von Ihrer Vorstellung von Partnerschaft. Ich habe gehört, einer der Gründe für Ihren Erfolg sei, dass Sie zu den Unternehmen in der Welt zählen, mit denen sich besonders problemlos eine Partnerschaft knüpfen lässt, und dass Sie ein sehr guter Partner sind – dass Sie nicht mit Ihren Partnern in Konkurrenz treten.

**Plattner** Die Meinungen darüber sind geteilt. Manchmal sind wir schwierig, und manchmal ist der Umgang mit uns einfach. Als die Nachfrage nach Support explodierte, stand es außer Frage, dass wir Partner brauchten. Wir hatten immer geplant, mit den Hardwareherstellern Partnerschaften einzugehen. Es stand ebenfalls außer Frage, dass wir in den Vereinigten Staaten mit den eingeführten Service- und Beratungsunternehmen im IT-Geschäft zusammenarbeiten würden, also den Big Six. Wir kannten die Big Six bereits, und sie hatten uns gelegentlich bei einigen Systemeinführungen unterstützt. Zu Andersen Consulting hatten wir bereits seit vielen Jahren eine Geschäftsbeziehung; eine Zeit lang hatten wir in Deutschland ein Joint Venture für das untere Ende des Marktes. Deshalb war es nur natürlich, sie anzusprechen, und wir verfolgten diese Strategie mit großem Nachdruck.

**Die Idee: integrierte Software**

Wir wollten immer eine Softwareentwicklungsfirma bleiben. Wir wollten nicht zu beratungsorientiert werden und uns zu einer Beratungsfirma entwickeln, die sich keine Softwareentwicklung mehr leisten kann. Das war unsere größte Befürchtung. Also war es natürlich, Partnerschaften mit den Big Six einzugehen. Es ging dabei nicht um Umsatzsteigerung; der Grund war, dass sie die Einführung durchführen konnten oder Firmen bei der Umstrukturierung und Reorganisation unterstützen konnten. Und es ging darum, für die Idee der integrierten Software zu werben.

Noch in den 90er Jahren war das Konzept der integrierten Software eine neue Idee in den Vereinigten Staaten. Es war auch für den Rest der Welt neu, obwohl es in Deutschland ab Mitte der 70er Jahre bekannt war. Wir hatten den Begriff »Integrierte Anwendungsssoftware« eingeführt, und es war schwierig, nicht-integrierte Anwendungssoftware in Deutschland zu verkaufen, sei es SAP-Software oder Software von Konkurrenzunternehmen. Amerika hatte jedoch noch separate Softwarekomponenten mit einer Batch-Schnittstelle. Noch heute denken unsere Konkurrenten, dass das die bessere Lösung sei. Aber jetzt in den späten Neunzigern sind integrierte Systeme endgültig das Maß der Dinge. SAP hat integrierte Anwendungen auf den Markt gebracht, und die Big Six haben uns dabei geholfen, dieses Konzept zu verbreiten und Überzeugungsarbeit bei den großen Unternehmen zu leisten.

**Morrow** Zu den anderen Dingen, die bei SAP beeindrucken, gehört nicht nur die Tiefe, mit der die Anwendungen eingesetzt werden können, sondern auch die Breite – die Anzahl der verschiedenartigen Unternehmen, die die Software einsetzen können. Sie sind nicht als absoluter Newcomer auf den US-Markt gegangen. Es gab dort bereits 50 R/2-Installationen.

**Plattner** Ja. Wir begannen Mitte der 80er Jahre mit der Internationalisierung. Wir gründeten unseren internationalen Hauptsitz in der Schweiz und waren weltweit ziemlich erfolgreich mit R/2. Es war etwa 1986, als in Amerika DuPont, Mobil Oil und Dow Chemical nach Europa blickten und sagten: »Was passiert da in Europa? Welche Software setzt Ihr dort ein? Wie kann man – wie im Fall von DuPont – zehn Länder auf einem Computer integrieren, der in Frankfurt steht? Das Finanzwesen für Frankreich, Italien, Spanien, England, die Niederlande und Deutschland läuft auf einem einzigen Computer. Wie ist das möglich?« Und die Länder erläuterten ihren amerikanischen Zentralen, dass sie SAP-Software im Einsatz hatten.

**Internationalisierung**

Wir veranstalteten also einen Softwarekongress hier in Deutschland, und 25 Leute von Mobil kamen hierher. Ich fragte sie: »Werden Sie SAP-Software kaufen? Sie werden niemals SAP-Software kaufen. Sie werden sich für MSA entscheiden, oder für McCormick und Dodge. Sie werden niemals kaufen. Sie meinen es nicht ernst!« Sie sagten: »Wollen Sie wetten?« Und ich sagte: »Ja. Wetten wir.« Und drei Monate später hatte ich die Wette verloren – sie kauften die SAP-Software. Wirklich, so betraten wir den Markt.

Wir eröffneten ein Büro in Philadelphia, um in der Nähe der Öl- und Chemieindustrie zu sein, insbesondere DuPont und Mobil. Dow war etwas weiter weg. So fing es an. Wir hatten bereits Büros in Philadelphia und Chicago. Wir hatten zu R/2-Zeiten ein Büro in Kalifornien eröffnet – ein sehr kleines Büro in Redwood Shores, nur einen Steinwurf von Oracle entfernt. Und wir bekamen nur multinationale, sehr große Firmen, die sich die Idee der integrierten Anwendungssoftware zu Eigen gemacht hatten – einer Software, die die Daten intern abstimmte und wo die Daten über das Rechnungswesen, die Finanzbuchhaltung, die Kostenrechnung und die Fertigung hinweg konsistent waren.

Es gab Einschränkungen. Kein Börsen-Chart zeigte an, dass auf dem Markt eine Invasion durch eine deutsche Firma stattfand! Wir waren diese sonderbaren Typen, die auf einigen Schauplätzen mit Walker Interactive konkurrierten, aber wir gehörten nicht zum Mainstream.

**Morrow** Ihr R/2-Brückenkopf war nicht bedrohlich, da er großrechnerbasiert war.

**Plattner** Ja, er stellte keine Bedrohung dar. Wir waren gut, und wir waren in einer Nische aktiv. Und wir hatten eine gewisse Infrastruktur: Wir kannten die wichtigen Leute, insbesondere die Big Six, z. B. Andersen und Price Waterhouse. Dann kam R/3, und wir taten zwei Dinge. Unser damaliger US-Chef, Klaus Besier, spürte sofort, dass das Dynamit war.

**Deutsche Technik amerikanisch verkaufen**

Nach der SAPPHIRE 1992 in Orlando erlebten wir das erste Interesse an UNIX-Systemen als Ergänzung zum Mainframe.

Ich wollte die Vergütung für unser Vertriebsteam in Kalifornien ändern. Bis zu diesem Zeitpunkt war SAP eine Entwicklungsfirma, wie Digital, und Vertriebsmitarbeiter bezogen Gehälter. Die Amerikaner sagten mir: »In Kalifornien ist das nicht möglich. Wir wollen auf Provisionsbasis arbeiten. Das Risiko wollen wir eingehen.« Also führten wir in Kalifornien Provisionen ein. In Walldorf war das eine große Sache. Niemand dort wollte das. Ich sagte: »Wir machen lediglich ein kleines Experiment in Kalifornien.« Ich flog nach Deutschland zurück und war kaum in Frankfurt gelandet, als ich schon davon sprechen hörte, was in den Vereinigten Staaten geschehen sei. »Es gibt überall Provisionen. Die Vertriebsleute arbeiten auf Provisionsbasis! Sind Sie verrückt?«

Der Markt war reif, und das Produkt stand bereit. Wir bekamen sofort eine Reihe von Vertriebsleuten, da sie ein Vermögen machen konnten. Das sind die Vereinigten Staaten. Es ist völlig anders. Die Vertriebsleute lebten und starben nicht für SAP. Sie wollten lediglich ein Vermögen verdienen. Sie sahen das Produkt, erkannten die Möglichkeiten, und sie kamen. Sie verließen Oracle, sie verließen andere Wettbewerber, und auf einmal hatten wir eine der stärksten Vertriebsmannschaften weltweit. Das ist ebenso eine amerikanische wie eine europäische Geschichte.

Wir europäischen Entwickler arbeiteten mit der uns eigenen Hartnäckigkeit bei der Lösung von Detailproblemen in aller Stille an dem Produkt – ohne darüber zu sprechen und ohne das Produkt anzukündigen, bevor die ersten Entwürfe vorlagen. Wir erstellten zuerst das System, danach kündigten wir es an – und lieferten sofort. Das war völlig verschieden von der amerikanischen Art. Verkaufen hingegen, das machten wir auf die amerikanische Art.

**Morrow** Amerikanische Vertriebsleute, deutsche Technik. Was könnte besser sein? Eine Legende besagt, dass ein deutscher Entwickler R/3 in fünf Tagen nach Windows NT portiert hat. Stimmt das?

R/3 auf Windows NT

**Plattner** Das stimmt. Sie hören vielleicht viele Geschichten von unseren Konkurrenten und anderen, die behaupten, dass R/3 nur eine Kopie des R/2-Systems sei und dass wir es lediglich migriert hätten. In Wirklichkeit haben wir jedoch alles neu entwickelt. Wie zuvor erwähnt, hatten wir mit der IBM-SAA-Plattform Probleme, und wir entwickelten das System auf zwei völlig verschiedenen Computersystemen. Dadurch hatten wir ein hochgradig portierbares System.

Windows NT ist anders als UNIX, aber nicht gar so sehr. Als Microsoft Windows NT auf den Markt brachte, sagte einer von den fünf Schlüsselpersonen, die den Kernel unseres Systems entwickelt hatten: »Ich will es versuchen.« Er bekam ein Windows NT-System, und er ersetzte alle Schnittstellen. Wir haben 50 Betriebssystemschnittstellen. Nachdem er zehn davon ersetzt hatte, begann das System zu laufen. Nach fünf Tagen konnte er eine komplette Transaktion vorführen, die auf Windows NT lief. Das gab uns einigen Antrieb!

Sie werden es nicht glauben, aber unsere Windows NT-Entwicklungsgruppe ist immer noch sehr klein. Ich glaube, sie besteht aus weniger als vier Personen. Die sonstige Entwicklung findet nach wie vor auf UNIX statt. Wir waren der erste große UNIX-Softwareanbieter bzw. der erste Anbieter verteilter Client-Server-Software, der Windows NT unterstützte. Mindestens ein Viertel unserer Installationen laufen jetzt auf Windows NT.

**Morrow** Sie waren international, seit Sie Ihren ersten Kunden, Imperial Chemical, hatten. R/3 ist ohne Frage die Erfolgsgeschichte in der globalen Datenverarbeitung schlechthin. Es hat eine Reihe von neuen Epochen gegeben, und wir treten jetzt in eine weitere ein, in die Epoche des Internets. Wer hatte vor drei Jahren vom Internet gehört, außer dass es ein System sei, dass von Akademikern und Universitäten eingesetzt wird? Als jemand, der erlebt hat, wie die Informationstechnik die Welt verändert: Ist für Sie ihr Zukunftspotential genauso spannend, wie es ihre Leistungen in der Vergangenheit waren?

**Plattner** Erinnern Sie sich, was mein Kunstlehrer zu mir sagte? Als wir hier das R/3-System entwickelten, hatten wir einen Mitarbeiter aus Kalifornien, und der hatte seltsame Ideen. Er wollte sein Fahrrad mit ins Büro bringen. Ich sagte: »Das ist unmöglich. Wir können doch keine Fahrräder in den Büros abstellen.« Und ich fragte ihn: »Warum?« Er sagte: »Draußen regnet es.« Es erschien uns äußerst sonderbar, ein Fahrrad ins Büro mitzunehmen. Na ja, bei Apple und anderen Firmen im Silicon Valley machen sie das. Und dieser Typ sagte mir immer: »Achte aufs Internet. Achte aufs Internet. Da ist was im Kommen!« Das war 1991.

**»Achte aufs Internet!«**

Er verließ die SAP, um in der Welt herumzureisen. Er sagte mir, dass er später vielleicht wieder zur SAP kommen werde, irgendwo in der Welt. Ich habe ihn nicht wieder getroffen. Aber als er ging, schrieb er mir einen langen Brief. »Vergessen Sie bitte das Internet nicht. Ich befürchte, dass sich niemand um das Internet kümmert, wenn ich gehe. Niemand begreift, was da auf uns zukommt.« Ich habe diesen Brief aufbewahrt.

Das Internet habe ich nicht kommen sehen. Ich habe es einfach nicht gesehen. Und plötzlich war es da. Auf einmal sprachen alle vom Internet. Und Sie wissen, zu welcher Begeisterung die Menschen in den Vereinigten Staaten fähig sind! Dann stiegen die Risikokapitalgeber ein, und 1995 begann alles hochzukochen. Und da war es, das Internet. »Wir werden alles verändern.« Ich dachte: »Was ist das? Nur das Springen von einer Seite zur nächsten Seite und weiter zur nächsten? Ist das alles?« Dann erinnerte ich mich an das, was dieser Typ gesagt hatte: »Achten Sie darauf. Achten Sie darauf.« Wir waren uns der Bedeutung des Internets bewusst. Wir sprachen davon. Wir konnten es nur nicht einsetzen, als es 1995 losging.

Letztes Jahr fragte uns dann jeder: »Was machen Sie mit dem Internet? Wie sieht Ihre Internet-Vision aus?« Und unsere Standardantwort war: »Was ist *Ihre* Vision?« Denn wir werden immer von den Anforderungen unserer Kunden vorangetrieben. In der Vergangenheit wollten sie mehr Anwendungen, mehr Funktionalität und den Einstieg in neue Branchen. Jetzt kamen die Firmen zu uns und fragten: »Was machen Sie mit dem Internet?«

Also begannen wir Anfang des letzten Jahres mit der Entwicklung. Wir sagten: »Gut, offensichtlich müssen wir im Internet aktiv werden.« Wir sprachen mit Microsoft. Microsoft war in derselben Situation. »Was machen wir mit dem Internet?« Wir führten viele Gespräche mit Microsoft. Das erste Ergebnis der Gespräche war, dass wir zusammen auf die CeBIT gingen und ankündigten, dass wir die Business-APIs entwickelt hatten. Business-APIs sind unser Beitrag zum Internet. Mit ihnen kann man von überall her über das Internet auf SAP-Systeme zugreifen und interaktiv mit ihnen arbeiten.

**Mit Bill Gates auf der Bühne**

Nachdem wir die BAPIs in Wien angekündigt hatten, führten wir sie in Philadelphia vor, wo ich vielleicht einen meiner besten Tage im Marketing hatte. Ich überredete Bill Gates, auf die Bühne zu kommen und eine zweistündige Präsentation mit mir zu machen. Wir hatten am Tag zuvor geprobt, und ich glaube, es war für uns beide eine der besten Präsentationen, die wir jemals gehalten hatten. Für das Publikum war es sehr unterhaltsam. Wir arbeiteten live in unserem integrierten SAP/Microsoft-Internet-System. Anderthalb Stunden lang führten wir Software vor, die nie zuvor vorgeführt worden war.

**Morrow** Sie und Bill Gates?

**Plattner** Ja.

**Morrow** Zusammen auf der Bühne?

**Plattner** Ja, wirklich! Und wir hatten keine Probleme. Wir umschifften all die kleinen Bugs im System. Allerdings hatte er einen Absturz in einer Power-Point-Präsentation.

Hasso Plattner und Bill Gates bei einer gemeinsamen Präsentation auf der SAPPHIRE in Philadelphia 1996

**Zurück in die Zukunft**

Das war der Marketing-Durchbruch für unsere Internet-Lösung. Heute sind wir ein großer Player im Internet. Wir bauen Internet-Lösungen. Richtige Produktivlösungen mit einer hohen Administrationslast und einem integrierten Vertriebssystem sind noch selten, aber wir gehen Partnerschaften mit Intel oder Microsoft und anderen Playern in der Branche ein.

Unsere gesamte Dokumentation, alle Schulungsunterlagen und unser gesamtes Wissen stehen jetzt auf einem Internet-Server namens SAPNet zur Verfügung. Wir haben ihn gerade vor vier Tagen live geschaltet, und er funktioniert. Alle Informationen, die wir haben, stehen jetzt im Internet zur Verfügung, wenn Sie die Zugriffsrechte für alle Sicherheitsstufen haben. Nichts ist verborgen. Wenn Sie Partner sind, Entwicklungspartner, Beratungspartner oder Kunde, haben Sie Zugang zu all diesen Informationen.

Es ist bereits zu erkennen, wie das Internet die Geschäftsabwicklung verändern wird. Viele menschliche Vermittler werden ersetzt werden durch elektronische Vermittler. Das »Makeln« von Anwendungen ist die Zukunft für Reservierungssysteme, Fluggesellschaften, Autovermietungen, Produktkataloge – was immer Sie wollen. Die Ideen und Konzepte von vor drei Jahren werden heute Wirklichkeit. In drei Jahren wird sich die Geschäftsabwicklung zwischen Personen und Firmen erheblich gewandelt haben.

Manche haben gesagt: »SAP kommt zu spät. SAP wird eine schwere Niederlage erleiden. Dieses veraltete R/2-System, das einfach nur in die Client-Server-Umgebung migriert wurde, schafft es nicht ins Internet.« Aber wir haben es geschafft. Wie? Vielleicht haben wir mehr Technik in das System gesteckt, als sich irgendein amerikanischer Konkurrent jemals vorgestellt hat.

**Morrow** Die pure Kraft des Engineerings.

**Deutsche Art: Perfekt sein, nicht scheinen**

**Plattner** Vielleicht ist es diese verrückte deutsche Art, es perfekt machen zu wollen – bis zu einem gewissen Grad perfekt zu sein und nicht nur perfekt zu scheinen. Wir haben unsere Marketing-Lektion gelernt, und wir waren aus deutscher Sicht immer eine Art »Showmen«. Aber wir haben eine anständige Technologie im Rücken. Und ich glaube, das ist es, was uns über die Jahre in die Lage versetzt hat, technologische Herausforderungen immer wieder anzunehmen und auf sie zu reagieren – manchmal innerhalb von ein paar Wochen, manchmal etwas später.

Wir haben den PC fast verpasst, weil wir dachten, der PC wäre ein Spielzeug. Wir waren in unserer Mainframe-Umgebung vollständig abgeschirmt, saßen in einem Mainframe-Glashaus und haben den PC nicht ernst genommen. Das schadete uns. Plötzlich war eine Firma wie Lotus, waren Firmen wie Borland und Microsoft größer als SAP. Wir konnten es nicht fassen. Wir dachten: »Wie kann man mit einer Tabellenkalkulation oder einer Textverarbeitung soviel Geld verdienen? Wir haben komplette Anwendungen!« Wir dachten, die Anwendungen hätten wir, aber Jahre später bezeichneten sich die anderen als Anwendungsfirmen.

**Organisation: Das rechte Maß finden**

**Morrow** Ein SAP-Mitarbeiter, der für die R/2-Services verantwortlich ist, wurde mit dem Wort zitiert, eines der Dinge, die SAP zu einer großartigen Firma machen, sei, dass die SAP eine unbürokratische Gemeinschaft intelligenter Leute ist.

Das SAP-Forschungs- und -Entwicklungszentrum in Palo Alto, Kalifornien

**Plattner** Das stimmt. Es hat uns erfolgreich gemacht, und trotzdem haben wir damit zu kämpfen.

**Morrow** Ist es schwierig, unbürokratisch zu sein?

**Plattner** Es ist vielleicht einfach, unbürokratisch zu sein, aber es ist schwierig, all das zu erreichen, was wir erreicht haben, indem man einerseits unbürokratisch und andererseits präzise ist. Das ist eine sehr komplexe Angelegenheit. Ich glaube nicht, dass wir mit einem Mehr an Regulierung und inneren Strukturen besser gefahren wären. Andererseits brauchen wir feste innere Strukturen, und manchmal haben wir zu kämpfen, weil es plötzlich anfängt, weh zu tun.

Wir haben uns weitgehend auf die Flexibilität unserer Mitarbeiter verlassen. Sie haben ihr Bestes geleistet, und es ist sehr, sehr wichtig für uns, dass wir ein wirklich globales Unternehmen geworden sind und in Amerika und Japan entwickeln.

SAP hat eine sehr gut organisierte weltweite Vertriebs- und Beratungsorganisation, und wir behalten in unseren Entwicklungslabors nach wie vor soviel Flexibilität bei, wie wir brauchen, um kreativ bleiben zu können. Wenn Sie sehr gut organisierte Strukturen einführen, haben viele Leute Entschuldigungen. Solange Ihre Organisation flexibler ist, können Sie mehr Leute dafür verantwortlich machen, dass sie die Zeichen der Zeit nicht oder zu spät erkannt haben.

**Japan – eine Herausforderung**

**Morrow** Erzählen Sie von Japan.

**Plattner** Wie üblich machten wir es für Kunden. Dieses Mal baten uns die deutschen multinationalen Chemiekonzerne, nach Japan zu gehen. Dann bat auch DuPont darum. Wir gerieten also in Deutschland und den Vereinigten Staaten unter Druck, unsere Software nach Japan zu exportieren. Da SAP für präzises Engineering bekannt war, wollte man eine komplette japanische Version, also alles in Japanisch. Vom ersten Tag an sagte man uns: »Es ist großartig, ein englisches System zu haben. Aber in Japan können Sie das nicht verkaufen. Und Sie schaffen es nur, wenn Sie das System an japanische Firmen verkaufen.«

**Morrow** Wie groß war diese Herausforderung?

**Plattner** Sehr groß. Es war eine Riesenherausforderung. Es war die größte Investition, die wir jemals für eine einzelne Aufgabe oder ein einzelnes Ziel getätigt haben. Wir investierten für drei Jahre, um eine komplette Double-Byte-Version des Systems zu entwickeln, in dem jedes einzelne Wort japanisch war. Die gesamte Dokumentation, alle Bilder – einfach alles. Alle unsere Mitarbeiter in Japan sind Japaner. Amerikaner und Deutsche sind dort nur im Back-Office zu finden.

Wir waren reich genug, um uns das leisten zu können, und wir leisteten es uns. Heute ist Japan unser drittgrößter Markt. Unsere größten Märkte sind die Vereinigten Staaten, dann Deutschland, dann Japan. Die Investition hat sich ausgezahlt.

**Morrow** Was war am schwierigsten in diesem Prozess?

**Plattner** Wenn Sie sich ein japanisches Bildschirmbild anschauen, ist das schlimmer als in irgendeiner anderen Sprache, weil Sie es nicht lesen können – Sie erkennen gar nichts. Wir testeten also alles in Deutsch oder Englisch. Das japanische System musste intern fehlerfrei funktionieren. Wir stellten japanische Mitarbeiter für die Übersetzung und für erneute Systemtests ein. In einem einzigen System können die japanische und die englische Version laufen, und es ist derzeit das einzige System in der Welt, in dem das möglich ist. Es ist ein technisches Wunder.

Außerdem war das ein wichtiges Verkaufsargument für alle High-Tech-Unternehmen an der Westküste, da sie Verbindungen nach Japan haben. Plötzlich bekamen wir die HPs, die Apples und die Digitals an der Ostküste, auch Compaq Computers, Intel und schließlich Microsoft.

Wir erweiterten das interne System für die Verarbeitung von Double-Byte-Zeichen. Da das System jetzt über vollständige Flexibilität bei der Verarbeitung von Double-Byte-Zeichen verfügt, können wir in einem System nicht nur mit Japanisch, sondern auch mit Chinesisch, Koreanisch und allen anderen Sprachen arbeiten, die ein Double-Byte-System benötigen.

Das ist immer noch mit Arbeit verbunden. Diese Flexibilität war jedoch ein Verkaufsargument. Wir unterstützen die zahlreichen Währungen. Das ist der größte Vorteil für eine europäische Firma. Und jetzt kommt noch eine andere Währung hinzu, der Euro, dazu noch parallel. In Amerika versteht niemand, dass wir es hier in jedem Land mit zwei Währungen zu tun haben. Außerdem haben wir verschiedene Währungen in jedem Land. Das ist eine Komplexität, mit der amerikanische Software nicht gut zurecht kommt. Wir haben außerdem verschiedene Steuergesetze in jedem Land der Europäischen Union. Wir haben die Behörden in Brüssel, aber verschiedene Steuergesetze und Variationen, und die Variationen sind sehr viel größer als die, die Sie in den Vereinigten Staaten kennen.

Unser System unterstützt also viele Währungen, viele gesetzliche Regelungen und viele Sprachen.

**Neue Aktualität der SAP-Konzepte**

In einem System müssen wir mehrere Sprachen sprechen. Das ist in Kanada zwingend, auch in der Schweiz. Es ist jetzt eigentlich in jedem nicht englischsprachigen Land der Welt zwingend, da Englisch die Sprache des Internets ist. Sie müssen also Ihre Systeme in zwei Sprachen betreiben – in der internationalen Internet-Sprache und in Ihrer eigenen Sprache. Das SAP-System läuft per Definition in mehreren Sprachen. Eine Installation kann viele Sprachen unterstützen. Wir können ein System für den pazifischen Raum installieren und Australien, Japan und das chinesische Festland in einem System bedienen.

**Morrow** Hervorragend.

**Plattner** Bis zu einem gewissen Grad ist das auf unser europäisches Erbe zurückzuführen. Durch das Internet hat aber jetzt jeder damit zu tun. Jeder weiß jetzt, dass es um Integration geht. Jeder weiß jetzt, dass es um mehrschichtige Client-Server-Architektur geht. Schauen Sie sich das Internet mit all den Proxy-Servern usw. an. Jeder weiß jetzt, dass der Wechsel von einer auf die andere Sprache möglich sein muss und dass mehrsprachige Systeme der Standard sind. Wir werden die Franzosen niemals ändern, und wir werden die Japaner nicht dazu bringen, ihre Sprache aufzugeben. Wir werden die Deutschen nie dazu bringen, ihre Sprache aufzugeben, obwohl sie dem Englischen viel näher ist als die beiden anderen Sprachen.

**Wechselseitiger Einfluß: die SAP und ihre Kunden**

**Morrow** Eines Ihrer Erfolgsgeheimnisse war die Nähe zu den Kunden, das Eingehen auf ihre Anforderungen und die Entwicklung von Lösungen für ihre Probleme. Stellen Sie jetzt fest, dass Firmen ihre Abläufe an Ihre Vorstellung von einer effizienten Unternehmensführung anpassen, anstatt von Ihnen eine auf sie zugeschnittene Lösung entwickeln zu lassen?

**Plattner** Wir haben sehr früh damit begonnen, die Art und Weise, wie Firmen geführt werden, zu verändern. Wir haben z. B. die Weise verändert, wie Firmen in Deutschland ihre Buchhaltung machen. Wir haben einige grundlegende Prinzipien des Rechnungswesens verändert.

**Morrow** Können Sie mir einige Beispiele nennen?

**Plattner** Im SAP-System wird kein Rechnungsabschluß gemacht, wir waren eben Fans von Realtime-Informationen. Jeder kleine Beleg wird im System hinzugefügt und ist sofort verfügbar. Wir können zu jeder Zeit im Monat sofort eine Bilanz oder eine Gewinn- und Verlustrechnung erstellen.

**Morrow** So haben Sie also ein Realtime-Finanzwesen, ohne auf den Abschluss am Monatsende warten zu müssen?

**Plattner** Ein Realtime-Finanzwesen. Und für große Firmen war das nicht einfach: »Bei uns gibt es viele Monatsabschlüsse.« Ich sagte: »Gut, das muss jetzt eine Realtime-Transaktion werden.« Und wir haben ihre Denkweise bis zu einem gewissen Grad geändert.

Wir konnten jetzt größere Jobs als Transaktionen ausführen. Wir automatisierten einige der Monatsabschlussarbeiten einer Firma, und sie wurden zu offiziellen Transaktionen. Firmen stellten diese Aktivitäten also auf Transaktionen um. Und wir integrierten die Debitoren-, Kreditoren- und Sachkontenbuchhaltung und die Kostenrechung in einem einzigen System. Das hatte niemand zuvor getan.

Dieses Konzept hat einige Nachteile. Aber technisch ist es eine sauberere Sache. Wir hatten also ein technisch einwandfreies System, das die Leute zwang, ihre Vorgehensweisen zu ändern. Beispielsweise mussten sie denselben Kontenplan in der Finanzbuchhaltung und in der Kostenrechnung haben. In unserem System kann es keine zwei verschiedenen Kontenpläne geben.

**Morrow** In einer Welt, die tatsächlich zu einem globalen Markt wird, kann man vermutlich darüber streiten, ob die wichtigste globale Auswirkung dieser Technologie im Finanzbereich und im Geldfluss liegt. Würden Sie sagen, dass Ihre Finanzanwendungen im Vergleich zum Fertigungsbereich die tiefgreifendsten Auswirkungen gehabt haben?

**Verfügbarkeit von Realtime-Informationen**

**Plattner** Ich glaube, dass die größte Auswirkung, die das R/3 gehabt hat, die allgemeine Verfügbarkeit von Realtime-Informationen ist. In einer Firma führt jemand eine Aufgabe aus. Die Aufgabe wird abgeschlossen. Alle Informationen, die von dieser Aufgabe betroffen sind, stehen sofort in der neuen, aktualisierten Form zur Verfügung.

Das bedeutet, dass Sie den Workflow wesentlich verbessern können. In konventionellen Unternehmen ist das ein sequentieller Prozess. Sie müssen die Arbeit weiterleiten. Etwas hat sich geändert, und ein anderer muss darauf reagieren. Unsere Idee war es von Anfang an, dass jeder alles sofort erledigt. Man hat dann Zugriff auf aktuelle Informationen, wo auch immer sie sich befinden, und auf alles, was man wissen will. Wir haben jahrelang zu kämpfen gehabt. Man debattierte darüber und meinte, dass das nicht die richtige Sichtweise sei.

Durch das Internet hat sich das jetzt verändert. Das Internet gewährt sofort direkten Zugang zu allen verfügbaren Informationen. Ich weiß jetzt, wo das Paket ist, dass ich mit Federal Express von Washington, D.C., nach Walldorf geschickt habe. Ich kann am Computer feststellen, dass es soeben in Frankfurt gelandet ist und jetzt nach Walldorf gebracht wird. Das ist heute möglich.

Das ist nichts anderes als unsere alte Idee, jede Information zeitnah zur Verfügung zu stellen. Sie können dann die Anzahl der »Agenten« oder die Anzahl der Workflow-Komponenten reduzieren, die Sie benötigen, um die Aktivitäten von anderen zu überwachen. Das funktioniert wunderbar.

Es ist eigentlich ein intellektueller Sieg für uns, dass so viele von den ursprünglichen Konzepten des Systems R in das R/3-System eingegangen sind und jetzt eine Rolle im Internet spielen können. Jeder versteht jetzt, dass man mit Informationen, die abgelegt und weitergeleitet werden, nicht arbeiten kann; Informationen müssen zeitnah zur Verfügung stehen.

**Bestätigung durchs Internet**

Wenn Sie ein Flugticket sofort benötigen, wollen Sie nicht 24 Stunden lang warten, um herauszufinden, ob Sie Ihre Reservierung bekommen haben. Wir möchten sofort wissen, ob wir fliegen können, oder wir nehmen eine andere Fluglinie oder gehen über einen anderen Flughafen. Das ist genau das, was Realtime-Integration bedeutet – und für uns bedeutet hat.

Deshalb glaube ich, dass wir mental ziemlich gut für das Internet gerüstet sind. Und zur Überraschung mancher unserer Konkurrenten haben wir es mit echten Anwendungen früher ins Internet geschafft als sie.

**R/3-Anwendungen der besonderen Art**

**Morrow** Was ist die ungewöhnlichste Anwendung? Ich weiß, dass Ihre Software unlängst für die Planung einer Everest-Expedition eingesetzt wurde. Gibt es eine Anwendung der SAP-Software, auf die Sie besonders stolz sind?

**Plattner** Das ist eine schwierige Frage. Wir haben fast 10 000 Installationen und 7 000 Kunden. Wen mag ich am liebsten? Ich weiß es nicht. Am schmeichelhaftesten war vielleicht vor kurzem eine neu gegründete Firma mit sechs Ph. D.s. Sie kamen eingeflogen, um sich das R/3 anzuschauen. Ihre Kapitalgeber waren nicht einverstanden. Die sechs Ph.D.s wollten in drei Jahren eine 100-Millionen-Dollar-Firma sein, und sie wollten R/3 kaufen. Wir waren so nah dran. Wir konnten die Hardware nicht bekommen. Sie brauchten jemanden, der die Hardware vermietet.

Und wir haben eine kleine Firma in München, die Fahrräder herstellt. Sie ist sehr klein, mit 20 Mitarbeitern. Sie haben R/2.

Einer unserer besten Einführungsberater installierte das gesamte Finanzsystem mit etwas Einkauf und Vertrieb innerhalb von zwei Wochen. Ich bin stolz auf die Kleinen. Die Großen können es immer schaffen, sie haben das Durchhaltevermögen. Sie haben die Ressourcen. Und sie haben das intellektuelle Potential. An den Kleinen lässt sich eigentlich besser feststellen, ob unser System markttüchtig ist.

**Morrow** Es ist schön zu wissen, dass eine Firma, die so groß ist wie die SAP, noch Freude daran hat, Firmen zu helfen, die so groß sind, wie Sie es 1972 waren.

**Plattner** Ja, aber es dient auch unseren Interessen. Die kleinen Firmen halten Ihnen den Spiegel vor und sagen Ihnen genau, wo Sie richtig oder falsch liegen. Politik spielt dabei keine Rolle. Sie sind geradeheraus. Sie können mit dem Eigentümer sprechen. In San Luis Obispo haben wir einen Kunden, bei dem der Eigentümer nicht nur die Entscheidung traf und die Software kaufte, sondern als CFO das System auch einführte. Die Firma hat, glaube ich, 100 Mitarbeiter.

Im Rahmen unserer Anwenderkonferenz 1996 in Philadelphia hatten wir ein Meeting, und ich lud die fünf kleinsten Kunden auf der Konferenz ein, sich mit uns zu treffen. Das war ein sehr interessantes Meeting – es ist interessant, mit Leuten zu sprechen, die vielleicht mehr über die Software wissen als manche der riesengroßen multinationalen Konzerne.

**Zu guter Letzt: R/3 auf AS/400**

Sie haben mich gefragt, wer der vielleicht interessanteste Kunde ist oder das Unternehmen, das sich von den anderen völlig unterscheidet: Das ist der Zoo in Sydney. Wir haben dem Zoo von Sydney eine Spende zukommen lassen. IBM spendete die AS/400-Hardware, und wir spendeten unsere Software, um zu demonstrieren, dass R/3 endlich auch auf der AS/400 läuft. Nach zehn Jahren Entwicklung – eigentlich neun Jahren – lieferten wir endlich auf der AS/400 aus. Und die Leute vom Zoo fühlten sich sehr geschmeichelt. Sie müssen ja von Spenden leben. Bei einem solchen Unternehmen kommt nicht wirklich Geld herein. Und das System läuft gut. Es liefert alle nötigen Informationen über die Schimpansen und die ganze Wartung der Gehege. Alles wird von einem R/3-System abgewickelt.

**MORROW** Tolle Geschichte.

Sie sind passionierter Segler und Golfspieler. Wie setzen Sie das in Beziehung zu Ihrem Erfolg im Geschäftsleben?

**Vita activa**

**PLATTNER** Als wir die Firma gründeten, sagte Dietmar Hopp zu jedem von uns: »Wir gehen nicht mehr Skifahren. Es ist zu riskant. Wir könnten uns die Beine brechen, und das könnte das Ende der Firma sein.« Also hörte ich mit dem Skifahren auf und begann wieder zu segeln.

Immer dann, wenn es in der Firma viel Druck gab oder schwierig war, ging ich segeln. Ich nahm an Regatten teil. Ich glaube, in den Jahren, in denen ich am meisten gearbeitet habe, habe ich auch an den meisten Regatten teilgenommen.

Wenn man richtig aktiv ist – vielleicht gilt das auch nur für mich –, dann kann ich nicht aufhören, dann muss ich was anderes machen. Ich kann nicht einfach nur dasitzen. Ich habe mir immer gewünscht, an einem See zu sitzen, bei leisem Regen, und zu angeln. Ein wunderbares Bild von Geduld und Stille. Aber ich kann es nicht.

Mein ganzes Leben lang hatte ich das Bedürfnis, mich körperlich zu betätigen und Sport zu treiben, Sportarten, zu denen immer auch eine gewisse Technik gehört. Ich bin viele Jahre gesurft und mache das immer noch. Ich bin mit den ganz Großen in Hawaii gesurft und an verschiedenen anderen Orten in der Welt. Es war ein großer Tag für mich, in den späten Achtzigern, als ich mit einem der World-Cup-Surfer in Barbados zusammen surfte. Wir nahmen drei Wellen, synchron, und machten einige Turns zusammen – vielleicht fünf. Ich ließ mein Brett auf den Strand fallen und sagte: »Das war mein

Hasso Plattner beim Surfen Ende der 70er Jahre

bester Tag beim Windsurfen. Ich werde das nie wiederholen können.« Leider hatte ich recht!

Ich ging danach wieder zum Segeln über. Ich gehe immer noch surfen, allein um im Training zu bleiben. Ich habe jedoch wieder mit dem Segeln auf Hochseeyachten angefangen.

**Morrow** Das Segeln auf Hochseeyachten bedeutet sicherlich Realtime-Informationsfluß und ständige Aktivität.

**Surfen und Snowboarden**

**Plattner** Ja, es gibt viele Informationen. Es ist ein technischer Sport, ein Konzentrationssport, und es ist ein Mannschaftssport. Und nach vielen, vielen Jahren betreibe ich jetzt wieder Wintersport. Ich gehe Snowboarden. Sie werden es nicht glauben, aber neulich war ich beim Snowboarden in Aspen, und jemand in meinem Alter fragte mich: »Wie machen Sie das nur?« Ich sagte: »Vor drei Tagen habe ich damit angefangen.« Er war sichtlich betroffen. Ich sagte: »Ja, aber ich war auch ein guter Surfer.« Es hat nämlich ziemlich viel Ähnlichkeit mit dem Windsurfen. Ich habe in einer Zeitschrift gelesen, dass Robby Nash aus Hawaii, der bekannte Windsurfer, das Snowboarden innerhalb von zwei Stunden gelernt hat. Nach zwei Tagen war er fit für den Wettbewerb.

Ich habe also das Snowboarden in zwei Tagen gelernt, aber für den Wettbewerb bin ich immer noch nicht fit. (Lacht.)

**Ein Gleichnis vielleicht: Das Sydney-Hobart-Rennen**

**MORROW** Man sagte mir, dass es ein Faux-pas von mir wäre, dieses Interview zu führen, ohne Sie nach dem Sydney-Hobart-Rekord zu fragen. Erzählen Sie mir von diesem Rennen? Das war ein guter Start für das 25jährige Jubiläum – es war der 30. Dezember.

**PLATTNER** Das war ein glücklicher Tag für uns als Segler. Das Sydney-Hobart-Rennen ist das größte sportliche Ereignis in Australien. Und es gibt da einen Rekord zu brechen – bzw. es gab einen. Und das Preisgeld war das höchste im Segelsport überhaupt: etwa 300 000 australische Dollar. Letztes Jahr nahmen wir an zwei Rennen teil, Hawaii und San Francisco. In beiden Rennen hatten wir einen Mastbruch. Und nun traten wir in Sydney an.

Ich kam um 6 Uhr morgens an. Ich fuhr zum Hotel, zog mich um und ging zum Boot. Wir fuhren raus und wir segelten. Um 10.30 Uhr brach der Mast. Der dritte Mast innerhalb von vier Monaten.

**Ein logistisches Husarenstück**

Ich reagierte seltsam. Irgendwie hatte ich mich daran gewöhnt. Wir schauten nur den Mast an und brachten das Boot sicher zurück. Wir waren alle am Mobiltelefon und sprachen die verschiedenen Möglichkeiten durch, wie wir unseren Reservemast bekommen könnten, der sich noch in Auckland (Neuseeland) befand. Und dann fing die Geschichte an. Sie war jeden Tag im Fernsehen. Ich konnte in meinem Hotelzimmer sitzen und im Fernsehen sehen, was passierte und wer gerade sagte, wo der Mast war. Qantas flog den Mast schließlich ein. Die zwei Piloten mussten ihren Flug von Hawaii aus umlenken.

Die Morning Glory
sticht in See

Er begann in Los Angeles, ging nach Hawaii, musste dann eigentlich nach Fiji, ließ Fiji jedoch aus, ging nach Auckland, ließ Melbourne aus und ging direkt nach Sydney. In Sydney gab es ein Nachtflugverbot. Sie landeten gerade noch fünf Minuten vor der Nachtflugsperre. Es gab ein starkes Gewitter, und man wollte den Flug umleiten. Der Pilot sagte: »Wir schaffen es. Wir schaffen es mit dem Mast. Wir haben den Mast. Wir haben den Mast.« Sie landeten um 21.50 Uhr.

Sie luden den Mast aus. Es regnete in Strömen. Die Polizei half dabei, den Mast durch die Stadt zu transportieren, und jede Minute davon wurde im Fernsehen übertragen. Der Mast wurde noch in derselben Nacht montiert. Am nächsten Tag um 10 Uhr morgens gingen wir wieder segeln, um nochmals zu trainieren. Hubschrauber waren überall und beobachteten die »Morning Glory« mit dem neuen Mast. »Qantas hat's geschafft! Qantas hat's geschafft!« Es war eine tolle Werbung für Qantas.

**Morrow** Qantas.

**Plattner** Ich musste lediglich den Treibstoff bezahlen. Nur das Kerosin. Und die Piloten waren phantastisch. Es war eine außergewöhnliche Erfahrung. Wir konnten den Premierminister nicht dazu bewegen, das Nachtflugverbot zu verschieben. Aber sie schafften es trotzdem.

**Sturmnacht und glückliche Fahrt**

Wir waren erfahrene Rennsegler. Ich hatte vielleicht die beste Mannschaft, die ich jemals gehabt hatte. Zwei Olympiasieger, viele Weltmeister, und viele Meilen Erfahrung. Vier Stunden außerhalb von Sydney gerieten wir dann in einen heftigen Sturm. Wir sahen ihn kommen. Wir konnte es nicht glauben, weil ruhiges Wetter vorhergesagt worden war. Es gab einen Sturm mit Windgeschwindigkeiten von 40 oder 45 Knoten.

Wir holten das Hauptsegel ein, um unseren Mast zu schützen. Wir trauten ihm nicht. Das Boot in unserer Nähe, der andere Favorit – der Favorit aus Australien – verlor seinen Mast. Das war's für sie.

Wir kamen gut durch die Nacht. Am nächsten Tag hatten wir phantastisches Wetter und kamen sehr schnell voran. Niemand hatte vorher wirklich gewusst, wie schnell wir segeln konnten. Jetzt wussten wir es. Vier Stunden lang segelten wir mit durchschnittlich 22 Knoten ...

**Morrow** Wow!

**Plattner** ... und mit einer Spitzengeschwindigkeit von 25 Knoten. So macht Segeln Spaß!

**Windstille**

Wir hatten jemanden aus Brasilien dabei, der in einem Star-Boot gerade die Goldmedaille in Savannah gewonnen hatte. Er hatte so richtig Spaß. Er rief: »Das ist mein schönster Segeltag!« Und wir lagen fünf Stunden vor dem Zeitplan.

Dann wurde es windstill. Die letzten 60 Meilen sind sehr schwierig – den Derwent River hinauf bis nach Hobart.

Es war schrecklich. Wir saßen da. Und jeder wusste, dass wir den Rekord nicht schaffen würden. Wir würden es einfach nicht schaffen! Und ich hatte der Mannschaft versprochen, dass wir das Geld unter uns aufteilen würden, wenn wir gewinnen würden. Ich hatte das versprochen, bevor der Mast brach. Jemand meinte darum: »Wollen Sie das Geld nicht für den Mast nehmen?« Aber ich entgegnete: »Nein. Mein Versprechen halte ich. Auf geht's, Männer!«

**Morrow** Phantastisch!

**Plattner** Jeder wollte doch diese prestigeträchtige Auszeichnung gewinnen, unbedingt.

**Und dann schafften wir es**

**Morrow** Es tritt also eine Windstille ein, und Sie hatten die schwierigsten drei Tacks des Rennens noch vor sich?

**Plattner** Ja, aber als dann nur noch 30 Minuten vor uns lagen, wussten wir, dass wir es schaffen würden. Und es breitete sich im Boot eine ganz, ganz ruhige, feierliche Stimmung aus. Niemand sagte irgendetwas. In den letzten zwei Stunden wurde kein Wort gesprochen außer den Befehlen des Skippers. Es herrschte Totenstille an Bord. Und dann schafften wir es.

**Morrow** Toll! Phantastisch!

**Plattner** Wir brachen den 21 Jahre alten Rekord. Eine Stunde später erhielt ich ein Fax von Jim Kilroy auf der »Kialoa III.«, unterwegs in der Karibik. Er war die ganze Zeit am Telefon,

Die glücklichen Sieger und neuen Rekordhalter der Sydney-to-Hobart-Regatta (1996)

um herauszufinden, ob wir es geschafft hatten. Er hatte bis dahin den Rekord gehalten. Und dann bekam ich das Fax: »Glückwünsche zum Brechen meines Rekords – Kilroy an Bord der Kialoa III.« Als Zweiter gratulierte uns Ed Heath, der ehemalige britische Premierminister, der das Rennen 1977 gewonnen hatte.

**Morrow** Das ist eine tolle Geschichte.

**Plattner** Vorher hatte mich in Europa nie jemand im Flugzeug erkannt. Als ich jedoch von Hobart nach Sydney zurückflog, sagte die Stewardess: »Oh, sind Sie Herr Plattner, der das Sydney-Hobart-Rennen gewonnen hat?« Denn wir waren vier Tage lang im Fernsehen gewesen, praktisch in jeder Nachrichtensendung.

**Morrow** Was ist eigentlich mit dem America's Cup?

**Der America's Cup? Ich ging lieber zum Golfspielen**

**Plattner** Nein.

**Morrow** Nein?

**PLATTNER** Nein. Diese Art von Rennen finde ich nicht interessant genug. Um diese Bojen herumzusegeln ... Ich bin beim Finale eingeschlafen, als Neuseeland gewann. Und den spannendsten Teil habe ich verpasst, als die Frauen viereinhalb Minuten vorne lagen, vor Paul Cayard. Ich schaltete den Fernseher aus und ging zum Golfspielen. Und ich sagte: »Die Mädels haben es geschafft! Die Mädels haben es geschafft!« Jemand kam dazu und sagte: »Was reden Sie da! Die Mädels haben es nicht geschafft. Cayard hat es geschafft.« Ich sagte: »Das ist nicht möglich. Sie lagen mehrere Meilen vorn.« »Ja, und doch hat er gewonnen.« Dasselbe passierte mir 1989 bei der Weltmeisterschaft in Neapel. Ich führte das Rennen an oder war zumindest kurz davor, die Führung zu übernehmen. Und dann zog Paul Cayard bei Windstille an uns vorbei. Er legte uns rein. Wir kamen alle zum Stehen. Zwei weitere Boote fuhren vorbei. Dann erreichte er die Ziellinie. Also wurden wir Vierte, nicht Erste. Paul Cayard hatte das schon einmal gemacht. Und die Mädels sind immer noch geschockt.

Ich liebe das Segeln. Ich liebe den Wettbewerb. Aber es muss interessanter sein als nur ein Jahr lang »hin und her«. Ich habe größte Hochachtung für Herrn Koch, der es mit seiner »America3« geschafft hat.

**Rat an den Nachwuchs**

**MORROW** Ich habe eine letzte Frage. Was würden Sie zu einem jungen Menschen sagen, der gerade die Universität abgeschlossen hat und sich für eine Zukunft in der Informationstechnologie interessiert? Was würden Sie sagen, wie sollte er sich vorbereiten und wie könnte seine Zukunft aussehen? Und was sagen Sie zu jungen, begabten Leuten, wenn Sie sie überzeugen wollen, dass die SAP der richtige Platz für sie ist?

**PLATTNER** Es gibt viele Gründe, zur SAP zu kommen. Aber irgendwie ist das Flair eines Start-ups abhanden gekommen, und wir haben Schwierigkeiten damit, die jungen »Wilden« von der Straße zu holen und sie zu integrieren.

Uns steht jetzt eine andere Revolution bevor, und es ist eine aufregende Zeit. Es ist gut, bei einer großen Firma anzufangen. Ich habe bei der IBM viel gelernt. Und ich wäre ohne die IBM nicht hier – keine Frage. Sie brauchen mehr als nur Talent und Unternehmungsgeist. Sie brauchen formale Ausbildung. Sie müssen soviel wie möglich reisen, auch in diesem Geschäft. Alle Dinge, auf die wir in diesem Interview zu sprechen gekommen sind, sind wahr. All das hat zu dem beigetragen, was wir heute sind und wie wir die Firma geprägt haben.

**Die Welt von morgen: offen und demokratisch**

Es ist ein globaler Markt. Das ist aufregend. Aber die jungen Leute sind bereits global. Sie sind im Internet. Sie sprechen jetzt alle Englisch. Sie lernen. Sie haben erkannt: »Die einzige Möglichkeit, mit jemandem in Hong Kong oder Korea zu kommunizieren, ist Englisch. Also sollten wir besser Englisch lernen. Sonst können wir keine Briefe lesen.« Für sie ist es ganz normal, etwas im Internet zu suchen und etwas Interessantes sonst wo in der Welt zu finden.

Ich glaube, dass diese globale Welt unsere zukünftige Welt sein wird. Es ist sehr schwer, unsere nationalistische Haltung in dieser globalen Welt beizubehalten. Ich bin für ein absolut offenes Internet. Die Menschen werden selbst Verantwortung übernehmen, wegen des Feedbacks, dieser wirkungsvollen Reaktionsmöglichkeit in einer demokratischen Gesellschaft. Demokratie bedeutet, dass man zum Ausdruck bringen kann, was man will, und austauschen kann, was man will, und dass man eine Reaktion bekommt. Es wird eine Massenreaktion geben, die den Virus des Bösen vernichtet. Das ist es, was ich aufregend finde. Das unterscheidet diese Zeit von der, in die ich hineingeboren wurde, mit Berlin und der Berliner Luftbrücke am Anfang. All der Druck, der von unseren ehemaligen Feinden, den Russen, auf uns ausgeübt wurde. Und dann war es auf einmal vorbei. Es ist eine andere Welt.

**Die neuen Chancen einer neuen Zeit**

Auf unserer Anwenderkonferenz in Südafrika hatte ich neulich ein Erlebnis, das mich sehr beeindruckt hat. Die Konferenz fand in Lost City statt, dem großen Vergnügungspark in

Hasso Plattner im Gespräch mit Konferenzteilnehmern

der Nähe von Johannesburg. Es gibt dort einen künstlichen Strand, und da fand eine Strandparty statt. Fünf oder sechs Leute standen um mich herum. Die meisten waren Afrikaner, einer davon war ein gut 1,90 m großer Kerl. Ich fragte ihn: »Was machen Sie?« Er sagte: »Ich bin R/3-Berater.« Ich sagte: »Oh, großartig. Sie machen R/3-Beratung?« »Ja. Und ich habe gerade ein R/3-System in Pakistan installiert.« Ich sagte: »Was haben Sie gemacht?« »Ich habe ein System in Pakistan installiert.« Ich sagte: »Moment mal. Sie sind in Südafrika geboren?« »Ja, in Soweto.« »Sie arbeiten für ...?« »Siemens.« »Sie machen R/3?« »Ja.« »Sie machen R/3-Beratung in Pakistan?« »Aber ja.«

Ein anderer Typ aus Kenia begann zu lachen. Er sagte: »Ich bin aus Kenia. Ich habe Sie im Internet gefunden. Ich habe eine kleine Beratungsfirma in Kenia, in Nairobi, und wir arbeiten mit R/3. Wir üben. Wir versuchen, Kunden in Afrika zu bekommen. Dann werde ich expandieren. Ich werde Beratung in Großbritannien machen. Ich möchte überall als Berater tätig sein. Wir können vielleicht keine Autos mehr bauen, vielleicht auch keine Telefonsysteme, und die Mikrochips werden in Asien hergestellt, aber wir können beraten. Ich habe einen MBA. Ich habe in London angefangen. Ich kenne die Jungs. Ich bin genauso gut wie sie.«

Er beeindruckte mich. Er sagte: »Ich habe Sie im Internet gefunden.« Und ich sagte ihm: »In einigen Monaten bekommen Sie ein PC-System für 8 000 Dollar. Alles, was wir haben, ist auf dem Computer, und alles andere bekommen Sie im Internet. Sie haben also SAP entweder im Internet oder auf diesem kleinen Laptop.« Dieser Laptop wird jetzt ausgeliefert. Das war eine tolle Erfahrung für mich. Wir hatten nie eine Geschäftsbeziehung zu einer 50-Mann-Beratungsfirma in Nairobi gehabt. Sie haben uns im Internet gefunden. Er fand selbst heraus, dass SAP offensichtlich der Marktführer ist, und er wollte in der Beratung tätig sein, also entschied er sich für den Marktführer. Und das, glaube ich, sind Möglichkeiten einer neuen Art.

Für junge Menschen Anfang Zwanzig sind die Chancen hervorragend. Was auch immer in zehn Jahren passiert – der Ausgangspunkt ist globales Denken und eine globale Welt.

**Morrow** Es ist eine wunderbare Zeit, in der wir heute leben. Und es war mir ein großes Vergnügen, ein Interview mit jemandem zu führen, der nicht nur derart viel geleistet hat, sondern ganz offensichtlich noch so viel Spaß und Begeisterung für die Möglichkeiten seines Geschäfts aufbringt. Ich bedanke mich vielmals in unser aller Namen.

# Anfänge und Wendepunkte

*Aber die eigentliche Sensation, das R/3-Anwendungssystem in der UNIX-Welt zu haben, die habt Ihr also versteckt? – Die haben wir versteckt, die hätte keiner verstanden.*

Walldorf, den 23. 01. 1998

**Technische Grunderfahrungen**

**Wendt** Lassen Sie uns hier über Visionen sprechen. Visionen sind Extrapolationen von Erfahrungen, und jeder hat ja seinen eigenen Erfahrungshintergrund. Ich halte es für interessant, dass wir zu Beginn unsere Erfahrungshintergründe austauschen. Was waren Schlüsselerlebnisse in der Vergangenheit, wodurch haben sie sich ausgezeichnet? Wir haben ja schließlich alle, kurz nachdem Zuse ihn erfunden hat, mit dem Computer herumgespielt, und heute ist das ein Wahnsinnsgebiet geworden. Da ist es schon interessant, was sich da an prägenden Ereignissen in unsere Gehirne eingebrannt hat.

Herr Plattner, als Mitgründer von SAP, hat noch 1968 seine Diplomarbeit bei Prof. Steinbuch in Karlsruhe gemacht. Er hat schon im Studium sehr viel mit Software zu tun gehabt.

**Plattner** Ja, meine Diplomarbeit, da musste ich plötzlich programmieren, als Elektrotechniker ein Minimierungs-/Optimierungsverfahren von passiven Schaltkreisen entwickeln. Das Programm, das am Institut existierte, lief fürchterlich langsam, und es bestand die Hoffnung, dass man das verbessern kann. Was mich beeindruckt hat, war die Tatsache, dass durch eine grundlegende Verfahrensänderung nicht nur eine

Prof. Dr. Dr. h.c. August-Wilhelm Scheer – Direktor des Instituts für Wirtschaftsinformatik der Universität des Saarlandes und Gründer und Aufsichtsratsvorsitzender der IDS Scheer AG

Prof. Dr.-Ing. Siegfried Wendt – Geschäftsführender Direktor des Hasso-Plattner-Instituts für Softwaresystemtechnik in Potsdam

Verbesserung von 10 % oder 20 % erreicht werden konnte. Da lag größenordnungsmäßig Faktor 100 dazwischen. Vielleicht war es sogar mehr.

**Wendt** Darf ich da meine Erinnerung ins Spiel bringen? Herr Plattner sprach an, dass das Programm damals, bevor er seine Diplomarbeit machte, sehr langsam lief. Es stammte von mir. Ich hatte es für meine Studienarbeiter geschrieben, die unbedingt ein solches Programm brauchten. Da habe ich mich schnell hingesetzt, und ohne große Überlegung programmierte ich in Algol den damals bekannten 08/15-Algorithmus, der in jeder Vorlesung gebracht wurde. Ich wollte ja nur die Ergebnisse haben, und da störte es mich gar nicht, dass das Ding die ganze Nacht lief. Ich habe den Durchlauf abends um sieben gestartet, und am nächsten Morgen um acht habe ich die Ergebnisse gehabt. Und als Herr Plattner dann mit seiner Diplomarbeit fertig war, kam sein Betreuer, Herr Beisdorf, und hat zu mir gesagt: »Haben Sie nicht noch Ihre alten Aufgaben, die bei Ihnen eine Nacht gebraucht haben? Jetzt lösen

Prof. Dr. h.c. Hasso Plattner –
Vorstandssprecher der SAP AG

wir die gleichen Aufgaben mal mit dem Programm von Herrn Plattner.« Da hat das 52 Sekunden gedauert.

**Plattner** Ja, in Anlehnung an die »Inflection-Point«-Theorie von Andy Grove in seinem Buch »Only the paranoide survive«: Das war schon so ein Inflection Point. Man kann durch Nachdenken und Verfahrensänderungen mehr als einen Faktor-10-Effekt erzielen.

**Scheer** In welcher Sprache wurde damals in Karlsruhe das Programm geschrieben?

**Plattner** Der Rahmen des Programms in Karlsruhe war in Fortran geschrieben und der Kern in Assembler, CDC-Assembler auf einer CDC-Anlage. Also es waren logische Operationen, und die wurden mit Assembler gemacht. Es war eine 36-Bit-Maschine, und da die logischen Operationen breiter sein sollten, war es die erste Aufgabe, aus einer 36-Bit-Maschine eine 72-Bit-Maschine zu machen und alles zu verdoppeln und quasi mit kleinen Makros eine softwaremäßige 72-Bit-Maschine zu bauen.

**Scheer** Nun würde heute jeder über die Rechner lachen, die wir damals zur Verfügung hatten. Aber ich weiß nicht, ob es Dir oder Ihnen auch genauso geht, dass diese Basiserfahrungen, die man damals gesammelt hat, z. B. selbst ein Magnetband aufzuspannen oder in Assembler zu programmieren, eigentlich durch nichts zu ersetzen sind.

**Als ob die Maschine spräche**

**Plattner** Ja, also wenn wir noch bei der CDC-Anlage der Universität Karlsruhe verweilen wollen, dann habe ich dort genau solche Basiserlebnisse gehabt. Es ging ja nun wirklich darum, bei meinem Programm Geschwindigkeit zu erzielen und genau zu beobachten, wie sich das Programm verhält. Damals hatte man noch keine Debugger, aber man konnte die Maschine beobachten. Der Hauptspeicher lag quasi optisch sichtbar vor einem. Man konnte den Taktgeber runterdrehen, der war frei regelbar, und konnte die Maschine ganz langsam Schritt für Schritt arbeiten lassen und dann wieder schneller und dann wieder langsamer und dann wieder schneller. Und da ich die Maschine frei zur Verfügung hatte, konnte ich richtig rumspielen. Und das war enorm interessant, also das war fast so, als ob die Maschine zu mir gesprochen hätte. Sie hat mir nämlich gezeigt, wo sich das Programm herumtreibt, was sie eigentlich macht und wie Schleifen funktionieren. Ich bekam also einen physischen Eindruck, wie sich Schleifenprogrammierung auf den Rechner auswirkt, wie der Rechner leidet, wenn man eine Schleife schlecht schreibt.

**Scheer** Oder das spannende und ästhetische Erlebnis eines Sortierlaufs mit sechs Magnetbandmaschinen. Jede Magnetbandmaschine war so groß wie ein Kleiderschrank. Man merkt, gleich spulen sie alle zurück, und dann sieht man, wie sie ineinander sortieren. Man hat die Rechner noch richtig erlebt und mitgezittert, ob auch alles richtig abläuft.

**Plattner** Nach dem Studium bin ich zur IBM gegangen, und dort war es also genau das Gegenteil. Der erste praktische Einsatz auf einem IBM-Computer war ein Kontrastprogramm. Dieser superschnelle neue IBM-Rechner hatte übrigens damals die Größenordnung von einem MIPS. Die Maschine kam neu zu IBM, und dann ging ich mit einem leitenden Systemingenieur zu der Bundesanstalt der Länder, BLA, in Karlsruhe. Wir mussten einige Ausgabeformate umwandeln. Und ich dachte, na ja, dann machen wir das jetzt mal. Da sagte der Systemingenieur: »Nee, nee, das bereiten wir jetzt vor, wir brauchen so 10 Stück, und die bereiten wir erst alle vor, und dann sehen wir nochmal, ob die alle richtig definiert sind, und dann legen wir die auf die Maschine, und dann gehen wir erst einmal essen.« Da sagte ich: »Was tun wir?« »Dann gehen wir erst einmal essen.« Und dann haben wir gegessen, und dann haben wir nochmal gegessen und ein Bier getrunken, und dann sind wir zurückgekommen und haben nachgesehen, was aus unseren Umwandlungen geworden war. Das war noch kein Programm, sondern erst nur eine Definition, die man dann irgendwo in einem Programm später wieder verwenden konnte. Das hat mir einen ziemlichen Schock versetzt, das führte auch dazu, dass ich nach sechs Wochen die IBM fast wieder verlassen hätte. Es war alles ziemlich mechanisch, was hier getrieben wurde. Das führte dann zum Startpunkt der SAP.

**Damals bei der IBM**

Ich hatte von Dietmar Hopp die Verwaltung der IBM-Bibliothek übernommen, und wenn ich nicht ausgelastet war, dann beschäftigte ich mich mit dem Ordnen der Bibliothek, und dabei habe ich ständig gelesen. Und nun las ich von den Maschinen, die es in Amerika gibt, dem größten existierenden Computer der IBM oder den berühmten Computern, die später nie gekommen sind. Zum Beispiel das System 67, das war die erste Mehrprozessormaschine mit virtuellem Speicher und Parallelverarbeitung. Dann gab es noch das Modell 91, mit dem damals CDC in großen wissenschaftlichen Anwendungen aus dem Rennen gedrängt worden ist bzw. gedrängt werden sollte. Diese Rechner waren dort mit umwerfend guter Dokumentation dargestellt, und das habe ich alles verinnerlicht. Da habe ich gelernt, wie ein typischer IBM-Computer innen aussieht, und dann war das ja auch schon die Zeit, wo die ersten Terminals und Bildschirme aufkamen. Mit diesen fingen wir auch an, ein bisschen zu programmieren, und dann kam – wieder über die Literatur – das 3270-Terminal.

**Entscheidungspunkt: das 3270-Terminal**

Das war ein Entscheidungspunkt, und ich glaube, die ganze DV-Industrie hat an diesem Tag neu angefangen. Die 3270, ein Bildschirm, 80 Zeichen horizontal, 24 Zeilen vertikal. Die 80 Zeichen kommen aus der Lochkartentechnik, und es sind halt 24 Lochkarten übereinander. Allerdings hatten sie eine sogenannte Tabulatorsteuerung, so dass man einzelne Feldpunkte auf diesem Bildschirm direkt ansteuern konnte. So konnte man auch Formate vorgeben. Es war also ein formatgesteuerter Bildschirm. Das war der Durchbruch, denn man konnte auch mit einer gewissen lokalen Intelligenz oder Fertigkeit dieses Systems rechnen. Man konnte schnell über diesen Bildschirm navigieren, Daten eingeben und hat diesen ganzen E/A-Prozess, den Fluss der Daten aus der betriebswirtschaftlichen Fachabteilung in den Computer und wieder zurück, revolutioniert.

Die alte klassische Methode: aufschreiben, in ein Lochformular übersetzen, ablochen lassen, prüfen lassen, im Computer verarbeiten lassen und als Ergebnis die berühmten weiß-grün gestreiften Endloslisten, die im Haus verteilt werden, war beendet. Und das war eigentlich mein wesentliches Erlebnis bei der IBM, und das ist auch schon der Startpunkt der SAP. Und die ganzen Techniken, die da erfunden wurden, wurden dann eine ganze Weile lediglich besser, indem die Leistung immer höher und der Hauptspeicher immer größer wurde, aber es beruhte alles auf dem Grundprinzip, dass auf einem Rechner, in einer Entität, in einem Betriebssystem alle Speicher, Platten und die Prozesse mehrerer Benutzer abgewickelt wurden. Also es war ein Design, in dem die Benutzer an einen Ort des Computers gebracht wurden, und da fand die logische Verarbeitung statt.

Und dieses Prinzip hat lange gehalten. Wir haben es erst 1990 grundlegend verlassen, als diese zentralen Rechner den Wachstumsraten unserer Anwendungen nicht mehr gewachsen waren. Man muss sich also vorstellen, Ende der 80er Jahre liefen die größten Systeme mit tausenden, zehntausenden Benutzern auf einer einzigen physischen Anlage. Diese hatte damals vielleicht vier oder sechs Prozessoren, aber nicht mehr. Man war also ganz beschränkt auf diese Rechnerarchitektur, und wir sind dann ausgebrochen beinahe in einem Akt der Verzweiflung und haben gesagt: »Jetzt müssen wir das versuchen, was SUN so im wissenschaftlichen Bereich gerade angefangen hat: Rechnen auf ganz viele Rechner, d. h. Anwendungen auf ganz viele Rechner zu verteilen.«

**Programmieren als Geheimwissenschaft**

**Wendt** Also die erste Maschine, auf der ich programmiert habe, das war die Z22 von Zuse. Die erste Computersprache, die ich gelernt habe – und die erste Sprache prägt – war Algol. Ich habe dann später im Praktikum bei IBM den Assembler 1620 von IBM kennen gelernt. Ich war von IBM als Werbegeschenk an die Firma Porsche gegeben worden, d. h. also bezahlt von IBM. Ich sollte bei Porsche im Ingenieurbüro programmieren, und dort habe ich dann die ganze Gleitkommaarithmetik, die auf der IBM 1620 hardwaremäßig ja nicht da war, per Software realisiert. Das hat auch sehr stark geprägt.

Ich habe nämlich damals mich als Guru benommen, wo ich heute auf diese Gurus schimpfe. Es wurde tricky programmiert, und wir hatten noch wenig Arbeitsspeicher, Dokumentation war mir ziemlich egal, ich hatte ja alles im Kopf. Und ich war ganz stolz darauf, dass ein halbes Jahr, nachdem ich bei Porsche wieder weg war, man mich von dort anrief: »Herr Wendt, wir haben in Ihren Programmen – nicht, dass ein Fehler drin wäre ... aber wir würden gerne noch eine Zusatzfunktion machen und das und das, und wir verstehen an der Stelle dieses nicht ...« Und dann war ich ganz stolz, dass ich am Telefon diesen Leuten sagen konnte, wie man es macht.

**Scheer** Das war der damalige Ehrgeiz, jedes Programm auf drei Zeilen zu komprimieren. Der Programmierer als Geheimwissenschaftler, den niemand verstand – ja, auch nicht verstehen sollte, sonst hätte er seinen Nimbus verloren. Also völlig entgegen den heutigen Prinzipien der Softwaretechnologie.

**Betriebssystem – wie blöde!**

**Wendt** Ja, ja, völlig verrückt. Dann habe ich bei IBM natürlich noch Fortran gelernt, dann kam ich zurück an die Uni, da war die ER-56 von SEL, das ist ein voll transistorisierter Rechner, teilweise mit Germanium-Transistoren, also sehr temperaturempfindlich. Es gab an der ganzen Uni bloß zehn Leute, die den auf Assembler-Ebene programmieren konnten. Und dann kriegte man den Rechner, d. h., jetzt hatte ich den, und damit hatte ihn eben sonst niemand, und dann habe ich den bedient, wie wenn man ein Mietauto hat, und habe gesagt, entweder hast du es oder ich, aber wir können es nicht beide haben. So war es mit dem Rechner.

Und ich habe dann – das war interessant – erlebt, wie Assistenten bei Steinbuch in diesen Rechner die Unterbrechungsfähigkeit hardwaremäßig nachgelötet haben. Die war also nicht drin. Da war einer der Assistenten, nämlich der Wettstein, der war für ein halbes Jahr zu IBM nach Amerika gegangen und kam zurück und sagte, die machen dort Betriebssysteme. Bedenken sie, wir haben unsere Programme in den nackten, leeren Arbeitsspeicher geladen. Da war außer unserem Programm nichts drin, gar nichts!

Und jetzt kam der und sagte, die haben Betriebssysteme. Dann schrieb auch er ein Betriebssystem und nannte es Betsy – BETriebsSYstem –, und damit hat er uns wahnsinnig geärgert, denn jetzt hatte er uns das Recht, diesen Rechner alleine zu kommandieren, genommen. Jetzt war da plötzlich einer, der mit seinem Programm verhinderte, dass wir die schönen Dinge tun konnten, die wir früher getan hatten. Was haben wir diesen Wettstein verflucht! Mit seinem blöden Betriebssystem, das braucht man doch gar nicht. Das weiß ich noch ganz genau, wie das war.

Dagegen sieht man heute, dass ohne die Grundidee des Kontextwechsels im Rechner wesentliche Dinge nicht nachgebildet werden können. Ich habe gerade heute früh in der Vorlesung diese grandiose Idee des Kontextwechsels vorgestellt, dass wir als Menschen dauernd Kontextwechsel machen. Wenn ich sitze und an was arbeite und das Telefon klingelt, ja – bums – Kontextwechsel: Wer ist am Apparat, was muss ich da machen? Oder es klopft. Oder ich schreibe meinen Brief, und mein Bleistift bricht ab.

**PLATTNER** 15 Jahre später ist das noch mal ein ganz großes Problem bei den PCs geworden. Es ist noch nicht so lange her, dass man auf Windows-basierten PCs entweder schreiben oder drucken konnte, aber nicht weiterschreiben, während er druckte. Das Betriebssystem konnte keinen Kontextwechsel machen, zwei Sachen parallel.

**Aus der Frühzeit der Datenverarbeitung**

**SCHEER** Ja, klar. Es war ja praktisch das gleiche Prinzip. Also in meiner Rückerinnerung bleibt bestehen, dass ein Computer aus Teakholz zu sein hatte. Denn der erste Rechner, an dem ich arbeitete, TR-4, wobei TR für Telefunken-Rechner steht, der war in Teakholz gekleidet und nahm einen großen Raum in Anspruch. Es gab keine Programmieranweisung, sondern es gab so fünf Seiten über Algol, die wurden schwarz kopiert und kostbar gehandelt. Aber damals waren die Rechner auch noch zu was nütze. Ich erinnere mich da noch an einen Univac-Rechner, der war wassergekühlt, da konnte man die Bierflaschen drin kühlen.

Und zum ersten Mal habe ich dann als Assistent gelernt, was eigentlich Datenverarbeitung ist. Programmieren gelernt hatte ich bereits so um 1963 als Student. Ich habe eigentlich auch kaum studiert, also ich habe keinen einzigen Schein auf ehrliche Weise erworben, weil ich immer für andere Lehrstühle programmiert hatte, das war damals noch was wert. Und die haben mir dann die Scheine dafür gegeben, so dass ich zum Schluss nur noch mein Examen machen musste. Das habe ich auch ganz gut hingekriegt.

Dann wurde ich Assistent am Institut für Operations Research und erhielt die Aufgabe, dort ein System zur Verteilung der Medizinstudenten auf die Universitäten zu entwickeln, den Vorläufer der heutigen ZVS. Damals wurde der Numerus Clausus von jeder einzelnen Universität organisiert, und es gab Doppelbewerbungen, so dass dann hinterher mehrere Universitäten den gleichen Studenten zugelassen hatten. Und um das nun auszugleichen, sollte ein System entwickelt werden. Und da habe ich zum ersten Mal gesehen, nachdem ich vorher eher Algorithmen programmiert hatte, dass es mehr als 20 Datensätze geben kann. Da waren plötzlich Tausende von Datensätzen zu verwalten. Und dann wurde mit Magnetbändern gearbeitet, und es kam plötzlich auf die Qualität von Sortierungsalgorithmen an, die darüber entschieden, ob ein Lauf fünf Stunden oder eine halbe Stunde dauerte. Also Effizienzkriterien, die man bei der rein algorithmischen Programmierung gar nicht kennen gelernt hatte. Das war bei mir der Einstieg in die Datenverarbeitung.

Und dann diese Stories über Programmieren nachts im Rechnerraum, da kann ich auch gerne mithalten: Ich erinnere mich noch sehr genau, wie ich selber eingeplant war von nachts 5 bis morgens um 7. Um 7 Uhr war Schluss. Dann kam nämlich die Wartung, und dann wurde der Rechner abgestellt. Also musste man sein Programm so organisiert haben, dass es in zwei Stunden zum Ende kam. Und derjenige, der vor mir war, der war um 3 Uhr eingeteilt und hatte gewartet. Um 3 Uhr stand er auf mit seinem Kasten Lochkarten und wollte in den Rechnerraum gehen, damit er sie einlesen konnte. Er blieb aber mit dem Jackenärmel an der Türklinke hängen, so dass der ganze Stapel Lochkarten quer durch den Rechnerraum schoss und er anschließend nach Hause gehen konnte.

**Deutsche Computertechnik**

Das waren so Dinge, die die Datenverarbeitung noch irgendwie persönlich gemacht haben. Wenn ich so an die TR-4 und TR-440 denke, auch ein Betriebssystem ... – das TR-440-Betriebssystem war meiner Meinung nach zur damaligen Zeit

Weltklasse. Und da bleibt eigentlich nur die Frage: Wo sind eigentlich die deutschen Rechner geblieben?

**Wendt** Ich habe Simulationen für meine Doktorarbeit auch auf dem TR-4 gemacht. Das war also damals auch meine Erfahrung mit dem Teakholzrechner, und da habe ich erlebt, dass der Algol-Compiler ganz hervorragend war. Ich habe mit drei Läufen mein großes Programm korrekt getestet, und ich konnte dann ein Jahr lang Simulationen machen, ohne dass es da irgendwelche Zwischenfälle mehr gab. Und das verdankte ich diesem hervorragenden Algol-Compiler, der einen Post-Mortem-Dump erzeugt hat. Wenn das Programm mittendrin abstürzte, dann druckte der auf symbolischer Ebene: Das Programm ist stehen geblieben in der Zeile x dieser Prozedur, die war gerufen worden mit folgenden Parametern aus der Prozedur y usw. Das heißt, man las den Dump und wusste haargenau, was verkehrt gelaufen war. Fantastisch! Drei Läufe, drei Dumps, und alle Fehler gefunden. Das war hervorragende Betriebssystemsoftware.

**Scheer** Die deutschen Computer sind untergegangen, aber nicht untergegangen ist das Know-how, was damals aufgebaut worden ist, weil ja doch eine ganze Reihe von den Entwicklern, die damals in Konstanz gearbeitet haben, hinterher an die Hochschulen gegangen ist – ich denke an die Professoren Hotz und Jessen –, so dass das Know-how in die Informatikforschung in Deutschland eingegangen ist. Nur leider ist meines Erachtens hinterher nicht genug wieder rausgekommen. Aus Produkten ist Wissenschaft geworden, aber aus dieser Wissenschaft sind hinterher nicht nochmal wieder neue Produkte gekommen. Das ist sehr schade, wenn man sich das noch einmal so vor Augen führt.

**Wendt** Es gab in Deutschland damals nur zwei Computerfirmen. Zuse war eine und wurde sehr bald von Siemens aufgekauft, und dann waren es noch Telefunken und Siemens, die Rechner gebaut haben. Siemens ist dabei geblieben, das war damals die Siemens 2002-Serie, aber sehr bald hat dann auch

Siemens sich mit RCA zusammengetan. Die Siemens 3003-Serie war eigentlich, wenn man den Schrank aufgemacht hat, eine von Siemens angestrichene RCA-Maschine.

**Scheer** Worüber wir reden, sind zwar vornehmlich Kisten und abstrakte Konzepte, aber hinter diesen stehen die Menschen, die sie zum Leben erwecken. Menschen, die ihre Ideen vielleicht nicht im ersten Ansatz verwirklichen können, zwischen Technologiebegeisterung und Wirtschaftlichkeit nach Kompromissen suchen, aber auch darum kämpfen, nicht jede Modewelle der Technologie mitmachen zu müssen. Es ist ja auch das Verrückte, dass sich diese ganze Technik in den letzten 30–40 Jahren so wahnsinnig entwickelt hat, dass aber bestimmte Basissachen unheimlich konstant geblieben sind. Zum Beispiel das Von-Neumann-Prinzip.

**Wendt** Ja.

**Scheer** Wann kippt denn mal so etwas, dass so ein Anfangsbaustein irgendwann dann doch wirklich ins Wanken gerät?

**Gibt es endgültige Erkenntnisse?**

**Wendt** Ja, was ändert sich über die Zeit schnell, was ändert sich sehr langsam, und was bleibt? Und da gibt es einfach gewisse Grundsätze, die bleiben. Da hat kein Mensch einen Anlass, an Veränderung zu denken, sieht auch nirgendwo einen Schwachpunkt, sondern das bleibt. Als man z. B. überging von den römischen Ziffern auf die arabischen Ziffern – dann kam noch das Komma dazu, und so blieb es. Die Sache war erledigt. Heute kommt kein Mensch auf die Idee, da sei was nicht in Ordnung, da müsste man noch was ändern.

Aber das duale Zahlensystem beruht auf dem gleichen Prinzip! Es ist nur der Übergang von der Basis 10 zur Basis 2. Die Grundidee, dass jede Stelle ihre Potenzwertigkeit hat, die hat sich nicht geändert.

So ist es auch mit dem Von-Neumann-Prinzip. In der Anfangszeit hat man noch gestritten – der erste Zuse-Rechner war nicht nach dem Von-Neumann-Prinzip entwickelt –, da war das Programm noch in einer anderen Technologie als die Datenspeicher. Man konnte den Filmstreifen nehmen, lochen und dann hin- und herfahren. Das heißt, der Operandenspeicher war technologisch abgesetzt vom Programmspeicher. Und dieses Konzept der Trennung, das verhindert den semantischen Sprung. Und das ist eine Erkenntnis, die man irgendwann mal hat und die dann bleibt, nämlich, dass Information nicht auf Ewigkeit Programm ist oder Operand, sondern mal Programm ist und mal Operand ist. Für den Compiler ist das, was er produziert, nicht Programm, sondern Operand. Plötzlich aber sagt man, jetzt soll es aber Programm sein, d. h., jetzt soll es die Maschine steuern, und wir wollen nicht, dass es noch technologisch gewandelt werden muss und woanders hin transportiert werden muss.

Das heißt einfach: Wir nehmen die eine Brille ab, durch die wir es als Operand betrachtet haben, und setzen die andere Brille auf und sagen: Jetzt ist es Programm! Das setzt voraus, dass wir keine technologische Trennung zwischen Operandenspeicher und Programmspeicher haben. Diese Erkenntnis wird bleiben, und das wird in 1 000 Jahren auch noch so sein. Bei unserem Hirn ist schließlich die Technologie die gleiche: Sich lexikalisches Wissen zu merken, z. B., wieviel Einwohner Moskau hat, das ist das gleiche, wie sich zu merken, wie man Ski fährt. Nun ist aber Skifahren ein Programm, das ist Steuerung.

Ich erwarte gar nicht, dass das Von-Neumann-Prinzip irgendwann noch mal verschwindet. Auch in 1 000 Jahren nicht. Genauso, wie unsere Art, über Zahlen nachzudenken, nicht mehr verschwinden wird. Und so gibt es für mich Dinge, die sind für mich endgültige Erkenntnisse, endgültige.

**Plattner** Hm, hm.

**Erste Begegnung mit der SAP**

**Scheer** Herr Wendt, wie sind Sie zum ersten Mal mit der SAP in Kontakt gekommen?

**Wendt** Ich bin auf recht zufälligem Wege mit der SAP in Verbindung gekommen. Ich weiß nicht, ob Sie sich noch erinnern, Herr Plattner, wie dieser Kontakt zustande kam.

Im Jahre 1990 im April kriegte ich von meiner Sekretärin an der Universität gesagt: »Da hat ein Herr Plattner von der SAP angerufen, der wollte was von Ihnen, aber er wollte es mir nicht sagen. Er will mit Ihnen sprechen. Er hat eine Rückrufnummer hinterlassen.« Ich war damals schon neun Jahre in der Rechnerkommission der DFG gewesen und wusste deshalb immerhin schon, dass SAP eine Softwarefirma ist. Aber ich wusste nicht, wo die ist, und ich wusste auch nicht, wie groß die ist, und ich wusste nicht, was die für Software macht. Keine Ahnung. Dass der Herr Plattner damit was zu tun hat, wusste ich nun schon gar nicht.

Herrn Plattner hatte ich zum letzten Mal so im Frühjahr 1969 gesehen, als wir am selben Institut in Karlsruhe arbeiteten. Ich hatte promoviert und habe das Institut verlassen. Herr Plattner hatte dort seine Diplomarbeit fertiggestellt und ist dann auch weggegangen. Und seit dieser Zeit hatten wir uns nicht mehr gesehen. Und das war inzwischen gut 21 Jahre her. Deswegen hat es mir gar nichts gesagt, als die Sekretärin sagte, ein Herr Plattner will Sie sprechen.

Dann rief ich zurück. Und plötzlich wurde alles wieder wach, und ich erinnerte mich. Und was wollte er? Er wollte nur eine Studienordnung unserer Fakultät, weil er Mitglied im Kuratorium für die Einrichtung der Informationstechnischen Fakultät Mannheim war. Gründlich wie er ist, hat er sich in ganz Deutschland einschlägige Studienordnungen besorgt. Und auf die Weise kam er zu mir. Kurz bevor wir das Gespräch beendeten, fragte er mich: »Was machen Sie sonst so? Arbeiten Sie immer noch an Ihren Steuerkreisen von damals?« Ich antwortete: »In der Lehre mache ich da schon noch was auf dem Gebiet, nur, seit 15 Jahren modelliere ich komplexe Software.« Da sagt er: »Oh, das interessiert mich! Da komme ich mal vorbei.«

Das Interpreter-Konzept

Und drei Tage später war er da mit Herrn Rodé, und wir haben uns unterhalten, und so hat sich das dann langsam entwickelt. Dann haben wir ein kleines Projekt gemacht, und daraus ist eine intensive Zusammenarbeit entstanden. Er hat nämlich gesehen, dass das R/3 einen begleitenden Dokumentator, Modellierer, Abstrahierer braucht, damit die technischen Strukturen deutlicher werden. Im R/3 steckt technologisch sehr viel drin, und da kann man sich leicht verlieren. Das, was er nicht wollte, war, dass am Schluss wieder mal nur zehn Gurus wissen, wie es im System aussieht, und sonst niemand. Und das hieß, ich habe in das Herzstück des R/3, in den Dispatcher, in den Taskhandler, in den Interpreter, sehr intensiv reingeguckt. Ich habe die Quelle gelesen, und deswegen war ich sehr beeindruckt von gewissen Architekturentscheidungen, die da gefällt worden waren. Was ich beispielsweise gelernt habe in der Zeit und wo ich vorher eher meine Zweifel gehabt hätte, war, dass eine Interpretation – jeder ABAP-Prozessor ist ja ein Interpreter – überhaupt performant geht! Ich habe dann die Interpreterschleife im Code selber nachvollzogen und erkannt, dass der Interpreter kein Engpass ist.

**Plattner** Heute spricht jeder von »virtual machine«.

**Wendt** Ich habe erst langsam gelernt, welche Vorteile das Interpreterkonzept hat.

**Scheer** Ich erinnere mich noch sehr gut daran, wie ich zum ersten Mal den Namen SAP gehört habe, das war um 1980 bei einem Beratungsprojekt bei der Firma Villeroy & Boch. Es ging um den Einsatz von Standardsoftware, was damals ja noch gar nicht so selbstverständlich war, weil immer noch die Diskussion lief über Standardsoftware und Eigenentwicklung. Und dort kam dann jemand von der SAP nach Saarbrücken zu mir ans Institut, und der kam nicht einmal besonders bereitwillig, sondern ich musste dreimal anrufen, bis er überhaupt meinte, er müsse bei so einem Auswahlprozess dabei sein, selbst wenn es interessant wäre.

**Der Integrationsgedanke**

Aber ich weiß noch wie heute, dass er eine Folie dabei hatte, auf der so eine Art Datenmodell war. Was mich dabei besonders beeindruckte, war, dass aus diesem Datenmodell die Parallelität zwischen dem Beschaffungsbereich und dem Vertriebsbereich deutlich wurde. Weil eben in beiden Gebieten ungefähr die gleichen Begriffe vorkommen. Beim Vertrieb heißt es »Kunde«, bei der Beschaffung »Lieferant«, aber es gibt in beiden Gebieten Rechnungen, Mahnungen, Konditionen, so dass plötzlich hier die Strukturähnlichkeit deutlich wurde.

Und ich habe plötzlich gesehen: Da ist ein neuer Zugang zum betriebswirtschaftlichen Denken! Der Integrationsgedanke, dass zu den operativen Prozessen wie dem Vertrieb auch die wertbezogenen Informationen wie die Debitorenbuchführung gehören und zum Beschaffungsbereich die Kreditorenbuchführung. Dort schimmerte eben ein anderes Denken durch, als wir es in der Betriebswirtschaft hatten, wo eben im Grundstudium meinetwegen was über Finanzbuchführung erzählt wurde, und hinterher bei der Behandlung der operativen Dinge wie Logistik die Wertebene eigentlich nicht mehr wieder aufgenommen wurde. Diese beiden Effekte, die Integration und auch die Formalisierung von Darstellungen, also Ansätze von Modellen, haben mich an der SAP interessiert.

Ich hatte 1975, als ich nach Saarbrücken kam und den Lehrstuhl für Wirtschaftsinformatik übernahm, das Buch von Wedekind über Datenbanksysteme gelesen, wo die ersten Ansätze über das relationale Datenmodell behandelt wurden, und ich las den Aufsatz von Peter Chen, der 1975 seinen Aufsatz »Towards a unified view on data« geschrieben hatte und das Entity-Relationship-Modell vorstellte. Diese neuartigen Sichten der Betriebswirtschaft haben mich bei der SAP angezogen.

**Dialogeinsatz im Rechnungswesen**

Ein zweites Ereignis, an das ich mich noch sehr gut erinnere, war dann der Auftritt von Herrn Plattner auf der Saarbrücker Arbeitstagung. So Anfang der 80er Jahre. Er referierte damals zum Thema »Dialogeinsatz im Rechnungswesen«. Und auf dieser Tagung nahmen für damalige Verhältnisse mit 400 Teilnehmern recht viele Experten aus Industrie und Wissenschaft teil. Herr Plattner stellte damals die ersten Konzepte für eine Kostenrechnung im Dialog vor. Es war auch Herr Plaut anwesend, der sich vehement gegen solche Konzepte aussprach. In der Diskussion argumentierte er, dass das Rechnungswesen periodenbezogen sei. Man macht Abschlüsse einmal im Monat oder einmal im Jahr. Wozu braucht man dann eine Dialogverarbeitung? Höchstens für die Stammdatenpflege, aber ansonsten sind die Verfahren periodisiert und damit für die Stapelverarbeitung prädestiniert.

**Werkzeug und Methode**

Was in dieser Argumentation durchschimmerte, war die Vernachlässigbarkeit des Zusammenhangs zwischen Werkzeug und Methode. Nämlich, dass sich auch das traditionelle Rechnungswesen an Werkzeugen orientiert hat, nämlich an Bleistift und Papier. Und damit dauert es eben fürchterlich lange, eine Kalkulation durchzuführen, und man macht es eben nur einmal im Jahr. Aber nicht, dass man an den Informationen, etwa wie teuer ein Produkt ist, nicht auch sonst interessiert gewesen wäre! Und das bedeutet, wenn sich plötzlich die Werkzeugebene ändert, dann ändern sich auch die betriebswirtschaftlichen Methoden, dann macht man Dinge nicht mehr nur einmal im Jahr, einmal im Monat, sondern man macht sie dann, wenn sie einen interessieren! Und das kann in der Bank bedeuten, dass sie jede Sekunde eine Bilanz haben möchte und nicht mehr einmal im Jahr. Und dieses Ineinanderspielen von Werkzeug und betriebswirtschaftlichen Verfahren wurde jetzt sichtbar.

Ich weiß noch genau, wie auf die Frage von Herrn Plaut, »Herr Plattner, warum machen Sie denn jetzt eigentlich Dialogverarbeitung?«, er vielleicht nach einer Sekunde Stocken sagte: »Weil wir es können!« So, das heißt, die Technik ist da. Und jetzt müssen wir eben auch überlegen, wie wir Verfahren so gestalten, dass sich diese Technik sinnvoll einbringt.

Institut für Wirtschafts-
informatik in Saarbrücken

Aus diesen ersten Kontakten ist dann die langjährige Zusammenarbeit auf vielen Gebieten wie der Modellierung des betriebswirtschaftlichen Gehaltes des R/3-Systems oder von neuen Logistikkonzepten entstanden. Auch die Dozententätigkeit von Herrn Plattner an der Universität Saarbrücken war die Folge. Sie entsprach einmal dem Interesse von Herrn Plattner an universitärer Forschung und Lehre. Ich sah aber vor allem die Chance, den Studenten neben den fachlichen Inhalten auch eine Persönlichkeit aus der neuen High-Tech-Gründerszene zu präsentieren. Sie sollten sich an der Begeisterung, dem Engagement für neue Ideen orientieren und diese Erfahrung in ihre eigene Lebensgestaltung einbringen.

**Zentralisierung und Dezentralisierung**

Nachdem wir nun die Urzeiten der Datenverarbeitung betrachtet haben, kommen wir zurück auf die Entwicklung vom Zentralrechner zu den Rechnernetzen, wie sie von Herrn Plattner bereits angesprochen wurde. Organisationstheoretisch ist dies ein Wechsel von der Organisationsform Zentralisierung zur Organisationsform Dezentralisierung. Zentralisierung und Dezentralisierung sind in der Organisationstheorie bekannte Phänomene mit bestimmten Eigenschaften.

Bei Zentralisierung ist beispielsweise die Koordination einfach, man weiß schließlich, wo die Daten und Programme sich befinden, eben alle in der einen Kiste. Dezentralisierung erfordert dagegen erhebliche Koordination, sonst kann man die einzelnen Einheiten nicht auf ein gemeinsames Ziel, auf gemeinsame Aufgabenerfüllung hin ausrichten. In bestimmten Situationen ist nun mal die organisatorische Zentralisierung gut und in bestimmten Situationen eine Dezentralisierung. Man kann mit diesen Dingen spielen, je nachdem wie die Dinge sind, die man verfolgen will.

Was war denn bei dem Wechsel vom zentralen R/2 zum dezentralen R/3-System der ausschlaggebende Punkt? War es alleine die Performanzüberlegung, die den Weg von der Zentralisierung zur Dezentralisierung erzwungen hat, oder waren es die Anwenderunternehmen, die sich organisatorisch dezentralisieren wollten und deshalb auch dezentral einsetzbare Informationssysteme brauchten, oder war es beides?

**Die Grundentscheidung bei R/3: IMS und das Prinzip der Parallelität**

**Plattner** Ich glaube, das ist immer miteinander verwechselt worden oder in eine falsche Beziehung zueinander gebracht worden: das dezentrale Organisationsprinzip in Unternehmen und das zentrale oder dezentrale Verarbeiten in einem System. Gehen wir noch mal einen Schritt zurück. In den 80er Jahren haben wir angefangen, für unsere größten Kunden IMS-basierende Systeme zu bauen. IMS war ein Daten- und Transaktionsverarbeitungssystem, unter dem unsere Anwendungsprogramme liefen.

IMS war mit Abstand das am weitesten durchdachte Softwaresystem der IBM. Und weil es so durchdacht war, war es auch relativ mächtig und wurde immer wieder angefeindet und von anderen Entwicklungen, wie z. B. dem englischen CICS, angegriffen, die dann schlankere Lösungen brachten. Was war das Wesentliche an diesem IMS-System? Es basierte auf einer Datenbank, und die Datenbank lief in einer eigenen logischen Abteilung, Partition genannt. Unabhängig davon gab es einen Transaktionssteuerungsmechanismus, und die

Anwendungen liefen wieder in einer eigenen Partition. Übrigens: Zu einer Partition würde man heute wohl Prozess sagen, wenn es auch nicht ganz das gleiche war.

Jedenfalls haben die Erfinder von IMS vorhergesehen, dass mehrere Benutzer eine bestimmte Anwendung benutzen wollen und deshalb eine Anwendung auch mehrmals auf einem Rechner laufen muss. Man muss also mit mehreren Benutzern parallel an einer Anwendung arbeiten können. Diese Parallelarbeit bringt aber Komplexität mit sich, zum Beispiel die Synchronisation zwischen den Anwendungspartitionen. Sie können nicht gleichzeitig auf denselben Datensatz schreibend zugreifen.

Alle diese Dinge, die heute für uns selbstverständlich sind, überlegte sich die IBM schon in den frühen 70er Jahren, und als wir das R/3 gebaut haben, haben wir auf diese Erfahrung zurückgegriffen. Deshalb habe ich damals vorgegeben: Unser Zielsystem ist nicht CICS, sondern nichts anderes als IMS. IMS ist unser Zielsystem. Und wie wir dann von IMS auf andere Systeme runterbrechen würden, das sollte die IBM richten, mit dem damaligen Projekt SAA. In diesem Integrationsprojekt war nämlich IMS vorzeitig drin, und CICS war nicht aufgenommen. Das war ein Wink mit dem Zaunpfahl der IBM, den ich dankend aufgenommen habe. Was bedeutete das nun für unsere Entwicklung? Mit dem gedanklichen IMS-Konzept konnten wir stark parallelisieren, denn wir brauchten ja Multiusersysteme für große Benutzerzahlen.

**Skalierbarkeit**

Wir brauchten eine Zeichnung, um uns die Architektur vorstellen zu können: eine Anwendung mehrfach auf dem Rechner zu haben, die auf der gleichen Datenbank arbeiten konnte. Mit dieser Architektur kann man sehr große Benutzerzahlen bedienen, wenn nur der Rechner groß genug ist, weil das Betriebssystem diese parallel arbeitenden Partitionen im IMS-System auf die physischen Rechner abbildete. Ein Computer hatte quasi 8 Rechner mit 16 solcher Partitionen. Mit der Vergrößerung der Rechner konnte dieses Prinzip weiterwachsen und die Zahl der Partitionen erhöht werden. Dieses logische Konzept war dem Konzept vom CICS überlegen, wo alle User an ein Programm herangebracht wurden und vor diesem Programm sich eine Warteschlange aufbaute. Erst spät in den achtziger Jahren hat CICS es dann dazu gebracht, dass man zwei CICSs nebeneinander setzen konnte, die dann miteinander redeten. Von vornherein war aber bei CICS die Parallelität nicht vorgesehen gewesen.

**Scheer** Was ganz klar herauskommt, ist doch, dass Ihr mit dem SAP-Anwendungssystem unheimlich tief mit der Systemarchitektur wie Betriebssystem, Datenbanksystem, Transaktionsmonitor verbunden wart, ja praktisch mit der Hardware und Systemsoftware gelebt habt.

**Plattner** ... immer gelebt haben, aber jetzt nicht mehr aus den Gründen der Urzeit der Datenverarbeitung, weil das so Spaß machte, so zu arbeiten, sondern weil hier die Wurzel zur Systemkonstruktion liegt. Die Parallelität war offensichtlich der Schlüssel, wie man überhaupt große oder supergroße Systeme bauen konnte. Um die Bedeutung zu verstehen, nochmals ein Rückgriff in die Anfangszeit.

**Ein CICS-Erlebnis**

Wir hatten ja in den achtziger Jahren schon Erfahrungen mit großen Systemen. Hierzu nochmals ein CICS-Erlebnis. Das war so am Ende der Zeit, als Dietmar Hopp und ich noch selbst programmierten. Damals wurden wir zur Firma Philips in Hamburg gerufen. Dort war ein SAP-System installiert, und es wurde jeden Tag instabiler, und die Dumps – also gedruckte Speicherauszüge, nachdem das System abgestürzt war – füllten einen ganzen Konferenzraum, und während wir da waren, kamen immer noch neue dazu. Es war die absolute Krise. Und was war passiert? Zu der Zeit waren alle unsere Anwendungen, alle unsere Benutzer gleichzeitig in einem großen Adressraum im System und konnten sich, wenn was schief ging, alle gegenseitig beeinflussen.

Wir hatten für Philips eine kleine Routine für irgendeinen Datentransfer entwickelt. Diese Routine hatte einen Fehler und hat praktisch nach einem Zufallsalgorithmus ein Byte – 8 Bit – im Hauptspeicher verändert. Als sie das zum ersten Mal gemacht hat, hat es nicht viel Ärger gegeben, das zweite Mal vielleicht auch noch nicht, aber in der Folge hat es Ärger gegeben, denn das System ist abgestürzt. Aber dann hat man es wieder gestartet, und es ist weitergelaufen. Dann hat aber die Routine Veränderungen bei Daten vorgenommen, die später wieder auf die externe Platte zurückgeschrieben worden sind, das heißt, der Fehler ist nun resistent geworden. So hat sich schleichend das System über 14 Tage selbst krank gemacht, hat also einen Virus bekommen. Computerviren gab es also schon damals. Viren zerstören nicht nur im Hauptspeicher die flüchtigen Daten, sondern auch resistente Daten. Der Fehler war nun katastrophal.

**Separierung der Anwendungen**

Gott sei Dank haben wir uns damals noch so gut im System ausgekannt, dass wir nach ungefähr 2 oder 3 Stunden identifiziert hatten, wo ungefähr der Fehler herkommen könnte. Nach einem Tag hatten wir den Fehler gefunden, verbesserten das Programm sofort, und es gab keine neuen Zerstörungen mehr. Nun gab es aber genügend Daten, die irgendwie angeschossen waren, wo also ein String von 8 Bits verändert worden war, und es hat noch Wochen gedauert, bis alle fehlerhaften Daten gefunden wurden.

Diese Interdependenz innerhalb des R/2-Systems war also eine große Schwäche. Ein fehlerhaftes Teil konnte alle Benutzer betreffen, das heißt, wenn wir mehr und mehr Integration betreiben, mehr und mehr Anwendungen darauf bringen, und das R/2-System war ja damals vom Anwendungsumfang her schon ziemlich groß und wurde ständig größer, dann gefährdet eine Fehlfunktion von irgendeiner Anwendung eventuell alle anderen Anwendungen. Wir hatten also keine Separierung der Anwendungen untereinander und insbesondere keine Separierung der potentiellen Fehler.

Dagegen ermöglichte das parallele Betriebsmodell von IMS nicht nur die Skalierbarkeit der Anwender auf der gleichen Datenbank, sondern es schirmte die einzelnen Benutzerkreise von anderen ab. Das Betriebssystem stellte sicher, dass keine von diesen Message-Processing-Regions in eine andere hineingreifen konnte, sondern nur über eine geregelte Kommunikation, über eine sogenannte Message, mit der anderen Region reden konnte. Man konnte also nicht in den Hauptspeicher der anderen Region direkt hineingreifen.

**Scheer** Aber das bedeutet ja eigentlich, dass die Architektur der SAP durch den Zufall mit hervorgerufen ist, dass man auf IMS gekommen ist und nicht auf kleinere IBM-Rechner gegangen ist, wo eben CICS und DL 1 liefen. Das war praktisch die parallele Kombination zum IMS für das kleinere IBM-Betriebssystem DOS.

**Plattner** Wir hatten für das R/2 ja beides gemacht, aber bezüglich der R/3-Architektur habe ich mich auf das IMS bezogen, sonst wäre die R/3-Architektur gar nicht so entstanden. Als wir 1987 anfingen, das R/3 an der Tafel zu konstruieren, war ich ein ganz klarer Fan des IMS und konnte alle die UNIX-Leute, die sich um mich scharten, davon überzeugen, dass IMS ein klares Konzept ist, das man hinmalen konnte, das eine gewisse Ästhetik hatte: die Trennung des reinen Terminaldialogverkehrs vom Rest, die Trennung der Datenbank und die Bildung von separaten Einheiten, in denen Anwendungen laufen. Dabei ist die Zuordnung der Einheiten frei wählbar, also jede von diesen Einheiten kann entweder einen eigenen Typ Anwendung machen, oder von einem Typ Anwendung können mehrere parallel laufen. Also hatten wir ein Gestaltungsmodell. Wenn man jetzt berücksichtigt, dass man nicht nur 16 Mal parallelisieren kann, sondern zweihundert Mal und mehr, dann macht das doch formal einen sehr gelungenen Eindruck.

So haben wir das System gebaut, und wir hatten auch die erste Vereinigung von Anwendung und Technologiecode/

Anfang und Ende von R/3 auf dem Mainframe

Basiscode auf einem IBM Mainframe unter MVS/IMS (MVS war das Betriebssystem – IMS das Anwendungsmanagementsystem) vorgenommen, und nun kam der Schock – es hat nicht funktioniert.

Und warum hat es nicht funktioniert? Wir hatten damals 80 Entwickler, die testen wollten, und unser größter Computer hatte vier dicke IBM 3090-Prozessoren, war also einer der leistungsstärksten Rechner im nordbadischen Raum. Nun gibt es also jede Menge Fehler, und für das Finden von Fehlern in der neuen Programmiersprache C – wir hatten alle Technologiesoftware in C geschrieben – gab es einige Vorrichtungen im IMS, nämlich dass eine CPU für mehrere Benutzer, für mehrere Programme nicht gleichzeitig, aber kurzzeitig hintereinander durch Kontextwechsel arbeiten konnte. Wenn also ein C-Programmierer einen Fehler suchen wollte, belegte das Betriebssystem oder IMS automatisch einen physischen Prozessor in der Hardware und sagte: »Der gehört jetzt mir, und jetzt kannst Du debuggen.«

Jetzt kann man sich vorstellen, was passierte: Der erste UNIX-Programmierer bekam also einen Fehler und ruft den Debugger auf, Prozessor eins bleibt stehen, und der Herr Mattheis als Leiter des Rechnungswesens sagte: »Also heute ist der Rechner aber wieder langsam.« Dann fand der zweite Programmierer einen Fehler, schaltete den Debugger ein und guckte sein Programm an, ging schrittweise vor und zurück, und beim Herrn Matheis in der Abteilung guckten sich die Leute erneut an und sagten: »Wir gehen besser in die Mittagspause, das wird wohl heute nichts mehr.« Aber zwei Prozessoren liefen immer noch, also die anderen Entwickler konnten immer noch irgendwas testen, weil sie nicht so von den Antwortzeiten abhingen; aber in den professionellen Anwendungen merkte man die Antwortzeiten.

Jetzt suchte der Dritte von den 80 Entwicklern auch einen Fehler, und inzwischen murrten schon die anderen Entwickler, dass nichts mehr geht. Die Folge war: Die gesamte Administration der SAP stand still, und die R/2-Entwickler, das waren ja auch vielleicht so 200 Leute, hatten inzwischen das Handtuch geworfen. Krisensitzung, absolute Katastrophe.

Es hat eine Weile gedauert, bis wir rausgefunden haben, was los war: Immer wenn einer unserer neuen UNIX-Jungs in einem C-Programm einen Fehler suchte und den sogenannten C-Debugger eingeschaltet hatte, blieb einer von unseren vier Prozessoren stehen. Damit erkannten wir das Problem: Wir brauchten Parallelität. Es gab den Bedarf, dass mehrere Entwickler ihre Programme debuggen wollten, aber das Betriebssystem und IMS waren dazu nicht fähig. Das war das Ende vom R/3 auf dem Mainframe! Nun hätten wir zwei Jahre warten können, bis die IBM den Debugger fixt – aber das ist nicht ganz einfach.

**Wendt** Oh ja, das Debuggen in Multiplexumgebungen, das dauert, das ist Wahnsinn.

**Der andere Ansatz: SUN**

**Plattner** Und jetzt kommt die entscheidende Frage: Was macht eigentlich Parallelisieren einfacher? Ich glaube, das war so der Punkt, wo wir erkannten, das ist die Grenze von großen Multiuser-Betriebssystemen, und wir fragten nach dem anderen Ansatz. Der andere Ansatz war SUN, das Stanford University Network, Andy von Bechtholsheim der Gründer: Man hat mehrere Computer, die Computer haben ein viel primitiveres Betriebssystem, die Computer dienen nur einem Benutzer oder wenigen Benutzern, sie haben deshalb dieses große komplizierte Verhalten nicht. Das heißt, das ganze System wird wieder ganz einfach, aber die einzelnen Rechner arbeiten im Konzern, und die Anwendung muss über ein paar sogenannte Middleware-Hilfsmittel anders konstruiert werden: Sie muss verteilt arbeiten.

Das Konzept war uns bekannt, und wir hatten das ja auch gelesen, und ein paar neuere Leute hatten schon auf SUN-Netzwerken auf der Hochschule gearbeitet, bevor sie zu SAP kamen. Ein paar hatten bei Siemens gearbeitet im UNIX-

Rechenzentrum der SAP nach Erweiterung des Gebäudes in der Max-Planck-Straße (1986)

Bereich, und wir haben dann über Nacht umgeswitcht und gesagt: »Wenn das auf dem Großrechner nicht geht, dann geht das ja nur deswegen nicht, weil dieses relativ gute IMS-Softwarekonzept als physische Implementierung auf dem Großrechner mit der beschränkten Hardware nicht funktioniert.« Hätte damals die 3090 bereits 32 Prozessoren gehabt, hätten wir das Problem erst viel später bemerkt. Hätte der Debugger nur kurzzeitig, also 2–3 Sekunden, den Rechner belegt, dann hätte er sich selbst verwaltet, einen anderen wieder rangelassen, dann wäre die R/3-Geschichte auch anders verlaufen. Wir wären auf dem Mainframe geblieben. Nun entstand stattdessen aber eine völlig neue R/3-Geschichte.

Jetzt guckten wir einen Rechner in diesem Netzwerk aus, und der spielte den Datenbankrechner, mehrere andere Rechner spielten jetzt Message-Processing-Region à la IMS, und die nannten wir Applikationsrechner, und dann brauchten wir einen weiteren Rechnertyp, und das ist der Kommunikationsrechner, der steuerte also das Netzwerk und steuerte die Terminals. Anstelle des Terminals sollten ja schon sehr bald PCs als aktive Systeme eingesetzt werden und nicht mehr passive wie die 3270. Diese Terminals hatten zwar auch einen kleinen Chip drin, sie waren aber kein Rechner im eigentlichen Sinne. Wir haben also die gleiche logische Architektur, die wir schon beim IMS hatten und mit der wir auf dem Mainframe gescheitert waren, auf das Netzwerk gelegt, und jetzt passierten da ein paar Effekte, die bis heute geblieben sind.

**Komplexitätsbeherrschung im R/2 und R/3**

Nehmen wir mal an, wir könnten diese Zahl der Anwendungsrechner ziemlich groß halten, machen wir mal ein Beispiel mit zehn Anwendungsrechnern, und wir müssten die gleiche Zahl von Benutzern bedienen wie mit einem typischen R/2-System, also mit einem CICS D1-R/2-System. Nehmen wir an, wir hätten tausend Benutzer gehabt. Dann mussten wir im R/2-System ein Verwaltungssystem bauen, wie eintausend User durch ein Bottleneck an die Anwendungen gebracht werden. In einem R/3-System mussten wir jeweils nur ein Zehntel, nämlich 10 mal 100 User pro Rechner zuordnen und verwalten. Und nun lernt man ja schon seit vielen Jahren, dass alle Warteschlangen mit der Anzahl der Teilnehmer exponentiell ansteigen. Also, das Warteschlangenproblem bei drei Usern ist fast kein Warteschlangenproblem, bei 30 wird es etwas komplizierter, und 3 000 führen bereits zu extremen Wartezeiten. Dieses in seinen Auswirkungen zu demonstrieren, ist ja auch Schwerpunkt meiner Anwendungsarchitektur-Vorlesung an der Universität des Saarlandes.

Was passiert eigentlich auf einem Rechner, wenn zu viele Benutzer mit ihrem Anwendungsbedürfnis auf eine physische Einheit kommen? Wir konnten nun das ganze Management und Scheduling dramatisch vereinfachen. Wir konnten annehmen, dass wir nie mehr als 1 000 oder 10 000 User haben, sondern höchstens 50–200 User pro Applikationsserver. Und wir errechneten, wenn wir 500 User haben, dann brauchen wir mindesten zwei solcher Applikationsserver, und wenn wir tausend User haben, brauchen wir vielleicht 5–10 solcher Applikationsserver. Wir bauten uns also ein Netzwerk auf: Im Zentrum steht das Datenbanksystem, es bleibt von der

Datenbank her ein zentralistischer Ansatz; die Anwendungen laufen aber nicht mehr auf diesem zentralen Rechner, sondern umringen als Applikationsserver den Datenbankcomputer.

**Scheer** Man hat also das Verteilen von Funktionen auf verschiedene Rechner, was normalerweise ja zu einer erhöhten Komplexität des Systems führt, weil man ja Koordinationsmechanismen braucht, dadurch wieder aufgefangen, indem man die einzelnen Subsysteme einfach gemacht hat?

**Plattner** Ja!

**Scheer** Wir wissen also, da kommen nie tausend User drauf, also brauchen wir bestimmte Effekte, bestimmte Performanceüberlegungen gar nicht erst zu machen.

**Plattner** Anstatt jetzt das Betriebssystem zu optimieren, Prioritätssteuerungssysteme neu zu erfinden und zu optimieren, haben wir gesagt, wir verringern die Komplexität dramatisch. Dafür benutzen wir die Parallelisierung, die in der Fertigung längst bekannt war. Wir wollten nicht aus einem Fertigungsband das Letzte herauskitzeln, technologisch Höchstpreise zahlen, um nochmal 10% schneller zu sein. Das war jahrelang die IBM-Politik: Mach den Rechner noch etwas schneller und noch etwas schneller. Wir wollten Parallelisierung: Wir stellen ein zweites Band nebendran. Wir stellen eine zweite Fabrik nebendran. Aber sie arbeiten, vom Benutzer aus gesehen, synchronisiert, es war immer noch ein Gesamtsystem.

**R/3 ist ein zentralistisches System**

So, das war die wesentliche Änderung, und es hat noch nichts zu tun mit einer dezentralen Organisation in einer Firma, es ist weiterhin ein zentralistisches System, was in sich durch die Parallelisierung von dezentralen Kapazitäten und damit einhergehender Vereinfachung leichter beherrschbar wurde.

**Scheer** Aber traf sich das hinterher nicht genau mit der organisatorischen Strömung in den Unternehmungen, dass sie auch aus organisatorischen Gründen dezentralisierte Systeme haben wollten: Die Werke wollten ihre eigenen Systeme, sie wollten nicht mehr abhängig sein von dem mächtigen »DV-Bullen« im Konzern. Man kann jetzt nach der vornehmlich technischen Erklärung vielleicht sogar sagen, dass das R/3-System als ein organisatorisch dezentrales System missverstanden wurde?

**Plattner** Ja!

**Scheer** Weil es aus technischer Sicht dezentralisiert wurde, aber aus organisatorischer Sicht noch ein zentrales System war, aber der Benutzer eher an der organisatorischen Dezentralisierung interessiert war?

**Plattner** Nun kommt aber die Schönheit des Ansatzes. Das System ist ja nun variabel konfigurierbar, und wir hatten von Anfang an ermöglicht, dass das System ganz klein konfiguriert sein kann. Die minimale Konfiguration war, dass wir ein Datenbankprogramm, ein Anwendungsprogramm und ein Kommunikationsprogramm auf einem Rechner hatten. Wir konnten also auf einem Rechner so tun, als hätten wir drei Rechner, d. h., das minimale R/3-System war ein sehr kleines System, heute ist es so klein, dass es auf dem Laptop läuft. Das gesamte R/3-System läuft auf einem Laptop, und auf der anderen Seite skaliert es in der maximalen Ausbaustufe klar über das R/2-System hinaus. 1993 schon war sichtbar, R/3 wird weit über R/2 hinaus skalierbar sein, und wir haben heute unglaublich große Skalierungen.

**IMS vs. UNIX**

**Scheer** Der Inflection Point: Umstieg von R/2 auf R/3 hatte ja auch eine Dramatik im Unternehmen hervorgerufen. Viele Entwickler, die vorher auf IMS eingestellt waren, mussten plötzlich auf UNIX umsteigen. Da ist doch viel passiert im Unternehmen.

**Plattner** Ja, die Situation war wirklich dramatisch. Als wir uns zunächst für IMS entschieden hatten, haben die UNIX-Pro-

Dr. Peter Zencke,
seit 1993 Mitglied des Vorstands

grammierer gesagt: »Fertig, hier kann ich nicht mehr arbeiten, ich muss mir einen anderen Job suchen«. Die R/2-Leute in der SAP haben gesagt: »Also das R/3 wird eh nichts, arbeiten wir mal weiter am R/2.« Und es wurde gerade damals das große Release 5.0 gebaut. Dessen hoher Funktionsumfang hatte einen so starken Schwung zurückgegeben ins R/2, dass alle, außer einer kleinen Gruppe, den Glauben an das R/3 verloren hatten.

Dann kam diese berühmte Krisensitzung, wo der harte Kern der R/3-Basis-Entwicklung sich in der Daimlerstraße versammelte. Ich sagte: »Also die Hannover-Messe können wir uns abschminken, bis dahin schaffen wir es nicht mehr. Es sind nur noch sechs Wochen. Wir bekommen das IMS-basierte R/3-System nicht mehr ausgetestet, wir können schließlich nicht die gesamte SAP lahmlegen. Wir schaffen es nicht mehr, das System in einen vorführbaren Zustand zu bringen.« Das haben dann auch alle bestätigt; die CeBIT müssten wir aufgeben. Und im Grunde genommen war das der Tag, wo ich mit dem Rücken an der Wand stand und sagte: »Eigentlich ist das R/3-Projekt gescheitert.«

Not macht erfinderisch: R/3 auf UNIX

Daraufhin meinte mein Kollege Peter Zencke – wir waren damals mit dem Gerd Oswald zusammen, dem Projektsteuerungsrat vom R/3 –: »Vielleicht noch nicht ganz gescheitert. Haben wir noch eine andere Alternative?« Fassen wir nochmal zusammen, wir hatten die IBM-SAA vorweggenommen und hatten uns einen C-Compiler besorgt für die Basis-Entwicklung, wir hatten SQL-Datenbanken, und wir hatten mit relativ komplizierter Prozesstechnik ein System gebaut, was dann auch unter IMS laufen sollte. Die Anwendungen wurden auf dem IMS-Rechner entwickelt. Also: Die Anwendung bauten wir im ABAP und die Technologie bauten wir in C. Zur Entwicklung der C-Routinen setzten wir UNIX-Rechner ein – später sollten sie aber unter IMS produktiv laufen.

Und jetzt sagt der Peter Zencke: »Anstatt die Basis-Routinen auf den Mainframe zu bringen, bringen wir doch vielleicht die Anwendung auf die UNIX-Rechner.« Daraufhin sage ich: »Ja gut, aber wir bringen die Basis-Routinen auf einen der größten Rechner der Welt, und jetzt willst du die riesige Anwendung auf eine Workstation legen?« Wir hatten DEC-Workstations 5 000 mit 25 MIPS. Wir hatten sie gerade ein paar Tage vorher bekommen. Aber immerhin, auch die Workstation ist ja ein ganz schön schneller Rechner, die hatte 25 MIPS, und der Mainframe hatte auch nur etwa 20–25 MIPS. Man kann sich jetzt darüber streiten, ob Mainframe-MIPS und RISC-MIPS vergleichbar sind. Aber im Raum knisterte es vor Spannung. Vielleicht funktioniert es ja. Und dann sage ich: »Aber Herr Zencke, das schaffen wir doch nie mehr zur Hannover-Messe.« Aber dann rufen die ganzen Mitarbeiter bereits wie im Chor: »Lass es uns trotzdem probieren!«

Theoretisch hatten wir das System ja bereits entsprechend designt. Die Anwendung kennt den Rechner nicht, sie arbeitet lediglich auf dem ABAP. ABAP ist ein virtuelles Maschinenkonzept, d. h., es kennt den realen Rechner nicht. Und die ABAP-Interpretation hatten wir in C geschrieben, und von der wissen wir ja, dass sie auf der DEC-Workstation läuft. Sie ist ja darauf entwickelt worden.

Gerhard Oswald,
seit 1996 Mitglied
des Vorstands

Dann habe ich mich umgedreht und gesagt: »Na, schönen Abend noch, meine Herrn.« Das war so 22 Uhr. »Mir reicht es für heute, ich geh nach Hause.« Ich drehe mich nochmal um und sehe, da stürzen sich alle Leute gleichzeitig auf die DEC-Workstation; der erste hat die Tastatur gegriffen, und der zweite wollte drüber – sie haben alle gerufen: »Los, lass mich ran, lass mich ran!«

**R/3 auf der Hannover-Messe**

Und sechs Wochen später führt Gerd Oswald das R/3-System auf der Hannover-Messe vor. Er ist ja ein Meister im Zeigen, was geht, und Vermeiden, was nicht geht. Er hat geredet und geredet und geredet, und es lief diese DEC-Workstation auf der Hannover-Messe. Die einzige Lüge war: Es war ein R/3, was dort lief. Es war eine Lüge, die wir dort vorgeführt haben, denn wir haben nämlich gesagt, es ist das R/3-System in Walldorf auf dem Mainframe, und das hier ist nur das Terminal, das UNIX-Terminal. Und die Wahrheit war, dass das gesamte R/3-System lokal in dieser kleinen Maschine lief.

**Scheer** Aber die eigentliche Sensation, das R/3-Anwendungssystem in der UNIX-Welt zu haben, die habt ihr also versteckt?

**Plattner** Die haben wir versteckt, die hätte keiner verstanden.

Die Dramatik dieses Sprunges ist nur für die zu verstehen, die damals in der großen Mainframe-Welt lebten. Einen Tag später habe ich auf der Hannover-Messe 200 HP-Maschinen gekauft, die hatten dann jeweils 50 MIPS, also das Doppelte der DEC-Workstation. Die haben wir alle in Walldorf zusammengeschaltet, und damit bekam quasi jeder Entwickler seine eigene Workstation. Dann haben wir das Konzept vom IMS in weiteren sechs Wochen auf dieses Netzwerk übertragen, und dann wurde praktisch jede von diesen HP-Workstations ein Applikationsserver, auf dem ein oder mehrere Entwickler arbeiteten. Alle arbeiteten auf einer zentralen Datenbank, unserer Entwicklungs- und Testdatenbank. Wir hatten ein Entwicklungssystem für erst 100, dann 200 und schließlich 2000 Entwickler gebaut, das die gleiche Architektur hatte wie unser späteres Produktionssystem.

**Repository: zentral oder verteilt**

Und die Leute haben wirklich Tag und Nacht nachgedacht und auch geglaubt, das wir noch mehr verteilen müssten, also weg vom mainframe-orientierten, zentralen Repository zum verteilten Repository. Aber das haben wir nicht hinbekommen, schon gar nicht in sechs Wochen. Und die Geschichte hat ja gezeigt, dass andere auch kein verteiltes Repository hinbekommen haben. Wir haben dann ziemlich bald, das war so im Mai, die Entscheidung gefällt: Vergiss das alles mit dem Verteilen – wir nehmen neben einer zentralen Datenbank auch ein zentrales Repository.

Dafür haben wir dann eine ganz große Erfindung gemacht, die war eigentlich für sechs oder sieben Jahre einzig in der Welt, nämlich: Wir schreiben ein System, das ein zentrales Repository hat, verteilen aber alle Repository-Elemente wie Bilder, Programme und Datendefinitionen automatisch auf alle Applikationsserver. Und wenn es eine Änderung gibt, wird diese Änderung automatisch durchgeführt, d. h., jeder Entwickler, jeder Benutzer weiß, dass er auf dem neuesten Stand des Repositories arbeitet, und es wird alle Synchronisationsarbeit automatisch vom System gemacht. Eine Sache, die heute erst, also seit jetzt zwei Jahren, von Java gemacht wird.

**Meister im Client-Server-Computing**

Wir haben damals einen Technologiesprung gemacht. Aus der Not heraus. Vielleicht hätten wir ihn nie so gemacht, wenn wir nicht in diese Not hineingekommen wären. Die Kombination von neuer Technologie mit in ABAP geschriebenem Programm auf dem Mainframe passte nicht, aber sie passte auf einem logisch äquivalenten System eines Workstation-Netzwerks. Also, wenn man das jetzt genau betrachtet, dann ist es wirklich logisch äquivalent mit dem IMS-System. Nur wird das Netzwerk nicht von einem Betriebssystem gesteuert, sondern von unserer Middleware, die zwischen Betriebssystem und Anwendung liegt. Dieses System ist 1992/93 von unseren Konkurrenten in Amerika belächelt worden, ob es Oracle war, ob es Peoplesoft war, die fühlten sich ja schon als Meister in Client-Server-Umgebungen, und da gab es nur die zwei Möglichkeiten: Fat-Client oder Fat-Server.

Oracle und Peoplesoft folgten dem Fat-Client-Konzept. Sie luden die Anwendung auf den Client und hatten dahinter eine dünne Datenbank. Das war eigentlich das Novell-Konzept für PC-Netzwerke, und als wir 1993 den ersten Kontakt mit Bill Gates hatten, meinte er: »Also das mit dem 3-Level-Client-Server-Konzept, das muss doch vom Mainframe kommen.« Der gleiche Bill Gates hat dann drei Jahre später auf Vorträgen getönt: »Microsoft baut Technologie-Software für 3-Level-Client-Server-Anwendungen.« Larry Ellison von Oracle hat angekündigt, dass die neue Technologie von Oracle 3-Level-Client-Server ist, und Dave Duffield von Peoplesoft sagt, sie machen jetzt auch 3-Level-Client-Server. Sie haben ein völliges Redesign ihrer Anwendungstechnologie gemacht. Also fünf Jahre später wird unser Konzept zum Standard.

Wir haben aus dieser Drucksituation heraus damals mehrere Haken in halt nur zwölf Wochen geschlagen. In dem Augenblick, als jeder von Client-Server redete, konnten wir mitre-

Hasso Plattner und Bill Gates nach der Vertragsunterzeichnung über eine Zusammenarbeit bei der Portierung von R/3 auf Windows NT im April 1993 in München

den. Zunächst dachte man, Client-Server wäre nur etwas für kleinere Firmen. Chevron war der erste, der ausbrach oder der verstanden hatte, dass Client-Server auch für große Unternehmungen geeignet war. Chevron hat das R/3-System angeguckt, gemessen, unheimlich viel Unternehmensaufwand reingesteckt und schließlich festgestellt: Das R/3-System hat das Potential, unseren Mainframe zu schlagen.

**Das Richtige zur rechten Zeit**

**Scheer** Für mich war es immer faszinierend zu sehen, wie die SAP mit neuen Technologien umgeht. Eben nicht jede Modewelle mitzumachen, sondern auf stabile Trends zu setzen. Dies hat ja dann teilweise zu Anwürfen geführt. Aber ich glaube, diese Kunst, genau zu wissen, wo kann ich schon einer Technologie vertrauen und wo höre ich auf, weil ich keinen Informatikpreis von irgendwelchen Leuten erringen will, die selbst noch nie eine Mark investieren mussten – diese Kunst, glaube ich, ist hier schon sichtbar geworden. Dass man also nicht gesagt hat, ich will hier das erste echte verteilte System der Welt bauen, sondern ich nehme den Grundgedanken einer Technologie und mache ihn praktikabel.

Ich glaube, dass sich das hinterher bei der SAP auch bei vielen anderen Dingen fortgesetzt hat, sei es nun bei der Objektorientierung, sei es bei verteilten Datenbanken. Lass doch zuerst die anderen sich die Zähne daran ausbeißen, eine neue Technologie über ein Laborstadium hinaus zu bringen, dies ist nicht Aufgabe der SAP. Trotzdem bleibt ja jetzt der Eindruck zurück, dass die Entwicklung des Anwendungssystems R/3 eigentlich von der Basisentwicklung her motiviert war.

**Freiheit für ein neues Anwendungsparadigma**

**Plattner** Wir hatten in dieser Zeit (Ende der 80er Jahre) ja auch geglaubt, dass wir mit dem R/2-System einen derartig hohen Maßstab an Funktionalität für betriebswirtschaftliche Software gesetzt hatten, dass wir ab jetzt nur noch einen Technologiewechsel vornehmen mussten. Wir haben also in den ersten Jahren des R/3-Projektes überhaupt nicht daran gedacht, dass wir auch einen Paradigmenwechsel im Anwendungsdesign ins Auge fassen müssten. Also haben wir wieder ein System für professionelle User in den Fachabteilungen eines Unternehmens gebaut, also ein System für den Vertrieb, für das Rechnungswesen, für die Fertigungssteuerungsabteilung, für den Einkauf.

Jetzt haben wir also wieder mit dem R/3 ein betriebswirtschaftliches System. Anfang der neunziger Jahre mit etwa der Funktionalität des R/2-Systems, aber mit einer ganz anderen Architektur: auf Nicht-Mainframe-Rechnern, das war gerade schick in dieser Zeit, hochskalierbar von ganz klein bis ganz groß, aber mit gleicher betriebswirtschaftlicher Ausrichtung. Und jetzt eröffnet diese Skalierbarkeit, eröffnen die geringeren Kosten des Rechners plötzlich wieder eine neue Dimension. Nämlich die Dimension, stärker auf den Anwender eingehen zu können. Wir können uns nun Gedanken machen, wer unser Anwender ist. Nicht nur der Spezialist in der Fachabteilung, sondern vielleicht auch der gelegentliche Benutzer gehört dazu.

Die Folge war, dass wir viel mehr in die Anwendungsprogrammierung stecken mussten, viel kompensierter die An-

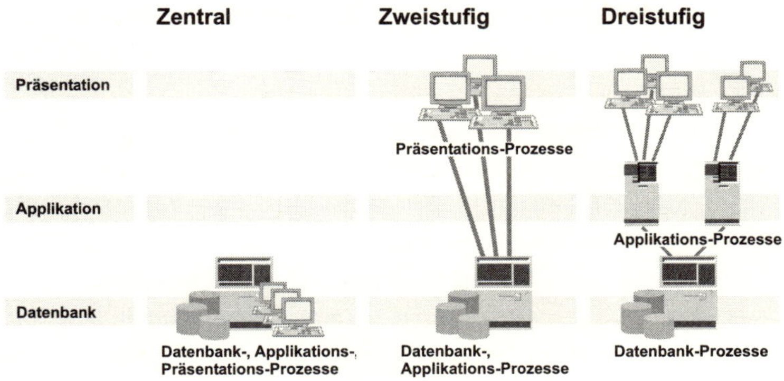


Die Client-Server-Architektur des Systems R/3

wendungen bauen mussten, damit wir richtig auf die Anwender eingehen können. Wir sind nämlich in den ganzen 70er und 80er Jahren nur beschränkt auf den Anwender eingegangen. Wir haben immer wieder dem Anwender gesagt: »Das ist ja schön, was du haben willst, aber du kriegst nur soviel vom Rechner. Und darauf musst du dich einstellen. Du musst eben lernen, mit dem System umzugehen.« Das ist ja das, was die Mainframe-Welt, die zentrale Datenverarbeitungswelt an Arroganz gegenüber dem Anwender ausgestrahlt hat.

**Scheer** Der Mainframe war teuer – er hat sich selbst knapp gemacht. Der Benutzer hatte deshalb gefälligst zu lernen, wie er die teuere Maschine richtig ausnutzt.

**Plattner** Durch unser Prinzip, also das 3-Level-Client-Server-Prinzip mit den Applikationsservern, konnten wir nun gegenüber dem R/2-Mainframe-System gleiche User-Zahlen bei weniger Hardwarekosten mit besserer Performance bedienen. Und als unser System dann technisch noch besser wurde und die berühmten RISC-Workstations immer schneller wurden, also 50 MIPS, 100 MIPS – heute hat der PC 300 MIPS – leisteten, wurden wir immer billiger. Diese Entwicklung haben wir ja geschenkt bekommen mit der Zeit. Plötzlich kriegten wir Anwendungsrechnerkapazität im Überfluss. Das ist nicht mehr die knappste Ressource, sondern es ist vielleicht die billigste Ressource.

**Der Benutzer im Mittelpunkt**

Und diese Trendwende führt dazu, dass wir anders auf den Benutzer zugehen. Wir denken darüber nach: Wie kann das System das Leben des Benutzers angenehmer machen? Wie erreichen wir neue und andere Benutzerschichten? Zum Beispiel Manager, die nicht auf einen Kurs gehen wollen, um zu lernen, wie sie eine bestimmte Transaktion bedienen müssen. Das System soll sie, wenn sie mehr als nur ein paar Listen angucken wollen, wenn sie selbst eine Auswertung machen wollen, so dabei unterstützen, dass sie bei der Tätigkeit lernen, wie sie es zu machen haben. Dazu ist neue und umfassende Software notwendig. Dies ist erst möglich geworden, nachdem wir den Bottleneck »der Rechner ist zu teuer und zu langsam« durch die Technologie- und Hardwareentwicklung und die Kombination unserer Architektur und der Hardwareentwicklung beseitigt hatten.

**Scheer** Das bringt ja auch einen neuen Entwicklungsfokus. Bis jetzt stand die SAP-Software für unternehmensweite Anwendungen im Vordergrund. Der Einsatz von SAP bedurfte strategischer Entscheidungen: Wir gestalten mit SAP das gesamte Rechnungswesen, fügen die gesamte Konsolidierung unseres komplizierten Unternehmens neu. Und nun blicken wir aus dieser unternehmensweiten, unternehmensübergreifenden Sicht wieder auf den einzelnen Arbeitsplatz zurück.

Also User-Centered-Computing als neues Schlagwort, weil sich ja eben die Produktivität eines noch so ausgebufften, hochintegrierten Systems letztlich in der Akzeptanz des einzelnen Mitarbeiters entscheidet.

**Plattner** In der Nutzung des Einzelnen.

**Scheer** Wenn die Mitarbeiter im Hintergrund ihre alten Karteikästen weiterführen und vorne mit dem tollsten System klimpern, hat man die Wirtschaftlichkeit nicht erreicht.

Erschließung neuer Benutzerschichten

**Plattner** Wir waren ja zu lange in diesem Glashaus drin. Die Erkenntnis blieb aus, dass es nicht reicht, wenn alle professionellen User der Fachabteilungen unser System in ihren Fachfunktionen nutzen. Selbst wenn alle Mitarbeiter der Personalabteilung perfekt mit dem System umgehen, so sind das ja nur ein Teil der Mitarbeiter des Unternehmens, die sich für Personaldaten interessieren. Es hat eine Weile gedauert, bis wir erkannt haben: Wir machen nicht nur ein System für die Personalabteilung, sondern wir machen ein System für die gesamte Firma. Denn wer braucht denn eigentlich die Informationen der Personalabteilung? Es sind die Manager mit Personalverantwortung, nicht die Personalabteilung.

Dies zeigt der Trend in Amerika, wo die eigentlichen Personalabteilungen stark schrumpfen und klassische Personalaufgaben heute die Angestellten direkt übernehmen, z. B. ihre eigenen Stammdaten eingeben und pflegen. Das ist eine Trendwende, und ich meine, eine richtige Trendwende. Die ist aber erst für die SAP gekommen, als das Nummer-eins-Argument zum Abwehren von Anforderungen des Benutzers, die Beschränktheit der teuren Ressourcen, wegfiel.

**Scheer** Der Trend der Nutzung des Systems nicht nur durch Fachspezialisten setzt sich ja fort. Wir sagen ja nicht nur, Personalmanagement ist nicht ausschließlich Aufgabe der Personalabteilung, jeder Manager ist auch Personalmanager, sondern dasselbe gilt ja auch beispielsweise für Controller. Auch da ist Controlling nicht nur Aufgabe der Controlling-Abteilung, sondern jeder Manager und jeder Mitarbeiter ist dafür verantwortlich, seine Tätigkeiten auf die Unternehmensziele hin auszurichten. Begriffe wie Selfcontrolling zeigen diese Entwicklung. Dann entstehen die Auswertungswünsche über die Wirtschaftlichkeit des Handelns an den einzelnen Arbeitsplätzen. Im Prinzip gilt das auch für das Informationsmanagement. Auch hier gilt: Jeder Manager ist auch Informationsmanager. Damit ergeben sich immense Einsatzerweiterungen betriebswirtschaftlicher Software.

**Internet**

**Plattner** Nun bekommen wir die Verheiratung dessen, was 15 Jahre Personal-Computing hervorgebracht hat – nämlich Tools zur Verfügung zu stellen, um dem einzelnen Benutzer das Leben leichter zu machen, also ihn sich selbst besser verwalten zu lassen, interessierende Daten aus allen Bereichen aufzuheben und darzustellen, in einem persönlichen, wiedererkennbaren Format, bei einer verhältnismäßig einfachen Bedienung des Systems, ohne viel Einlernarbeit – mit den Enterprise-Systemen. Diese Verheiratung von Tools und Systemen und das Entdecken dieser neuen Benutzerschichten, des ganzen Managements einer Firma, aller Beschäftigten einer Firma und darüber hinaus auch der Partner einer Firma bis hin zu den Endverbrauchern – das ist eine neue Welt des Computings, die durch das Internet enorm gefördert wird.

Aber das Internet ist zunächst nur eine Technologie. Mein eben zitierter Satz, »wir machen es, weil wir es nun können«, gilt zunächst auch hier. Nun können wir den Endbenutzer an ein Enterprise-System bringen, die 5 000 Kunden in der Welt können über das Internet mit dem zentralen ERP-System verbunden werden, und das ist die ganz große Änderung, die jetzt stattfindet. Was mich persönlich dabei ein bisschen befriedigt, ist, dass wir uns durch die Architekturentscheidung der 90er, der frühen 90er Jahre im R/3-System diesen Gestaltungsspielraum bewahrt haben und es uns leicht fällt, solche Anwendungsparadigmenwechsel zu vollziehen.

**R/3 ist kein portiertes R/2!**

Was mir immer weh getan hat, ist, dass so bis 94, ja fast bis heute unser Wettbewerb behauptet hat, das R/3-System sei ja nur ein portiertes R/2-System. Aber nach allem, was wir jetzt hier diskutiert haben, dürfte deutlich geworden sein, dass kein Stein vom R/2 übernommen worden ist, weil es auf einem völlig anderen Rechnerkonzept aufbaut. Es gibt ja nicht so viele Leute, denen man in wenigen Minuten den fundamentalen Unterschied zwischen der R/3-Architektur und der R/2-Architektur erklären kann. Mich hat es immer gekränkt, solches zu hören, wo wir doch darum gerungen haben, das System völlig anders zu bauen. Andere, die sich nicht mal die Mühe gemacht haben, genauer ins R/3 reinzugucken, haben dann gesagt, das ist ja nur ein portiertes R/2-System.

Paradigmenwechsel

**Wendt** Der Vorwurf der Konkurrenz kann sich höchstens auf die Anwendungsarchitektur beziehen. Das Anwenderparadigma war beim R/3-System noch nicht gewechselt. Aber das technologische Architekturparadigma war radikal gewechselt worden und hat die Grundlage geschaffen für den Wechsel des Anwenderparadigmas.

**Scheer** Das war sicher auch richtig so, denn wenn auch die Anwendungen völlig neugestaltet worden wären, wäre die Komplexität der Neuentwicklung zu hoch gewesen.

**Wendt** Man wäre durch zwei Anforderungen vermutlich überfordert gewesen. Sie können nur sequentiell, also nacheinander gelöst werden. Es wird ja wirklich ein neues Haus gebaut, und da muss man halt zunächst das Fundament für das neue Haus bauen, aber man kann nicht die Stockwerke zur gleichen Zeit bauen. Ich meine schon, dass die Technologie, die sich jetzt im R/3 bewährt hat, erst mal da sein musste, bevor man einen Wechsel des Anwenderparadigmas in Erwägung ziehen konnte.

Denn dies wird eine Revolution sein, und der Wunsch, dass praktisch jeder einen Zugang zu einem solchen System über das Internet bekommt, ohne dass man ihn vorher drei Wochen auf Schulung schicken muss, der wird sich erfüllen. Und das wird grandios werden.

# Herausforderungen an die Softwareentwicklung

*Deshalb ist in den meisten Köpfen der Entscheidungsträger klar, dass integrierte Geschäftsprozesse einen erheblichen Vorteil bringen. Und da es technisch möglich ist, liegt es nahe, die integrierten Geschäftsprozesse über Grenzen von Unternehmen hinweg zu realisieren. Und nun denken wir alle über konkrete Lösungen nach.*

Walldorf, den 18. 05.1998

**SCHEER** Wird das Internet der Treiber eines neuen Anwendungsparadigmas sein?

**Neue Sicht auf Geschäftsprozesse**

**PLATTNER** Wir sind zwar erst am Anfang, aber was sich jetzt ja schon zeigt, ist, dass Business-Prozesse anders gesehen werden. Sie werden von außen, von der Kundenseite her neu aufgerollt, und das hat natürlich Einflüsse auch auf die Architekturen der Anwendungen. Sie werden mehr kommunikationszentriert oder werden mehr anwenderzentriert. Der Anwender kann sowohl innerhalb des Unternehmens als auch außerhalb sein, es kann ein Partner oder der Endverbraucher sein, und Dinge, die früher über mehrere Partnerstufen liefen, werden jetzt kurzgeschaltet.

Solche Entwicklungen haben wir bereits in Einkaufssystemen für nichtproduktives Material, wo also der Anwender aus dem Katalog direkt bestellt und die Abwicklung der Bestellung nicht mehr über das zentrale Einkaufsabwicklungssystem geführt wird, sondern dieses erst relativ spät informiert wird. Dieses ganze Thema wird unter dem Wort Front-Office zusammengefasst. Es regiert also eine Outside-In-Betrachtung statt der traditionellen, über 25 Jahre gehegten zentralistischen Inside-Out-Konzeption. Diese ging von den internen

Kernprozessen aus. Sie wurden abgebildet, und dafür wurden die Daten gehalten. Das ändert sich jetzt. Direktprozesse, die man vorher manuell durchgeführt hat, werden jetzt mit dem System nachvollzogen, und zwar von Benutzern, die nicht in diesen professionellen Fachabteilungen sitzen, sondern irgendwo einen ganz anderen Job haben. Und diese Systeme sehen anders aus und haben natürlich jetzt Einfluß auf Anwendungssysteme überhaupt.

Ein Beispiel, wo das als erstes klar geworden ist, ist die Personalabteilung, die sich hauptsächlich damit befaßt, die Personaldaten der Angestellten zu pflegen. Die ist im Begriff, wegorganisiert zu werden. Die Beschäftigten pflegen ihre Daten selbst, weil die meisten der Daten ohnehin ihre persönlichen Daten sind. Also sind sie die einzigen, die darüber entscheiden können, welche Daten richtig sind und welche Daten sich geändert haben. Und durch entsprechende technische Unterstützung, Employee-Self-Service heißt das bei uns, werden sie in die Lage versetzt, ihre Daten selbst zu pflegen. Damit wird die traditionelle Arbeitsteilung – Beschäftigte: Formular ausfüllen; Fachabteilung: Formular lesen, Formular in den Computer eingeben – aufgelöst. Diese traditionelle Prozesskette wird plötzlich völlig umgestaltet.

**Der Anwender als Prozess-Owner**

**Wendt** Ja. Das ist wohl auch natürlich, weil die ursprüngliche Informationsquelle sowieso der Mitarbeiter ist. Also, wenn er umzieht, weiß er und sonst niemand im Betrieb, dass sich seine Adresse geändert hat. Er musste aber früher diese Information abliefern. Ob er sie nun aber seiner Sekretärin mitteilt und diese dann in dieser Prozesskette letztlich dafür sorgt, dass sie irgendwo zentral in der Unternehmung registriert wird, oder ob er es gleich dem technischen System sagt und die Sache damit erledigt, sagen muss er es sowieso.

**Plattner** Jetzt können und müssen wir alle Wege untersuchen, wo man Formulare verwendet, die man ersetzen kann; z. B. Bestellformulare in einer Fachzeitschrift, die einem über Werbung ins Haus flattern – von der Golf-Zeitschrift bis zum Bestellkatalog für den Pferdeliebhaber, wo man alle Artikel ankreuzen kann. Das Menü ist vorgefertigt: von jedem Artikel drei Varianten, und zum Schluß habe ich eine Bestellung. So haben sich viele Firmen schon in den letzten zehn Jahren organisiert.

Und jetzt kommt der Schritt, dass ich den Endbenutzer über das Medium Internet direkt bestellen lassen kann. Und ich kriege dadurch eine neue Qualität, weil ich nun zum ersten Mal den Endbenutzer im Dialog erlebe: Was macht er, was sieht er sich eigentlich an, woran ist er interessiert? Und ich erhalte nicht nur das Endprodukt seiner Beschäftigung mit dem Katalog, nämlich die ausgefüllte Bestellung. Nun sehe ich auch, wie er mit dem Katalog arbeitet. Dies ist von einer neuen Qualität, und die ersten Firmen haben dies bereits zu einem wesentlichen Bestandteil ihrer Strategie gemacht.

Dell z. B. mit dem Verkaufen von PCs über das Internet – die Konfiguration über das Internet –, das ist eine neue Qualität. Ich muss nicht mehr zu meinem PC-Shop gehen und mich dort in einem Gespräch beraten lassen oder dort ein Formular ausfüllen, sondern ich informiere mich selber. Und da ich über meine eigene Tätigkeit am besten Bescheid weiß, kann ich daraus auch die Konfiguration bestimmen. Solche Prozesse werden vom Kunden ausgehend völlig neu gestaltet. Er startet den Prozess, kontrolliert den Prozess auch über weite Strecken und wird somit zum Prozess-Owner.

**Ungleichzeitigkeit von Technologieschüben**

**SCHEER** Kann man nicht sagen, dass erst jetzt die Anwendungsentwicklungsparadigmen die Vernetzung richtig verstehen oder sich darauf einstellen? Beim Aufkommen von Client-Server-Systemen wäre es sicher zu früh gewesen, sofort auch neue Anwendungsarchitekturen zu propagieren, weil die Umsetzung von Werkzeugen in Anwendungskonzepte längere Zeit braucht, bis etwas wirklich Innovatives entsteht.

Ich glaube, dass zwischen der Hardwareinnovation, der Softwaretechnologieinnovation und der Anwendungsinnovation zeitliche Abstände bestehen. Die Anwendungsinnovation braucht sicher die längste Zeit, um eine neue Technik zu verarbeiten. Dies ist nun aber an der Zeit. Es ist ja auch frappierend, dass plötzlich ähnliche Ansätze in mehreren Branchen gleichzeitig entstehen. Im Handel spricht man von »Efficient Consumer Response«, also von der Idee, dass der Kunde etwas im Supermarkt entnimmt und dann beim Produzenten die Glocke klingelt, dass er etwas nachproduzieren muss. Über die gesamte Kette hinweg ausgehend vom Konsumenten, dem Einzel- und Großhandel haben wir einen direkten Zusammenschluss zwischen der Transaktion »der Kunde entnimmt« und der Antwort darauf »es muss nachproduziert werden«. Und in der Industrie sprechen wir gleichzeitig von »Supply Chain Management«, und das meint das Nachschauen, wo finden wir die Quelle eines Prozesses, wer löst ihn eigentlich aus? Auch hier wird die gesamte Logistikkette betrachtet. Nicht nur bis zum direkten Kunden, sondern bis zum Kunden des Kunden. Und gleichzeitig bis zum Lieferanten des Lieferanten.

Das heißt also, wir gehen plötzlich viel weiter in unserer organisatorischen Betrachtungsweise. Und das ist ja erst das organisatorische Verstehen der Vernetzung. Das wäre sicher auch ohne Internet gekommen, vielleicht nicht so in dieser dramatischen Auswirkung, sondern mit Client-Server und traditionellen Vernetzungen hätte man natürlich auch schon etwas machen können. Aber das Internet gibt natürlich dem Ganzen jetzt einen unheimlichen Niveausprung.

**Erste Dimension: Integrierte Geschäftsprozesse**

**Plattner** Wir haben ja die interne Vernetzung der klassischen Unternehmensprozesse innerhalb eines Unternehmens im R/2 auch schon gut hinbekommen. Der Durchbruch ist aber erst mit dem R/3 gelungen, weil wir plötzlich eine technische Plattform bekommen haben, die wesentlich besser skaliert, die von ganz klein bis ganz groß die Unternehmensprozesse abwickeln kann. Wir haben mit dem R/3 also auch die großen Unternehmen versorgen können. Auch das Schlagwort »Business Process Reengineering« hat für viele Jahre dazu geführt, die integrierten Geschäftsprozesse überall als Nummer eins zur besseren Organisation der internen Abläufe in einer Firma zu erkennen. Und damit wurde klar: Integrierte Geschäftsprozesse ermöglichen es einer Firma, schneller zu reagieren, besser zu arbeiten. Und dann ist es von dort aus nur noch ein kleiner Schritt zu sagen, also eigentlich müssten wir ja jetzt über die Unternehmensgrenzen hinaus weiterdenken.

Und ob man das nun mit konventioneller Technik macht oder nicht, ist unerheblich. Beides ist ja denkbar. Tatsache ist aber nun, dass wir plötzlich eine systemtechnische Welt haben, deren Elemente in einem viel größeren Maße miteinander kombinierbar sind. Die Systeme können miteinander reden, erst einmal nur technisch. Dazu haben wir mit dem Internet ein Netzwerk, das tatsächlich weltumspannend zur Verfügung steht.

Das ist alles gleichzeitig passiert. Deshalb ist in den meisten Köpfen der Entscheidungsträger klar, dass integrierte Geschäftsprozesse einen erheblichen Vorteil bringen. Und da es technisch möglich ist, liegt es nahe, die integrierten Geschäftsprozesse über Grenzen von Unternehmen hinweg zu realisieren. Und nun denken wir alle über konkrete Lösungen nach.

**SCHEER** Es hat eben auch Zeit gehabt, sich so zu entwickeln, weil die Manager von Fachabteilungen, die früher nur immer in Funktionen gedacht haben, durch diese jahrelange Diskussion der internen Geschäftsprozesse schon aufgeweicht worden sind. Sie haben doch schon intern zunehmend den Integrationsgedanken verinnerlicht. Den Gedanken jetzt über die Unternehmensgrenzen hinweg weiterzuspinnen, bei Beachtung der Schlagworte von »Globalisierung« usw., ist ja schon fast ein notwendiger Schritt, der einfach keiner weiteren Begründung mehr bedarf.

Die Aufgabe ist jetzt nur, ob wir, nachdem wir die technischen Voraussetzungen der Kommunikation haben, auch die

Standards auf der Anwendungsseite bereitstellen. Das heißt z. B., dass jeder Partner immer sofort unter einem Auftrag das gleiche versteht. Selbst wenn die Bits vielleicht kompatibel sind, sind es die Inhalte ja noch lange nicht. Das ist ja vielleicht auch der Grund, warum Techniken wie EDI mit EDIFACT bisher noch nicht den riesigen Durchbruch bekommen haben, nämlich weil sie nur auf der syntaktischen Ebene definiert worden sind. Ich weiß zwar, wo ich in einem EDIFACT-Satz die Artikelnummer finde, aber ich weiß nicht, was sie bedeutet, also welcher Artikel sich unter einer bestimmten Nummer versteckt.

Und deshalb ist es wichtig, dass für Anwendungssoftware so große Marktführer entstanden sind, die dadurch auch die inhaltliche De-facto-Standardisierung weiter getrieben haben. Diese Entwicklung setzt sich fort, indem Gesellschaften wie OMG plötzlich beginnen, auch die Inhalte, also die Feldbeschreibungen der Stückliste, zu standardisieren.

**Zweite Dimension: Unterschiedliche Benutzertypen**

**Plattner** Es kommt noch eine zweite Dimension dazu. Die Anwendungen, die wir zu firmenübergreifenden, personenübergreifenden Prozessketten aneinanderreihen wollen, haben mit völlig verschiedenen Benutzertypen zu tun. In den goldenen Zeiten des R/2-Systems waren die Benutzer eine relativ homogene Gruppe. Jetzt ist aber praktisch jeder Mitarbeiter ein potentieller Spieler in dieser integrierten Prozesskette mit völlig verschiedenen Vorbildungen, mit völlig verschiedenen Interessen. Dies gilt für den Ingenieur in der Konstruktionsabteilung bis hin zum Endverbraucher, den wir einmal bedient haben und den wir in einer Marketingaktion wieder ansprechen wollen. Somit werden ganz verschiedene Personengruppen in diese Prozessketten eingebunden.

Und das ist auch eine neue Erfahrung für die SAP, dass wir mit verschiedenen Personengruppen zu tun haben und wir verschiedene Benutzerinterfaces für diese verschiedenen Personengruppen bauen müssen. Es geht nicht mehr mit dem einen generellen Auftragsbearbeitungsmodul, welches vom

Auftragsabwicklungssachbearbeiter bearbeitet wird. Wir haben einmal den Auftrag als Selbstbedienungsauftrag, um im Internet von einem Verbraucher selbst ausgeführt zu werden, dann haben wir ihn zum Einrichten eines Vertriebslagers zur Erstausstattung, dann haben wir ihn als Reparaturauftrag für ein nicht mehr funktionsfähiges Gerät, wir haben ihn als internen Fertigungsauftrag usw.

Wir verwenden das gleiche Gebilde nicht nur sachlich verschieden, sondern die verschiedenen Benutzergruppen fügen eine weitere Dimension hinzu. Den Reparaturauftrag brauchen wir einmal für die Disposition und die Statistik in der Instandhaltung, dann brauchen wir ihn für den Monteur, der eine ganz konkrete Leistung erbringen muss. Und wir sehen nun überdeutlich, dass wir die Repräsentation des gleichen Reparaturauftrages für verschiedene Personen unterschiedlich machen müssen. Wir müssen ihn so präsentieren, wie er der jeweiligen Person in ihrer Tätigkeit, in ihrer Vorstellungswelt, verständlich ist. Für den Monteur ist das Wichtigste, montieren und reparieren zu können; der Reparaturauftrag ist nur ein Anstoß für seine Tätigkeit.

Hieraus folgt, dass wir aus dem zentralen System heraus Varianten für das Objekt »Auftrag« definieren müssen, die für die verschiedenen Benutzer dieses Objektes im Prozessverlauf verschiedene Gesichter zeigen.

**Wendt** Hierbei kann der Begriff der Nutzungsdichte hilfreich sein. Wenn sich ein Monteur lediglich in 5% seiner Arbeitszeit mit dem Informationsobjekt Auftrag beschäftigt und in den restlichen 95% etwas ganz anderes macht, dann ist es nicht gerechtfertigt, ihn drei Wochen auf Schulung zu schicken, damit er die Systembedienung lernt. Ein Auftragssachbearbeiter, der von morgens bis abends nichts anderes macht, der ist dagegen natürlich bereit, die Bedienung eines komplizierten Auftragssystems zu lernen. Genauso lernt jemand, der nur einmal Kaffee kochen will, höchstens eine Kaffeemaschine zu bedienen, während ein Pilot eben zwei Jahre lernt, bevor er fliegen darf. Die Unterschiede in der Lernbereitschaft sind also gewaltig.

**Plattner** Ja. Und das Problem besteht nun darin, dieses in einem System oder in einer Familie von Systemen abzuwickeln und nicht für jeden Benutzer und für jedes Objekt eine eigene Anwendung zu bauen. Denn dann würde man an der Integration dieser Anwendungskomponenten sterben. Wir haben ja keine Weltnorm für einen Auftrag, für seine Definition oder seine Zustände. Wir können ihn auch nicht aus Komponenten zusammenstecken. Wir sind ja weit davon entfernt, dass so etwas überhaupt nur denkbar ist. Jedenfalls nicht von Leuten, die in der handfesten Entwicklung stecken. Jeder weiß, dass selbst zwei Softwaresysteme, die sich mit einem ähnlichen Thema befassen, weitgehend inkompatibel sind. Sie haben verschiedene Denkstrukturen, Datenstrukturen und auch Codierungsverfahren, so dass der Ansatz, dass ein System sich verschiedenen Benutzern mit verschiedenen Gesichtern zeigt, wahrscheinlich erfolgreicher ist als der, alle Varianten jeweils neu zu montieren.

**Wir brauchen neue Softwaretechnologien**

**Scheer** Das bedeutet, dass wir neue Softwaretechnologien brauchen. Wenn wir über Software-Varianten sprechen, dann liegen natürlich Gedanken der Objektorientierung sehr nahe. Hier kann man Subtypen durch Vererbung bilden, und Gemeinsamkeiten werden automatisch übertragen. Wir haben eine hohe Wiederverwendbarkeit der Software bei dieser Variantenbildung. Und damit drängen sich Vergleiche aus anderen Industrien wie der Automobilindustrie oder Flugzeugindustrie auf, wo man ja auch ständig mit Variantenproblemen zu tun hat und deshalb schon eine sehr lange Erfahrung vorweisen kann, wie man solche Varianten geschickt, d. h. redundanzarm, verwaltet.

Eine andere Frage ist dann die Zuordnung zu unterschiedlichen Benutzern. Benutzer sind letztlich Organisationseinheiten. Dadurch, ob ein Spezialist, wie ein Ingenieur, betrachtet wird oder ein Konsument, der in seinem Privathaushalt ein

System nutzt, wird die Anforderung an eine Funktionspräsentation anders. Die Zuordnung von Funktionen zu Organisationseinheiten wird damit entscheidend. Das heißt, wenn eine Funktion einer Ingenieurabteilung zugeordnet wird, dann muss ich sie automatisch anders zeigen, als wenn sie einer kaufmännischen Abteilung, dem Vertrieb oder dem Außendienst zugeordnet ist. Eine solche Variabilität in der Software ist ja schon technisch möglich, indem durch Verbindung von Organisations- und Funktionsmodellen solche Zuordnungen beschrieben werden, die dann die entsprechenden Varianten definieren.

Aber wie schaffen es denn die Softwarehäuser, plötzlich diese Vielfalt an Kunden zu entdecken? Früher war es doch nur der EDV-Leiter, den man adressiert hat, von dem man wusste, dass er das Budget besitzt, und jetzt denkt man an so viele unterschiedliche Kundengruppen. Wie muss sich denn ein Softwarehaus darauf einstellen?

**Abschied von der Redundanzfreiheit**

**PLATTNER** Also erstens, es war nicht nur der EDV-Leiter, den wir adressiert haben, sondern es waren schon immer auch die Fachabteilungen. Und jetzt wird halt die Zahl und die Spannbreite der Abteilungen, mit denen man zu tun hat, wesentlich größer.

Auf der anderen Seite haben wir einen großen Vorteil. Wir haben in den ersten Jahren gesagt, Integration setzt voraus, dass wir redundanzfreie Systeme bauen. Wir haben also redundanzfreie Daten, und jeder kennt diese Daten, und jetzt können wir die Transaktionen, die Prozessketten auf diesen Pool von redundanzfreien Daten ausrichten. Und wir haben ja ganz lange diesen Gedanken durchgehalten und auch als eines der Hauptkennzeichen unserer Systeme herausgestellt.

Und nun zeigt sich, dass diese Flexibilität, die es erlaubt, verschiedene Benutzergruppen zu bedienen, fast zwangsläufig dazu führt, das Axiom der redundanzfreien Datenhaltung aufzugeben und replizierte Daten durchaus zuzulassen.

Darauf kamen die Datenbankenhersteller ja schon wesentlich früher. Wir haben, glaube ich, den Einfluß der objektorientierten Systeme gebraucht, die Verbindung von Programmlogik und Daten, dass es eigentlich Komponenten sind, die mit Komponenten reden, und nicht ein mechanistisches Datenbanksystem, das die Daten überallhin verteilt. Wir haben also heute einen Freiheitsgrad gewonnen, indem wir Daten redundant in etwas anderer Gestalt speichern, sie automatisch pflegen, um dann darauf eine Anwendung für einen anderen Adressatenkreis zu bauen.

**Ermöglichung neuer Anwendungen durch Datenredundanz**

Das einfachste Beispiel ist sicher ein Data Warehouse, bei dem wir auf der einen Seite das operative System für die Transaktionen haben und auf der anderen Seite für Auswertungen und Planung, sogenannte Decision-Support-System-Anwendungen, eine neue Datenbank. Aber wir sehen das auch in anderen Systemen jetzt – ob es das Advanced Planner and Optimizer-System (APO) ist, ob es das Sales-Force-Automation-System (SFA) ist –: Sie alle haben erst einmal einen redundanten Datenbestand, der in anderer Form organisiert wird als der Datenbestand für die operativen Anwendungen. Die Datenorganisation folgt jeweils anderen Zielen. Wenn z. B. eine Simulationsanwendung nicht beliebig schnell ist, verliert sie sehr schnell an Bedeutung. Wenn ich eine Konfigurationssimulation nicht in wenigen Sekunden machen kann, dann kann sie eben der Vertriebsmann im Live-Gespräch nicht verwenden. Die Effizienz dieser Anwendungen beruht u. a. auf redundanten Daten.

Wenn der Vertriebsmann die relevanten Daten für seinen Kundenkreis nicht auf dem Laptop mitnehmen kann, um sie im Flugzeug verfügbar zu haben oder während er irgendwo im Warteraum sitzt, dann gibt es die Anwendung eben nicht. Also in dem Augenblick irgendwo über ein Modem und eine Telefonleitung die Daten aus dem zentralen Bestand zu beziehen ist kein praktikabler Vorschlag.

Ganz lange haben wir uns gegen diese Datenredundanz gewehrt und haben gefordert, dass die Datenverarbeitung online, d. h. realtime, betrieben wird, dass man schon zum System hinkommen muss. Jetzt können Daten abgekapselt und in einem anderen System gepflegt werden. Man hat das Synchronisationsproblem gelöst, und plötzlich können mit diesen redundanten Daten neue Anwendungen gebaut werden. Das ist ein ganz wichtiges Merkmal. Fast alle Anwendungen, die wir neu bauen und an ganz neue Benutzerkreise adressieren, haben eigene, oftmals redundante Daten.

**Wendt** Ich betone oft, wenn ich in der Vorlesung über Redundanzfreiheit spreche, die beiden folgenden Aspekte. Einmal möchte man Redundanzfreiheit bei der Eingabe. Man will auch im täglichen Leben nicht ein und dieselbe Information, die man schon einmal eingegeben hat, z. B. die Adresse und die Telefonnummer, ständig neu in Formulare übertragen, während die Kopiererei innerhalb eines Systems nie besonders aufwendig war.

Im Grunde ist ja schon jede Pufferung über zwei Millisekunden hinweg ein Verlassen der Redundanzfreiheit. Wir haben dann auf der Platte die Daten und im Arbeitsspeicher noch einmal. Und das ist nie schlimm gewesen. Im Grunde ist es ja mehr die Frage, weiß ich, dass ich kopiert habe oder nicht. Nehmen wir z. B. ein Kursbuch. Das besitzen gleichzeitig viele Leute. Das ist garantiert hinsichtlich der Speicherung nicht redundanzfrei, aber völlig unkritisch. Denn das Kursbuch bleibt über längere Zeit stabil. Und kritische Daten, die sich alle zwei Millisekunden ändern, auf die kann man dann im Laptop im Flugzeug nicht zugreifen, die spielen aber dort meistens auch gar keine Rolle.

**Scheer** Das Grundproblem der Datenredundanz ist ja das Update, und da hat man ja gesehen, dass sich von den verschiedenen möglichen Verfahren eher die einfachen Verfahren durchgesetzt haben. Dies sind eher zentralistische Verfahren, das heißt, man lässt zwar dezentrale Kopien einer zentralen

Datei zu, aber das Update dieser Kopien geht über die zentrale Datei. Man vermeidet das Update z. B. über »Two-Phase-Commit«-Protokolle.

**Die Unterscheidung »zentral« – »dezentral« neu denken**

**PLATTNER** Da ist schon etwas Wahres dran. Das Thema dezentral und zentral ist eben kompliziert. Dezentral ist schneller, flexibler, kann sich schneller anpassen, trägt aber durch die Vielfalt auch den Keim des Chaos und hoher Kosten in sich. Das heißt in unserem Kontext nun, es wird vieles erst einmal dezentral entwickelt werden, als eigene Komponente, und mit eigenen Daten irgendwo in einen Prozess eingeklinkt. Später aber, wenn sich diese Prozesse stabilisiert haben, kann die Komponente wieder in das zentrale System integriert werden.

Wir erleben das jetzt schon bei Internetanwendungen, dass es eine starke Tendenz gibt, wieder zu zentralisieren, nachdem das nicht mehr Neuland ist und die Technologie beherrscht wird. Das gleiche gilt für neue Programmiersprachen oder das Design von Bildern. Wenn die Technologie erst einmal beherrscht wird, dann spricht vieles dafür, wieder in ein zentrales System zu integrieren. Die Kosten für den Betrieb des Systems sind billiger in einem zentralen System, die Sicherheit ist höher, und die Koordination ist leichter.

Bei betriebsübergreifenden Prozessketten fangen nun mehrere Systeme an, eine Prozesskette zu bilden. Teile dieser Prozessketten werden die Tendenz haben, von größeren Zentralsystemen eingefangen zu werden, wobei das nicht immer das System des produzierenden Unternehmens sein muss. Das können jetzt auch Service-Systeme sein, wie weltweite Reservierungssysteme oder andere Brokersysteme, die dann nicht mehr nur anonyme Systeme hinter einem Airline-Schalter sind, sondern auch verfügbar sind für andere Systeme.

**Unternehmensübergreifende Integrationsbewegung**

Wir sind ja dabei, unsere Unternehmensprozessketten auch in diese Systeme hineinzutragen oder diese Systeme in unsere Unternehmensprozesse einzubinden. Was ich so vor mir sehe, ist ein System mit vielen Netzknoten in der Welt, die untereinander verschieden starke Verzahnung haben. Die Verzahnung ist natürlich innerhalb eines Unternehmens stärker als zwischen den Unternehmen, nur dass die Systeme nicht mehr ihre feste Grenze haben, sondern die Verflechtung der Systeme innerhalb und außerhalb eines Unternehmens sehr viel weiter getrieben wird.

Genauso wie früher eine Bibliothek genau den Umfang hatte, der durch ihren Bestand an Büchern bestimmt wurde. Heute dagegen hat jede Bibliothek schon ein Internet-Fenster und kann entweder in alle Bücher, die es zu kaufen gibt, oder in eine andere elektronische Bibliothek reingucken. In dem Augenblick, in dem der Zugang zu einem System digitalisiert beschrieben ist, können andere digitale Systeme darauf zugreifen. Das ist eine weitere Quelle, die die Integrationsbewegung über unternehmensbezogene Systeme hinweg treibt.

**Schlüsselerlebnis: Reparatur auf der Hochseeyacht**

Für mich war das vor sechs Wochen ein Schlüsselerlebnis, dass mein Bootsmann auf der Hochseeyacht »Morning Glory« mit einer Kamera in den Mast geklettert ist, dort eine Aufnahme von den Rollen gemacht hat, wo die Fallen aus dem Masttop rauskommen, wieder runtergeklettert ist und auf dem Bootsmannsstuhl wieder runtergefahren worden ist. Anschließend hat er sich auf dem Schiff an den PC gesetzt, aus der digitalen Kamera das Bild in den PC überspielt und über die Schiffstelefonverbindung das Bild an den Mastenbauer in Illinois in der Nähe von Detroit in Michigan geschickt. Und kaum eine Stunde später hat er eine Antwort bekommen, wie sich der Mastenbauingenieur vorstellt, wie das Problem zu beheben sei. Diese Sache wäre vor noch ganz kurzer Zeit gar nicht denkbar gewesen.

Dann wäre nämlich jemand hochgeklettert, hätte ein Foto gemacht, und das Foto hätte er zum Entwickeln getragen. Da wäre der Prozess schon irgendwo in Unordnung gekommen, weil nämlich mein Bootsmann zwei Tage später schon wieder nach Amerika hätte zurückgehen müssen. Also hätte er die Bilder vielleicht da entwickeln lassen usw. Jetzt aber ist innerhalb von zwei Stunden eine Entscheidung gefällt, wie eine bestimmte Veränderung eines konstruktiven Teils vorgenommen werden soll. Und dabei wurden nicht Boeing und Lufthansa zusammen verknüpft, sondern Einheiten. Also auch dort, wo überhaupt keine Mengen sind, kann eine solche Technologie genutzt werden. Und wieviel ist morgen möglich, wenn normale Endverbraucher in die Lage versetzt sind, so mit ihren »Geschäftspartnern«, also mit den Lieferanten, zu kommunizieren.

Wenn man sich überlegt, was es heute kostet, dass ein Servicetechniker kommt und sich etwas anschaut. Dann dauert es eine Weile, bis er sich erinnert, was eigentlich das Problem ist, nachdem er es gesehen hat. Und dann repariert er es, und dann geht er. Und wenn man jetzt einmal diese Kette aufzeichnet und bedenkt, was es gekostet hat, ihn zu planen; er muss ja auch verfügbar gewesen sein, es fallen also Bereitschaftskosten an. Er ist angereist, dann hat er sich das Problem angeschaut, nun fährt er zurück. Und zum Schluß schreibt die EDV eine Rechnung darüber. Und da wundern wir uns, warum solch eine Reparaturstunde so teuer ist.

**Digitalisierung eröffnet neue Möglichkeiten**

Wenn man sich nun einmal vorstellt: Die Digitalkamera ist ein Standard; man macht ein Bild von dem Problem, und über den Internetanschluss hat es der Hersteller innerhalb kurzer Zeit. Derartige Prozessketten wären bis vor kurzem überhaupt nicht denkbar gewesen, und für mich steht fest, dass demnächst ganz viele Geräte ab einem gewissen Anschaffungspreis so gewartet werden. Wir kennen es ja schon von unseren eigenen Programmen, dass das rein verbale Beschreiben eines Umstandes sehr schwierig ist.

Bis zwei Leute, die nicht gewohnt sind, miteinander zu reden, die gleiche Vorstellung davon haben, was sie auf einem Bildschirm sehen – das ist schon von erheblicher Schwierigkeit. Und in unserem Beispiel können nun zwei völlig verschiedene Medien miteinander kommunizieren. Die sind über die Digitalisierung des Fotos zusammengekommen. Das Einscannen, ein bisschen Technologie, war plötzlich da, und ich kann das Foto als Anhang in Mails versenden und den Prozess völlig anders gestalten.

**SCHEER** Wir reden jetzt plötzlich viel mehr über Anwendungsbeispiele und diskutieren diese nutzenorientiert. Nachdem die Technik da ist und verstanden worden ist, sind es eben die Nutzenaspekte der Anwendungen, die die nächste Entwicklungswelle treiben. Es genügt nicht mehr zu sagen, R/3 ist gut, weil es auf Client-Server-Technologie beruht, sondern jetzt muss man Fälle beschreiben, wo man richtig sieht, da sind tolle Prozessketten abbildbar mit hohen Nutzenpotentialen.

**Nicht die Technologie, die Anwendung zählt**

**PLATTNER** Ja, ganz klar, es spielt nicht mehr die Rolle, dass man eine CICS-Anwendung beherrscht, wie das vor 10, 15 Jahren war, sondern wir können uns nun wirklich auf die Anwendung konzentrieren, und welche Technologie dabei im Spiel ist, ist eigentlich uninteressant. Das sage ich, obwohl wir eine Weile auch auf solchen Technologiewellen geritten sind. Die Schlagworte, sei es nun Objektorientierung, sei es Komponententechnologie, interessieren keinen mehr. Das ist Enabling-Technologie.

Was richtig interessant und spannend wird, ist, was wir jetzt plötzlich machen können. Wir brauchen nicht mehr zu beschreiben, warum wir die Technik einsetzen, das interessiert den Ingenieur. Der weiß, warum man Komponenten braucht und wie Komponenten, die auf verschiedenen Systemen sitzen, miteinander reden können dank COM- oder CORBA-Integration. Aber das Spannende ist, was jetzt eigentlich für Anwendungen denkbar sind.

**SCHEER** Früher waren ja bestimmte Technikbegriffe Killerargumente. Wurde ein Softwarehersteller gefragt: »Habt ihr im System eine relationale Datenbank?«, und er sagte »Nein!«, dann wurde ein anderes System gewählt. Oder später war Client-Server-Technologie ein Killerargument. Diese Bedeutung, glaube ich, werden technische Argumente nicht mehr haben. Fragt man »Hast du Objektorientierung?«, und man sagt »Nein!«, dann ist das heute kein Killerargument mehr.

**Wendt** Das ist auch richtig. Denn schließlich interessiert es einen Autofahrer auch nicht, wie der Ingenieur den Motor baut. Es gibt zwar solche Freaks, die ein Auto mit 16 Zylindern und obenliegender Nockenwelle wollen, aber diese sind eben die Ausnahmen.

**Plattner** (Lacht.) Mein Auto muss zwei oben liegende Nockenwellen haben, und ein Aluminiumzylinderkopf muss es schon sein.

**Kommunikationsstandards**

**Scheer** Können wir noch einmal auf die Frage der Kommunikationsstandards zurückkommen? Hier hat doch die SAP viel beigetragen durch ihre Marktmacht. Für mich zeigt dies immer das Beispiel, wenn zwei Leute sich unterhalten und den Begriff »Buchungskreis« benutzen, dann weiß ich, dass beide SAP einsetzen. Das heißt, es gibt bestimmte SAP-Sprachkonstrukte, die sich einfach durchgesetzt haben. Zum Beispiel »Werk« im SAP-Kontext. Plötzlich reden auch Banken von Werken, weil sie nämlich diese Begriffsdefinition zur Konfiguration brauchen, oder sie reden über Vertriebsgruppen.

**Plattner** Das ändern wir gerade, um die Begriffe stärker an die Sprache der Branchen anzupassen.

**Scheer** Ja, ändert das. Aber ich wollte nur zeigen, welche prägende Wirkung bereits erreicht wurde. Und dass wir noch wesentlich weitermachen müssen, um auch die Normen für Inhalte zu schaffen.

**Wendt** Sind Sie da nicht sehr hoffnungsfroh? Als Herr Plattner von diesem Mast-Foto sprach – man muss bedenken, dass das eine völlig semantikfreie Geschichte war. Der Skipper ver-

Grenzen der Standardisierung

steht das Bild, bei der Übertragung sind es aber nur Zeichen, anschließend erhält der Empfänger wieder das Bild. Das ist einfach. Semantisch schlüssige Schnittstellen zu bauen, wo das, was auf der einen Seite weggeschickt wurde, vom System interpretiert am anderen Ende wieder mit der gleichen Syntax wiedergegeben wird, halte ich dagegen für sehr schwierig. So wie wir jetzt deutsch miteinander reden, und was aus meinem Mund rauskommt, in Ihren Ohren nicht nur Luftdruckschwankungen sind, sondern als deutsche Sprache erkannt wird. Wenn Sie die deutsche Sprache nicht beherrschen, funktioniert die Verständigung nicht.

**Scheer** Aber auch bei kommerziellen Anwendungen kann man sicher mehr standardisieren, als es im Augenblick der Fall ist. Ob es in dem Umfang möglich ist wie in der Technik, kann ich nicht ganz beurteilen. Aber ich sehe auch nicht ein, warum sich jedes Unternehmen eine eigene Rechnung basteln, eine eigene Artikelbeschreibung entwickeln und eine eigene Personaldatenbeschreibung erstellen muss. Es gibt sicher Dinge, die man schon allgemein definieren kann.

**Plattner** Das war ja der Grund von Standardsoftware, da sind diese Dinge standardisiert worden, und jetzt können wir noch mal sehen, ob wir weitergehen können.

**Scheer** Diese Standardisierung durch die Software ist nur durch die Marktmacht der Key-Player erreicht worden. Früher, als es noch 150 PPS-Systeme in Deutschland gab, gab es auch 150 unterschiedliche Stücklistendefinitionen und Arbeitsplandefinitionen.

**Wendt** Das war genauso wie bei den Schrauben, als die Gewinde nicht genormt waren. Man muss erst den Vorteil der Vereinheitlichung sehen und zur Erkenntnis kommen: Das eine ist nicht besser als das andere, es ist nur anders, deswegen ist es sinnvoll, wir einigen uns jetzt auf eine einzige Lösung.

Neue digitale Welt

**Plattner** Das ist sicher eine wichtige Sache, die typischen Datenobjekte, die zwischen verschiedenen Systemen, verschiedenen Herstellern oder zwischen den Systemen des gleichen Herstellers ausgetauscht werden, zu standardisieren. Aber ich will noch einmal das Beispiel mit dem Foto vom Masttop heranziehen. Es zeigt, dass es uns nun plötzlich möglich ist, ganz verschiedene Dinge miteinander zu verknüpfen. Also, die ganze Welt des Bürowesens, der Korrespondenz, der Ablagen, der Faxe, wenn es nur digitalisiert wird. Alles, was digitalisierbar ist, steht dann auch in unserer klassischen Transaktionsdatenverarbeitung zur Verfügung.

Nachdem wir Multimedia eine Zeitlang als eigenen Bereich betrachtet haben, machen wir jetzt auch Integration hinweg über verschiedene Darstellungsformen. Hatten wir uns bisher nur um formatierte Daten mit ein bisschen Text gekümmert, so ist jetzt plötzlich das Attachment – also z. B. das Pixel-Bild – eine ganz wesentliche Information. Und nun kommt wieder hinzu, dass wir in klassischer Form Attribute dieses Bildes beschreiben und ablegen müssen, weil diese Attribute nicht direkt aus dem Bild entnommen werden können. Man muss sie separat ablegen, z. B. Abmaße und ähnliches. Damit werden die produktbeschreibenden Informationen mit den Abbildungen zusammengeführt; die Kosten für Multimedia werden durch Komprimierungstechniken beherrschbar. Und plötzlich ist es also möglich, auch Bildabläufe kostengünstig zu versenden und abzulegen sowie zu formatierten Informationen in Beziehung zu setzen. Mittlerweile sind wir schon weiter auf dem Wege, dass Spracheingabe, Sprachausgabe und sogar Gestik auch in Computersysteme mit einbezogen werden können.

Der PC als Kristallisationskeim

Und fast immer passiert ein großer Aufbruch, wenn etwas auf dem PC verfügbar ist. Im High-Tech-Bereich hat es Multimedia ja schon lange gegeben. Wie lange machen wir schon professionell graphische Datenverarbeitung? Wie lange machen wir schon, zumindest im Labor und in ein paar Anwendungen, Spracheingabe bzw. Sprachausgabe? Aber erst, wenn diese Techniken auf dem PC zur Verfügung stehen, wird ihre Verbreitung explodieren. Deshalb ist der PC als Kristallisationskeim für neue Anwendungsszenarien, für neue Anwendungstechnologien ganz wichtig. Also diese massenhafte Verfügbarkeit einer Technologie, ob es jetzt die digitalisierten Bilder sind, ob es die hochverdichteten bewegten Bilder sind, ob es Sprachein- oder -ausgabe-Systeme sind. In dem Augenblick, wo sie auf dem PC zur Verfügung stehen, kann man Standardsysteme bauen.

Auch die 15jährige Entwicklung bei den Office-Anwendungen zeigt dies. Zunächst waren die Anwendungen isolierte PC-Systeme, dann wurden sie integriert, weil man sie auch im Office-Bereich integriert benutzt, und jetzt haben sie seit fünf Jahren auch richtig Einfluss auf die professionellen Systeme für die Fachabteilungen und müssen mit denen verbunden werden. Sie kommen über den PC jetzt hinein in unsere Enterprise-Systeme.

**SCHEER** Beim Internet war es ja auch nichts anderes. Die amerikanischen Eltern nutzten es, um mit ihren Kids im College E-Mails auszutauschen. Und dann wußte plötzlich ein Rechtsanwalt, wie er einen PC bedienen kann, zumindest um eine E-Mail zu schreiben, und dies hat er hinterher in seinem Büro auch angewendet.

**Wird SAP zum Hersteller für Konsumenten?**

Aber bedeutet das nicht für ein Softwarehaus wie die SAP, dass es jetzt eher zu einem Konsumgüterproduzenten wird? Wir hatten ja schon dieses Beispiel von Andy Grove zitiert, der sogenannte Inflection Point. Und es hat bei Intel einen Inflection Point gegeben, als der Fehler im Intel-Mathematik-Prozessor auftrat. Ein Rundungsfehler, der in ganz seltenen Fällen mal auftrat. Plötzlich stand aber dieser Fehler, den man bei Intel auch kannte und den man mit dem nächsten Release in Ordnung bringen wollte, auf der ersten Seite in US-Today. Und da hat man gemerkt, dass das Unternehmen mit einem Mal ein Konsumentenhersteller war. Es haben nämlich Tausende von Konsumenten angerufen, was mit ihrem PC jetzt sei, ob sie ihn nicht mehr benutzen könnten. Dabei hat Intel nie an einen Konsumenten etwas geliefert, sondern man lieferte an IBM und andere Hersteller, aber doch nicht an Herrn Meier oder Müller. Aber plötzlich waren sie de facto zu einem Konsumentenhersteller geworden.

Es hat über hundert Millionen Dollar gekostet, um die Sache wieder in Ordnung zu bringen. Nicht den technischen Fehler zu beheben war das Problem, sondern das Image wieder aufzufangen und sich neu zu positionieren. Deshalb glaube ich, dass auch ein Softwarehaus, das bisher als Kunden den EDV-Leiter und die Fachabteilungsleiter hatte und nun plötzlich an den Endkunden herangeht, indem es sagt, der Mitarbeiter bedient das Personalsystem und nicht mehr die Personalfachabteilung, sich anders darstellen muss.

**PLATTNER** Das ist eine andere Qualität, zweifelsohne, und auch ein anderer Risikobereich. Das sehe ich genauso. Aber das ist nun nicht mehr aufzuhalten. Man kann zwar sagen, wir machen so etwas nicht, das machen andere, und wir machen nur die Back-Office-Prozesse. Diese Haltung wollen wir aber nicht beziehen, weil doch der Anteil des Front-Office an dem Gesamtsystem deutlich wachsen wird.

**SCHEER** Das ist ja auch gut. Ich wollte nur fragen, wie muss sich ein Softwareunternehmen ändern, um diese neue Dimension, diese exponentiell ansteigende Kundenzahl richtig betreuen zu können.

**Mehr Endbenutzer-Erforschung**

**PLATTNER** Es muss wesentlich mehr in die Endbenutzerbeobachtung investieren. Es muss sich am tatsächlichen Endbenutzer orientieren, an dem, der mit dem System arbeitet, und nicht nur an einem theoretischen Benutzer, den man sich vorstellt, um dann in dem Falle, dass es ihn doch nicht so gibt, den realen Benutzer durch Schulung entsprechend hinzubiegen. An den Berührungsschnittstellen muss das System praktisch absolut schulungsfrei sein. Und man muss es so natürlich bedienen können, wie man ein Radio bedienen kann, wo man einmal gelernt hat: Mit dem Knopf kann man die Sender suchen, und mit einem anderen Knopf kann man laut und leise drehen. Ob das nun digital oder mit einem Drehknopf funktioniert, analog oder digital, ist dann unerheblich. Wir erfahren in Sekundenschnelle, wie man ein neues Radio bedient. Wir müssen also unsere Transaktionen genauso bauen.

Andere Branchen, die für Endbenutzer Geräte bauen, stecken ganz viel in diese Endbenutzer-Erforschung hinein. Und wir haben ja einen Vorteil mit unserer Software. Wir können eigentlich schnell reagieren, weil wir ja die Gesichter von Software sehr schnell ändern und sehr schnell anpassen können, denn es hängt keine mechanische Fertigung dahinter. Wir können also auch sehr schnell sehen, wie unser Produkt anders aussieht. Aber das ist ganz sicher ein Bereich, wo wir einen Faktor mehr investieren müssen.

Das Gute ist, je näher wir an die Quelle der Interaktion herankommen, je mehr engt sich das Spektrum der angebotenen Funktionalität ein. Wir müssen dort nicht noch einmal die gesamte Betriebswirtschaft des SAP-Systems zur Verfügung stellen. Sondern es ist pro Benutzerklasse wirklich nur ein kleiner Ausschnitt. Das Wichtige ist, diese Ausschnitte herauszuarbeiten. Das ist nicht leicht, weil sich die Welt stark ändert, weil sich das Ganze jetzt erst herausbildet. Und dann muss man es so gestalten, dass man möglichst viele Benutzer klagefrei erreicht.

**Reduktion von Komplexität**

**WENDT** Das Beispiel mit dem Radio – da sind die semantischen Netze ja sehr klein. Welche Begriffe muss man lernen, wenn man überhaupt noch nicht weiß, was ein Radio ist, und es bedienen möchte? Du musst wissen, es kann ein- und ausgeschaltet sein, du musst wissen, es gibt eine akustische Quelle, die du auswählen kannst, und dann kannst du noch laut und leise stellen, und das ist es. Dagegen sind die semantischen Netze für betriebswirtschaftliche Anwendungen wesentlich komplexer. Sitzt beispielsweise jemand vor einer Einkaufs- oder Verkaufsmaske, dann hat er ein Mehrfaches an Möglichkeiten zur Ein- und Ausgabe zu beherrschen. Diese Komplexität so zu stückeln, zu modularisieren, dass es semantisch leicht lernbar und intuitiv erfassbar wird, das wird sicherlich eine große Aufgabe sein.

**Plattner** In einer unserer Entwicklungsabteilungen befassen wir uns mit Anwendungen im Hotelbereich. Und die Idee ist nun, das R/3-System um neue Prozessketten, die aus dem R/3 in andere Systeme hinausgehen, zu erweitern. Dann kann man eben nicht unsere klassische Einkaufsmaske von den Köchen oder Unterköchen bedienen lassen. Der ganze Einkauf muss durch Touch-Screen-Anwendungen geregelt werden und durch Menüs – 500 Positionen, die immer wieder bestellt werden in einer Küche durch Anklicken des Produktes aus dem Katalog und Angabe der Menge, die man bestellen will, und vielleicht noch des Zulieferungstermins. Die Transaktion »Einkaufen« ist damit auf das absolute Minimum vereinfacht worden, und es muss nicht angegeben werden, in welcher Firma das stattfindet, denn das ist seit der Installation bekannt. Alle möglichen System-Parameter müssen einzeln betrachtet werden, ob man sie für diese Anwendung in der Küche braucht.

Wir haben das im praktischen Einsatz getestet. Es war am Anfang nicht klar, ob wir nun weite Teile des Bestellwesens neu schreiben müssen. Das Experiment hat jedoch gezeigt, dass wir gar nichts neu schreiben müssen. Wir können tatsächlich durch neue Interaktionssysteme, die wir vor das System setzen, ein ganz normales R/3-Bestellsystem bedienen, und das kauft die Erdbeeren und den frischen Spargel und sonst alles, was man so in einer guten Küche braucht. Dazu haben wir dann aber zusätzlich die Annehmlichkeiten des mächtigen transaktionsverarbeitenden R/3-Systems: dass es Dinge zusammenfassen kann, dass es statistische Informationen hat über das Einkaufsverhalten, dass es die Lieferantendaten vorhält usw. Diese Funktionen können dann wieder von der Fachabteilung Einkauf, die es auch in einem Hotel gibt, bearbeitet werden, um nicht die operative, aber die finanzielle Seite des Einkaufs in den Griff zu bekommen: die Kosten berechnen, die Vertragsgestaltung unterstützen usw. Also für all das, wofür wir ja, aus der Großindustrie herkommend, unsere Systeme entwickelt haben.

Wir können mehr und mehr Möglichkeiten zeigen, spezielle Transaktionsabläufe für Benutzerkreise zu bauen oder andere Technologien wie Touch-Screen einzusetzen. Hierbei soll der Lernprozess gegen Null gehen, weil man intuitiv das System sofort bedienen können soll. Das muss so vereinfacht werden, dass das semantische Netz so überschaubar ist, dass man es sofort begreift.

Was allerdings für uns Perfektionisten nicht zu unterschätzen ist, ist der Entwicklungsaufwand. Denn nun soll diese »einfache« Funktion für mehrere Buchungskreise gleichzeitig zur Verfügung gestellt werden, in mehreren Sprachen gleichzeitig laufen, in mehreren Währungen laufen – und jetzt könnte ich stundenlang so weitermachen, wie ein typischer SAP-Entwickler denkt.

**Integration und Variation**

Aber es wird in diese Richtung gehen, dass wir auf der einen Seite Back-End-Engines haben – und nicht nur eine, sondern mehrere, die ziemlich viel Komplexität bereitstellen und wo man für bestimmte Benutzerkreise die Komplexität ganz stark vereinfacht. Dies führt aber zu redundanten Transaktionen, und man muss Geschäftsprozesse teilweise duplizieren. Wir haben also nicht nur eine generische Lösung mit ein paar Spezialfunktionen, sondern wir haben am Front-End viele verschiedene Bearbeitungsvarianten. Aber wir sind schon eine Weile auf diesem Weg. Telefonverkäufe müssen eben anders laufen als eine Ersteinrichtung einer Drogerie oder einer Apotheke. Das ist einfach anders, auch wenn beides Auftragsbearbeitung ist.

Und das erfordert viel mehr Benutzerbeobachtung und auch viele Diskussionen mit dem Back-End, damit Front- und Back-End nicht auseinanderlaufen. Vor diesen Problemen steht die SAP jetzt in ganz großem Maße. Wir erhalten Variationen für verschiedene Benutzerklassen, wir erhalten Variationen für verschiedene Industrien und wir erhalten Variationen für viele andere Sub-Systeme, für andere Technologien, die mit einzubetten sind.

**Scheer** Aber das bedeutet ja auch, dass der SAP-Entwickler im Back-Office weiterhin die hohe Komplexität beherrschen muss. Er muss auch in sehr komplizierten Alternativen denken können, um Fehlermöglichkeiten, die im Front-Office passieren könnten, einigermaßen abzufangen. Auf der anderen Seite kann er natürlich nicht alle Anforderungen zum Front-Office hin verlagern und sagen, ich will nur einen richtigen Auftragssatz haben, und alles andere akzeptiere ich nicht, sondern er muss sich fehlertolerant verhalten. Er muss auch verschmierte Informationen vertragen und diese akzeptieren. Wir müssen also dafür sorgen, dass die Back-Office-Systeme hinterher diese weiche Schnittstelle im Front-Office nicht wieder kaputtmachen.

**Plattner** Das ist in der Tat eine Gefahr. Ich benutze mal wieder die Transaktion »Auftragsbearbeitung«. Wenn man die allgemeine Transaktion, die alles kann und dementsprechend kompliziert ist, in viele einfache Varianten auflöst, was bedeutet das für den Änderungsdienst? Hiervor hatten wir immer panische Angst. Nun ist es aber wahrscheinlich, dass eine Änderung, die wir irgendwo an einer zentralen Komponente machen, sich eben nicht durchschlägt auf alle anderen Varianten, die wir davor gebaut haben. Aber das ist noch Neuland.

Eine Alternative ist auch, dass sich verschiedene Systeme um verschiedene Aspekte kümmern, von ganz verschiedenen Leuten entwickelt werden und dann erst spät miteinander gekoppelt werden. Dann muss man sich aber auf eine relativ bescheidene Kopplung einigen.

**Wendt** Ja, das kann ein Problem werden, weil dann die Integration nicht mehr gelingt.

**Plattner** Die umgekehrte Schwierigkeit, die uns begegnen könnte, hängt mit unserer Erfahrung zusammen. Wir wissen, welche Vielfalt wir anbieten können, so dass uns jede einzelne Vereinfachung gekünstelt erscheint. Wir fragen uns immer wieder: »Haben wir auch an die Situation gedacht, wie behandelt man jene Ausnahme?« Wenn wir aber sagen: Wir machen das Radio so einfach, wir machen jetzt den Einkauf über das Picken von einer Liste so einfach, dass wir diese Sondersituation nicht mit reinmachen – dann fällen wir unter Umständen eine Entscheidung, die wir vielleicht später widerrufen müssen.

**Wendt** Ja, aber ist das so schlimm, wenn man die später widerrufen muss? Wo es verhältnismäßig leicht ist, ein zweites Radio zu bauen?

**Keine Angst vor Varianten**

**Plattner** Ja. Aber davor haben wir immer so eine panische Angst gehabt. Während uns in der Tat eine Firma wie Sony das ja vorgeführt hat. Wenn man den Sony-Katalog anguckt, gibt es viele geringfügig unterschiedliche Geräte, die nun wirklich im gleichen Markt sind. Sie haben einen anderen Namen, ein anderes Gesicht, die Detailbeschreibungsleiste weist Unterschiede aus, und wir wissen eigentlich nicht, wieviel ihnen gemeinsam ist. Die Firma Sony und andere in dieser Branche haben gar keine Angst, ein neues Gerät zu bauen. Wir haben aber eine panische Angst davor, eine neue Transaktion nochmals zum gleichen Thema zu bauen.

Diese Angst haben wir schon immer gehabt, und sie ist – nochmals eine historische Rückblende – in die Köpfe der SAP gekommen, als wir das R/1 in Form des R/1.5 auf das IMS gebracht haben. Als Vorläufer der SAP-Systeme haben wir bei ICI ein Auftragsbearbeitungssystem gebaut, und das hatte für jede verschiedene Auftragsart – z. B. ein Eilauftrag oder eine Nachlieferung eines bestehenden Auftrages, ein Erstauftrag usw. – verschiedene Bilder gemalt. Man kann heute auch sagen, verschiedene Transaktionen gemalt. Und dann haben wir versucht, den kleinsten gemeinsamen Nenner zu finden und diesen allgemein zu programmieren.

Wir waren also am Anfang sehr variantenreich. Aber wir hatten schon ein Einkaufssystem, ein Buchhaltungssystem und ein rudimentäres Vertriebssystem. Als wir dann an die Firma Freudenberg alle diese Systeme verkauft hatten, sagten uns die IMS-Systemleute, dass wir mehr als 256 Masken in einer Anwendung, die in einem Adressraum läuft, nicht haben dürfen. Also waren 256 Bildschirmmasken die Obergrenze. R/3 hat heute schätzungsweise 25 000. Wir mußten uns deshalb so einschränken und alles über die gleiche Maske schleusen. Die IMSler hatten gedacht, dass Anwendungen eigentlich unabhängig voneinander sind, und jede Teilanwendung hat dann 256 Bilder, das müßte eigentlich reichen. Aber wir wollten die Integration unserer Anwendungen.

Viele SAPler, die heute noch in leitenden Funktionen sind, sind zu dieser Zeit, Anfang der 80er Jahre, zur SAP gekommen. Und diese Erfahrung hat uns alle geprägt – sie hat das ganze R/2 geprägt: Die Zahl der Bilder muss beschränkt sein. Die Varianten sind also von Übel. Anstatt zu sagen, was ist denn eigentlich so schlimm an Varianten, ich baue einfach ein neues Radio. Vielleicht muss ich ja nur ein neues Front-End bauen und nehme im übrigen das normale Radio, und der Rest ist Marketing. Also das ist ein wichtiger Prozess, der heute bei uns stattfindet und stattfinden muss, dass wir Varianten erkennen und nicht aus einer einfachen Variante schnell wieder eine komplexe machen, die nicht weit entfernt vom Generischen ist.

**Neue Softwarearchitekturen**

**Scheer** Damit sind wir im Prinzip ja schon bei neuen Softwarearchitekturen. Was da durchschimmert, ist ja die Form einer Broker-Architektur. Dass es einerseits dezentrale Systeme gibt, die aber andererseits auch zentral koordiniert werden müssen.

**Plattner** Es geht in diese Richtung. Wir wollen mit unseren BAPIs, den Business APIs, ein vorläufig standardisiertes Interface definieren, was wir dann über Releases konstant halten, so dass man sich mit seinen anzuflanschenden Anwendungen darauf verlassen kann. Wir haben das vor drei Jahren begonnen und treiben die Entwicklung nun kräftig voran, insbesondere dort, wo SAP-Partner an der Verlängerung der Prozessketten weiterbauen oder ihre Anwendungen mit der SAP koppeln können.

Eine weitere Methodik hat sich bereits jetzt als relativ stabil erwiesen und schnelle Realisierungen ermöglicht. Ich denke dabei an das, was wir beim ITS, dem Internet Transaction Server, zum ersten Mal gemacht haben, nämlich dass der Front-End-Teil der Anwendung z. B. auf einem Web-Server mit HTML oder mit Java Applets realisiert wird. Dann wird mit der Interaktion in ein spezielles ABAP-Anwendungsprogramm gegangen, und darüber redet das Front-End mit allen anderen in ABAP geschriebenen Anwendungsprogrammen. Wenn das jetzt über eine Standard-BAPI-Schnittstelle geht, dann haben wir eine stabile und elegante Lösung.

Diese Ansätze haben wir jetzt auch in dem neuen System für Hotelanwendungen verfolgt. Wir haben die Front-Ends, die Touch-Screen-Front-Ends, für die Einfachstanwendungen in Java geschrieben. Das Java-Programm teilt nun seine Ergebnisse dem ABAP-Interaktionsprogramm mit, das dann seinerseits die SAP R/3-Transaktionen treibt. Und der Vorteil ist, dass wir sehr schnell mit ABAP andere ABAP-Programme treiben können. Wir haben in der Kommunikation von ABAP mit ABAP eine Reihe von Dingen realisiert – ähnlich dem, was das Java-Konzept propagiert –, die die Programm-Programm-Integration ermöglichen. Damit können wir solche Varianten, also wie bei Radios, ganz schnell bauen und brauchen keine überkomplizierten Schnittstellendefinitionen.

Im Grunde genommen brauchen wir ein Repository der Interfaces. Die Interfaces baue ich so, dass sie releasesicher

Allgemeine Schnittstellen und Integration von Technologien

sind. Und dann kommen alle Standardisierungsprobleme auf uns zu. Dieses braucht seine Zeit. Daneben müssen wir möglichst einfach die Integration von verschiedenen Technologien unterstützen. Also Java ermöglicht es uns jetzt, in einem beliebig gearteten, aber leichten Umfeld Interaktion zu realisieren – leichtes Umfeld heißt, ich brauche nicht den großen PC dazu. Ich gehe aus diesem Java-Umfeld in unsere ABAP-Sprache, sitze jetzt schon auf dem Anwendungsserver des R/3-Systems und treibe dann das R/3-System. Und damit bauen wir sehr schnell sichere Transaktionen, und wir können uns später überlegen, wo es eigentlich allgemeine Schnittstellen gibt.

Ich bin jetzt nicht sicher, ob das Bestellbeispiel im Hotelbereich schon wirklich ein so allgemeiner Fall ist, dass wir daraus gleich das Bestellsystem von allen möglichen Produkten, also von PCs, Produktionsmaterial usw., ableiten können. Aber für sich genommen ist es eine gute Lösung. Dann bleibt immer noch der Weg, eine perfekte allgemeine Schnittstelle zu bauen, aber dafür brauchen wir dann ganz viel Zeit.

**Scheer** Begriffe wie weiche Kopplung, fehlertoleranter Nachrichtenaustausch, keine Standards – gruselt es da den Informatiker, oder ist das genau die Richtung, in der man sich auch von der Informatik her Software oder Anwendungsarchitekturen vorstellt? Wo man eigentlich doch sonst mehr mit Begriffen wie Korrektheitsbeweisen von Software, also harten Dingen umgeht, wo man teilweise ja Software Engineering gar nicht als Wissenschaft bezeichnet, sondern eigentlich eher sagt, das ist irgendetwas Weiches, da können wir uns in der Wissenschaft gar nicht mit auseinandersetzen.

Das Radio-Bild

**Plattner** Also, ich weiß nicht, ob es passt, aber da wir nun das Bild vom Radio eingeführt haben ... Ich habe jetzt so Frontplatten von elektronischen Geräten vor Augen und wie wir jetzt die einzelnen Elemente der Frontplatte gestalten und wie weit die Bedienung noch mechanisch ist oder berührungssensitiv, ob sie über einen Drehknopf geschieht oder vielleicht schon über ein digitales Untermodul. Für den Endbenutzer ist es eigentlich völlig egal, wann jetzt von dieser Drehknopfarchitektur – das sei jetzt mal ein Beispiel für eine Front-End-Architektur – übergegangen wird in die Kernmodule des Systems, welches dahinter liegt. Und ob die Transformation vom Front-End-Modul in die Logik des Radios – ob das Bestandteil des Radios ist oder ob das ein Element dazwischen ist oder ob das Bestandteil der Feinmechanik ist, die jetzt auch ein bisschen Elektronik mitbringt, das ist eigentlich egal. Was ich nur sagen will in diesem Bild, ist – blicken wir jetzt auf die dahinter stehende Radiomodul-Entwicklungstechnologie –, daß wir ziemlich schnell an verschiedene Schaltertechnologien, an Interfacetechnologien uns anbinden können. Und das ist vielleicht eine Entwicklung der letzten Jahre.

**ABAP und Java**

Also wenn wir uns jetzt mal die Entwicklung von ABAP und von Java anschauen, gibt es ganz viele Parallelen. ABAP hat Dinge vorweggenommen, 1991, als es anfing, in Client-Server-Umgebungen zu laufen, die heute zu den Kernelementen von Java gehören: wie es sich von alleine auf Rechner im Netz verteilt, dass es sich von alleine im Fluge kompiliert, wenn es verändert wird, dass es auf einem zentralen Repository beruht usw. Da gibt es viele Verwandtschaften. Deswegen verstehen sich auch Java- und ABAP-Programmierung sehr gut. Das ist eine wichtige Sache: Programmiersprachen sind nicht mehr so egozentrisch, wie sie noch vor 20 Jahren waren, wie beispielsweise PL1 und Cobol. Nur über sehr formale, holprige Schnittstellen konnte man sie überhaupt dazu bringen, miteinander zu arbeiten.

Die Verbindung verschiedener Entwicklungssysteme ist sehr viel besser geworden. So können wir die Funktionalität von Java, Front-End-Systeme einfach und kostengünstig zu bauen – vielleicht nicht die beste und eleganteste Weise, zu bauen, aber eine sehr kostengünstige –, diese Funktionalität können wir sehr schnell übersetzen in eine Welt, wo wir ganz viel Erfahrung und ganz viele Leute haben, die diese Welt beherrschen. Wir haben eine Verteilungslogistik, so dass wir die bestehenden Module, die wir in einer Zwischenschicht haben, nun leicht zum Bauen von Varianten verwenden können.

Wir haben an andere Alternativen gedacht, dass wir diesen Weg viel mehr systematisieren, und haben auch richtige Entwicklungsprojekte gemacht, die alle zu sehr komplizierten Gebilden geführt haben. Ich will nicht ausschließen, dass sich die Zukunft in diese Richtung entwickelt: formal beschreiben, um welche Objekte handelt es sich denn eigentlich hier, wer befaßt sich eigentlich damit, und was gibt es hier für Hierarchien von Teilsichten auf diese Objekte? Und wenn man das versucht, formal in den Griff zu bekommen, kann man sehr leicht ein sehr großes Brokersystem bauen, um aber möglicherweise an dem eigentlichen Ziel völlig vorbeizuschießen, nämlich 500 Front-End-Varianten zu bestehenden Transaktionen zu bauen.

Diese Varianten, bestehend aus Frontplatte und Modulen dahinter, sind von einer anderen Art als »dieses Gerät möchte ich mit einem anderen Gerät verbinden«. Eine Verbindung herzustellen von einem Radio zum Verstärkersystem, zum Aufzeichnungssystem, zum Fernsehsystem ist ja etwas qualitativ anderes, als eine neue Frontplatte zu einem Gerät zu machen. Nur weil wir immer gesagt haben, wir haben jetzt neue Usergruppen. Zum Teil genügt es, dass wir einfach verschiedene Front-End-Bedienungsplatten für die gleichen bestehenden Module machen. Und dann, wenn Programme untereinander kommunizieren, müssen natürlich sorgfältig gebaute Schnittstellen eingesetzt werden, denn Programme sind sehr empfindlich, wenn sich Schnittstellen ändern. Also muss ich diese Schnittstellen viel sorgfältiger konstruieren.

**Scheer** Wobei die Schnittstellen in kaufmännischen oder in Logistiksystemen ja komplizierter sind als zwischen Geräten der Unterhaltungselektronik.

**Plattner** Wesentlich komplizierter. Wenn man nur geringfügig in der Definition einer Schnittstelle danebenliegt, dann wird sie eben nicht verwendet, und man kann schon wieder eine neue bauen. Das ist das große Problem mit Schnittstellen. Auf was kann man verzichten, damit die Schnittstelle nicht überkompliziert wird? Also ganz leicht werden Schnittstellen überkomplex.

**Semantische Bestimmtheit von Schnittstellen**

**Wendt** Sie haben vorhin gefragt, ob die sogenannten weichen Schnittstellen irgendeine Tradition des Softwaremachens, der Informatik bzw. des Informatikselbstverständnisses berühren. Wenn es um Schnittstellen geht, muss man immer fragen, was die Schnittstelle funktional anbietet. Die Frage nach der Funktionalität ist unabhängig von der Frage, wie das Verhalten von Bausteinen softwaretechnologisch realisiert wird.

Bei den Hardware-Schnittstellen haben wir inzwischen gelernt, diese beiden Fragen klar auseinanderzuhalten. Denken Sie beispielsweise an einen Bus – einen Hardwarebus, bei dem es Steckplätze gibt, in die man mit elektronischen Bauteilen bestückte Platinen hineinstecken kann. Bei der Spezifikation eines solchen Busses wird nur das Kommunikationsprotokoll festgelegt, nicht aber die Semantik der ausgetauschten Informationsinhalte. Deshalb eignet sich ein solcher Bus auch für die Kommunikation einer extrem breiten Palette unterschiedlich mächtiger Geräte. Da kann ein sehr mächtiges, fehlertolerantes, flexibles und adaptives, also lernfähiges Gerät neben einem ganz primitiven Gerät hängen. Die Gerätefunktionalität geht in die Beschreibung der Schnittstelle nicht ein. Und die Schnittstellen sind dann besonders gut, wenn man nachträglich noch eine große funktionale Vielfalt ins Spiel bringen kann, die man bei der Schnittstellenspezifikation noch nicht denken konnte.

Man darf die Spezifikation von Schnittstellen nicht auf die Kommunikationssemantik beschränken, die einem einfällt, wenn man seine Phantasie spielen lässt. Denn es wird einem garantiert ein wenig später ein erwünschter Kommunikationsinhalt einfallen, den man dann ausgeschlossen hätte. So wird man bei einer guten Schnittstelle ganz allgemein festlegen, dass es Funktionsaufrufe gibt, ohne aber festzulegen, was das für Funktionen sind. Und man wird einplanen, dass zu dem Funktionsaufruf Parameter mitgeliefert werden müssen, wobei man aber zweckmäßigerweise die Anzahl der Parameter offen läßt. Wenn man eine solche Schnittstelle spezifiziert, dann hat man nichts über die Semantik der Funktion und ihrer Parameter gesagt, sondern man hat sich lediglich auf die aus der Mathematik stammende Semantik der beiden Wörter »Funktion« und »Parameter« gestützt.

Beispielsweise bietet das System CORBA derartige Schnittstellen zur Kommunikation verteilter Objekte. Die Semantik der aufgerufenen Funktionen ging in die Spezifikation von CORBA nicht ein. Derartige Schnittstellen haben eine lange Lebensdauer. Auf solche Schnittstellen kann man getrost große Systeme aufsetzen. Würde man dagegen in die Schnittstellen bereits semantische Festlegungen einbauen, kann man vorhersagen, dass einem sehr bald etwas einfällt, wo man sagen wird, jetzt bräuchte ich eigentlich dies oder jenes noch, und das geht dann eben nicht mehr.

Entsprechendes gilt ja auch für den Sprachentwurf, also für den Entwurf von Programmiersprachen und Spezifikationssprachen. Die Semantik solcher Sprachen muss eine sehr generische Semantik sein. Man darf da nur ganz abstrakt sogenannte Metabegriffe einbringen und darf nicht konkret werden. So kennt beispielsweise eine Programmiersprache nur ganz wenige Datentypen, aus denen man beliebige andere Datentypen zusammensetzen kann, d. h., die Programmiersprache ist auf beliebige Erweiterbarkeit angelegt.

Und ich bin überzeugt, dass ein guter Softwarearchitekt die Notwendigkeit immer vor Augen haben muss, die semantische Vielfalt des aufzusetzenden vom tragenden Protokoll zu trennen. Wenn er das nicht schafft, hat er eine schlechte Schnittstelle bzw. ein schlechtes Trägersystem gebaut. Dies gilt auch für ein System der Art, von der Sie gerade sprachen, welches einen lernfähigen, adaptiven Kern enthält, der alle möglichen kleinen Spezialperipherieprozesse bedienen kann. Die Adaptivität des Kerns, die darin besteht, dass der Kern auch mit überraschendem Peripherieverhalten klar kommen muss, welches nicht planbar war, darf nicht in die Schnittstelle gelegt werden, sondern muss als funktionelle Erweiterung im Innern des Kerns realisiert werden.

**Plattner** Ich sehe das Gesagte die ganze Zeit vor dem Hintergrund unserer BAPIs. Wir haben doch die Vielfalt der verschiedenen betriebswirtschaftlichen Funktionen – da gibt es fast eine unendliche Vielfalt –, und wir müssen den semantischen Inhalt der einzelnen BAPI-Schnittstellen definieren. Und da trifft alles zu, was Sie gesagt haben: In dem Augenblick, wo man sich festlegt, weiß man auch schon, dass es mal Änderungen geben wird, dass man mit der Inkompatibilität irgendwie fertig werden muss.

**BAPIs**

Nach der Normung zu rufen, hilft vielleicht ein bißchen. EDI hat natürlich ganz viel geholfen, denn je mehr Unternehmen miteinander elektronisch reden, desto mehr wird es sich herausbilden, dass man bestimmte Dinge nicht immer wieder neu definiert, sondern erwartet, dass der Partner eine Schnittstelle dieser Art hat. Das Primitivste wäre beispielsweise, dass ich eine Adresse irgendwo ablegen kann in der Annahme, dass der andere versteht, was die Adresse ist, so dass er damit weitermachen kann. Einige dieser Dinge sind ja auch schon genormt und werden zunehmend genutzt.

**Scheer** Wobei es eben auch sehr wichtig ist, so eine EDI-Schnittstelle intern zu nutzen für die eigene Systementwicklung, selbst wenn man gar keinen externen Datenaustausch machen will. Dann hat man einen Standard, den man einfach zum Datenaufbau benutzt, anstatt dass man sich das stets wieder frei überlegt. Aber trotz der generischen Schnittstellen muss ja bei einem Datenaustausch doch die präzise Verständigung her, d. h., es muss Transformationsvorgänge beim Empfänger oder beim Absender geben.

**Plattner** Also wann immer wir heute Schnittstellen machen und zwei Systeme koppeln, müssen wir darauf achten, dass die Ausgangsseite A schnittstellengerecht ist für die Anwendung B auf der Eingangsseite. Bei allen Anwendungen, die wir jetzt koppeln, liegt fast immer die Situation vor, dass, auch wenn der andere auf seiner Ausgangsseite in BAPIs denkt, diese BAPIs nicht kompatibel sind mit unseren SAP-Eingangs-BAPIs, so dass wir ein Stück Software dazwischen brauchen.

**Wendt** Dabei handelt es sich nicht um generierbare Software. Da muss der Mensch, der Programmentwickler die semantische Anpassung machen.

**Plattner** Ja.

**Scheer** Wenn man die BAPIs jetzt noch stärker generisch machen würde, würde dieser individuelle Aufwand noch größer werden. Wenn die BAPIs semantisch relativ hoch liegen und der Absender die Spezifikationen kennt und sich an ihnen hält ...

**Plattner** Ja, dann reduziert sich der Aufwand.

**Scheer** Und wenn er es nicht merkt, kriegt er natürlich irgendwelchen Schrott.

**Die Angst der Systemhersteller**

**Plattner** Das ist jetzt die Bewegung. Deswegen sprießen auch überall in der Welt die Firmen hervor, die Schnittstellentechnologie entwickeln. Sie verbinden zwei Systeme, obwohl sie von den eigentlichen Systemen nicht so furchtbar viel verstehen. Das ist ein psychologisches Problem der Systemhersteller. Systemhersteller A und Systemhersteller B haben eigentlich beide panische Angst davor, an der Verbindung ihrer Systeme zu arbeiten, denn sie haben ja jeweils noch andere

Partner, und sie befürchten, dass, wenn sie das mit einem machen, sie es mit anderen auch machen müssen.

Das n:m-Verhältnis ist ein Problem in der Softwareentwicklung. Auf der einen Seite wollen wir Wettbewerb haben, und es gibt mehrere ERP-Angebote und mehrere Front-End-Angebote, und nun muss jeder Front-End-Anbieter mit jedem ERP-Anbieter arbeiten können und umgekehrt.

**Von richtigen und falschen Analogien**

**SCHEER** Nun sind wir in einem sehr komplexen Problemfeld: heterogene Software, die wir miteinander verbinden wollen, wobei gleichzeitig integrierte Prozesse darüber abgewickelt werden sollen. Da arbeitet man ja gerne mit Bildern und Analogien. Das haben wir vorhin ja auch gemacht. Weil wir es bei der Software schlecht erklären können, gingen wir auf das Radio. Solche Analogien helfen, aber manchmal führen sie auch in die Irre. Wenn wir den Receiver auch mit dem Lautsprecher und dem Tapedeck verbinden wollen, dann liegt die einfache Lösung tatsächlich nahe, dass man kompatible Stecker nimmt.

**PLATTNER** In der analogen Welt war es relativ einfach, in der digitalen Welt ist es jetzt schon etwas schwieriger.

**SCHEER** An einem Radio befinden sich nur wenige Anschlüsse, da weiß ich, wo ich den Lautsprecher anbringen kann. Aber in der Anwendungssoftware sind ja die Verbindungen um Welten komplizierter. Das Beispiel, das bei der Betrachtung des Anschlusses von Front-Ends noch gepasst hat, passt für die Verknüpfung von Komponenten nicht mehr so gut.

**PLATTNER** Jetzt bauen wir Komponenten in OO-Technologie, wodurch die Komponenten leicht erweiterbar sind, und nun müssten doch diese Komponenten relativ einfach über eine allgemeine Schnittstellenarchitektur zu verbinden sein. Wir kriegen also schnell die Komponenten in einer geeigneten Programmiersprache programmiert, und wir kriegen auch schnell eine Schnittstellenarchitektur definiert. Trotzdem ist es noch nicht gelungen, dass die einzelnen Komponenten miteinander reden, weil die Komplexität des semantischen Austauschobjekts zu hoch ist.

**Komponenten sind keine Lego-Bausteine**

**Scheer** Halten wir das doch mal fest. Es ist falsch zu sagen, wir könnten Software bauen, die wir zusammenstecken wie bei der Unterhaltungselektronik Lautsprecherboxen mit Receivern. Es ist falsch zu sagen, wir könnten Software bauen, die wir zusammenstecken wie Komponenten aus dem Lego-Baukasten. Weil einfach die Bilder nicht stimmen. Denn Lego-Bausteine haben keinen Inhalt, sie sind nur Formen, alle einander gleich. Während Module, die wir in der Anwendungssoftware haben, durch ihre Semantik und durch ihre Syntax bestimmt sind.

**Plattner** Also die Vorstellung vom Lego-Baukasten passt bestimmt nicht. Da ist ein modernes digitales Audio/Videosystem schon eine Stufe höher. Dort existieren Datenströme, die umgesetzt werden müssen, bis ein Bild oder ein Ton entsteht. Ohne Kenntnis des Protokolls kann die Umsetzung nicht erfolgen. Hier können wir die Problematik studieren, wobei wir bedenken müssen, dass unsere betriebswirtschaftliche Schnittstellenproblematik von der Komplexität noch um zwei oder drei Zehnerpotenzen höher liegt.

**Wendt** Ich möchte da doch gerne zwischen zwei Szenarien unterscheiden. Zum einen gibt es die Komponentendenkweise innerhalb einer großen Firma, die ihre Systeme natürlich nach einer hausinternen Norm gestalten und damit ihre Systeme flexibel aus Komponenten zusammenstecken kann. Zum anderen gibt es den Systemhersteller, der behauptet: »Unsere Module sind kompatibel mit den Modulen der Konkurrenz«. Das zweite ist sicher sehr viel schwieriger zu erreichen als das erste. Betrachten wir wieder den Bereich von Audiogeräten. Da wird es sicher eine hausinterne Norm geben, so dass alles, was eine Firma herstellt, Lautsprecher, Verstärker, Tuner und anderes, wunderbar zusammenpasst. Noch beim neuesten Lautsprechermodell ist der bisherige, passende Stecker dran.

Aber wehe, es kommt jemand mit einem Radio von der Konkurrenz, dann passt der Stecker schon nicht mehr. Dennoch ist es für eine Firma immer eine gewaltige Erleichterung, wenn es hausinterne Steckernormen gibt und nicht die Komponenten einzeln zusammengeschweißt werden.

**Scheer** Das ist, glaube ich, unumstritten. Wir sind jedoch mit der Frage, wo die Bilder stimmen und wo sie nicht mehr stimmen, noch nicht fertig. Manchmal wird man durch Analogien, die nur teilweise stimmen, plötzlich in die Irre geführt. So findet man das falsche Bild vom Lego-Baukasten immer noch ständig in der Literatur. Aber wo finden wir Beispiele, die wieder gut passen und von denen wir auch für unsere Problematik etwas lernen können? Gehen wir also in den Bereich komplexerer Systeme, nehmen wir beispielsweise die Automobilindustrie.

**Plattner** Oder, noch besser, die Flugzeugindustrie.

**Analogie: Flugzeugbau und Software Engineering**

**Scheer** Ja, zu dieser Komplexitätsstufe möchte ich hinkommen. Da finden wir dann auch Zusammenarbeitsformen zwischen den unterschiedlichen Partnern, dem Komponentenhersteller und dem Montierer. Da gibt es Begriffe wie Simultaneous Engineering, Concurrent Engineering usw.

**Plattner** Ich glaube, das ist das Stichwort. Eine Welt, in der man Softwarekomponenten wie Lego-Bausteine zusammenstecken kann, die jedes Kind zusammenstecken kann, die gibt es nicht. Aber auch eine Welt, in der man Softwarekomponenten wie PC-Komponenten zusammenstecken kann, was jeder technich engagierte Jugendliche machen kann, die gibt es auch nicht. Die Software ist viel komplizierter.

In ganz einfachen Fällen mag das PC-Modell noch ausreichen, im allgemeinen jedoch nicht, da ist das Softwarekomponenten-Problem wesentlich komplizierter. Neben dem Aspekt, dass über die Schnittstelle hinweg zwischen Komponenten der semantische Inhalt einer Information verstanden werden muss, kommt noch der Aspekt hinzu, dass die Systeme bestimmten Sicherheitsanforderungen genügen müssen. Dabei denke ich nicht nur an Benutzerberechtigungen, sondern auch an die betriebliche Relevanz der Inhalte, die über Schnittstellen transportiert werden. Da muss es eine übergeordnete Instanz geben, die diese Betriebssicherheit gewährleistet. Hierfür ist ein enormer Engineeringaufwand erforderlich.

Deshalb passt auch das Bild vom Flugzeug sehr viel besser als das Bild vom Auto. Das Auto ist zwar auch ein komplexes technisches Produkt, aber hier liegt der Fokus im wesentlichen auf der Produktion. Das Auto wird ja einmal gebaut und dann im wesentlichen nicht mehr verändert. Es wird nur noch repariert. Ein Flugzeug dagegen wird über eine Lebensdauer von 25 Jahren doch signifikant in Teilkomponenten geändert. An einem Flugzeug kann ich andere Triebwerke anbringen, ich kann die Elektronik verändern, ich kann die Innenausstattung verändern und sofort. Deshalb gefällt mir die Analogie vom Flugzeugbau für das Software Engineering wesentlich besser.

**Rollen in der Flugzeugindustrie**

Da fällt gleich einmal auf, dass der Flugzeugbauer die Oberverantwortung dafür übernimmt, dass das Zusammenspiel aller Komponenten ein sicheres Flugzeug ergibt. Es kommt gar nicht darauf an, welche Komponenten er selber baut, sondern es kommt darauf an, dass das Flugzeug als Ganzes sicher ist. Die Vorschriften sind in diesem Bereich sehr streng, denn ein Flugzeugunfall hat meist fatale Folgen für die Beteiligten. Es gibt hier eine reale Bedrohung, ein Worst-Case-Szenario, das unter allen Umständen vermieden werden muss. Vor diesem Hintergrund muss man die Aufteilung des Systems in Komponenten und das Zusammenspiel der Komponenten betrachten.

Im Flugzeug gibt es auch erhebliche Kommunikationsströme, d. h., das semantische Austauschvolumen ist in einem Flugzeug schon recht groß, aber immer noch um mehrere Zehnerpotenzen unter dem, was wir hier in der betriebswirtschaftlichen Software haben. Was bei diesem Bild sicher ganz klar ist: Kein Mensch kommt auf die Idee, dass er in seiner Garage ein Flugzeug zusammensetzen könnte, weil ja das Flugzeug aus Komponenten über definierte Schnittstellen zusammengesetzt sei. Kein Mensch kommt auf die Idee, das Lego-Bild beim Flugzeugbau zu verwenden. Eigentlich müssten wir einmal die Anzahl der Schnittstellen eines Flugzeuges und die semantische Komplexität dieser Schnittstellen darstellen und im Vergleich zu den Schnittstellen innerhalb eines SAP R/3-Systems bewerten. Beim Flugzeugbau kommt keiner auf die Idee, das bei sich zu Hause in der Garage zu machen, allein schon wegen der Sicherheit nicht, d. h., weil sich kein Testpilot finden wird.

Und weil das so ist, bildet sich hier eine Ingenieurgemeinschaft heraus. Die einen machen das Design des ganzen Flugzeuges; die haben eher die Verantwortung dafür, dass das Produkt am Markt verkaufbar ist, d. h., dass es für das Produkt einen Markt gibt. Andere kümmern sich darum, dass das Flugzeug weiter gewartet wird und stellen den Service weltweit zur Verfügung, sie sind also auch für die Infrastruktur verantwortlich. Des weiteren sind sie verantwortlich für das Zusammenspiel der einzelnen Komponenten, sie machen einige der Komponenten selber, andere Komponenten bestellen sie von Komponentenherstellern.

**Leitidee der Virtual Company**

Aber zwischen dem Flugzeughersteller und dem Komponentenhersteller und auch zwischen den Komponentenherstellern untereinander findet ein reger Engineeringaustausch statt. Die arbeiten zusammen, um die Schnittstellen passend zu machen. Es gibt also diese Virtual Company, die die Komponentenhersteller zusammenbringt. Sowohl der Flugzeughersteller als auch die Komponentenhersteller tragen zur Arbeit im Engineering-Team bei. Es ist völlig undenkbar, dass einfach Komponenten aus dem Katalog genommen werden, in einen Einschub gesetzt werden, und fertig ist das Steuerungssystem für dieses Triebwerk in diesem Flugzeug.

**Scheer** Wäre das nicht das Vorbild für die Softwareentwicklung der Zukunft, Herr Wendt? Dass man sagt, die Partner kennen sich, sie verabreden sich, und ein Partner wird nur dann in einen solchen Engineering-Verbund aufgenommen, wenn er seine Qualität nachweist, wenn er auch eine solide Zukunftsplanung nachweist, die garantiert, dass er auch dauerhaft als Partner verfügbar bleibt. So dass sich Entwicklungsnetze bilden, die aber doch strategische Bedeutung haben und wo die Partner nicht beliebig ausgewechselt werden können.

Dieses Bild mit den Komponenten-Bibliotheken, die im Internet stehen und in denen man die Komponenten findet, die man nur noch zu einem System montieren kann, muss man dann als unrealistisch abtun.

**Wendt** Ja, so ist es. Herr Plattner hat vollkommen recht. Das Bild von dem komplizierten großen Flugzeug ist das passendere Bild. Da gibt es eben doch diesen großen Verantwortlichen, heiße er nun Airbus Industries oder Boeing, der liefert das Flugzeug aus. Er stellt selbstverständlich nicht alle Komponenten selbst her; so bestellt er beispielsweise Reifen oder Räder für die Fahrwerke. Die Ingenieure der großen Firma verhandeln zwangsläufig mit den Ingenieuren der kleineren Zulieferfirmen, denn die Schnittstellenanpassung geht nur im direkten Informationsaustausch. Die Fahrwerkspezialisten beim Zulieferer wissen eben gewisse Dinge besser als der Großdesigner bei Boeing. Trotzdem liegt am Schluß die Gesamtverantwortung immer noch bei Boeing.

**SAP in Analogie zu Boeing**

Ich sehe SAP in Analogie zu Boeing. Da gibt es viele kleinere Komponenten-Zulieferer, die aber nicht einfach ihre Komponenten in einen Katalog stellen, so dass man sie bestellen kann wie bei Quelle. Sie klären mit SAP ab, für welche Schnittstellen sie Komponenten liefern. Da muss auch die Frage beachtet werden, wie langfristig eine Lieferfirma verfügbar sein muss – bei der Hardware ist das schon ein bißchen anders als bei der Software. Wenn man das so läßt, wie es heute ist, dass in vielen Softwarequelltexten nur noch der

Programmierer sich auskennt und sonst überhaupt niemand mehr, dann muss man ja eigentlich ein Gebet zum Himmel richten, dass der Programmierer möglichst lange lebt und dass man immer noch Zugriff auf ihn hat. Diese Misere sollte eigentlich in absehbarer Zeit ein Ende haben.

Es muss ein Zustand erreicht werden, wie er in der Flugzeugindustrie selbstverständlich ist, dass man auf Engineeringpläne zurückgreifen kann, so dass man, wenn der Entwickler nicht nicht mehr verfügbar ist, auf die Dokumentation zurückgreifen kann, um die Entscheidungen des Entwicklers nachzuvollziehen. Ich sehe die Situation der Großsoftware, der komplexen Software genauso, wie Herr Plattner sie sieht.

**Ingenieur vs. Mathematiker**

Ich meine, dass in der Informatik viele Wissenschaftler dies nicht so sehen konnten, weil sie aus der Mathematik kamen. In der Mathematik gibt es keine arbeitsteilig zu lösenden Aufgaben. In der Mathematik macht der eine Mensch seinen Beweis; und wenn er ihm einfällt, ist es gut, und wenn er ihm nicht einfällt, hat er eben Pech gehabt. Er kann aber nicht zweitausend Leute einstellen und sagen, jetzt machen wir den Beweis mit zweitausend Leuten.

Beim Flugzeugbau dagegen wissen wir, dass sehr viele verschiedene Fachleute mit unterschiedlichem Spezialwissen beteiligt sind, und bei der Großsoftware ist es ebenso. Und deswegen schaut Herr Plattner als Ingenieur da ganz anders hin, als es ein Mathematiker tut. Und ich glaube, dass dieser Blick absolut notwendig ist.

**Plattner** Wobei der Umkehrschluß sicher nicht richtig ist, dass Mathematiker nicht in der Lage wären, wie Ingenieure zu arbeiten.

**Wendt** Selbstverständlich kann ein Mathematiker zum Ingenieur werden.

**Plattner** Bei SAP gibt es viele Beispiele dafür: Henning Kagermann, theoretischer Physiker, Klaus Tschira, Experimentalphysiker, Peter Zencke, Mathematiker und Betriebswirt, oder Hopp – nein, der ist Ingenieur.

**Scheer** Wobei es auch in der Mathematik Aufgaben gibt, bei denen man Parallelisieren und Separieren muss, um sie überhaupt in vernünftiger Zeit lösen zu können. Ich denke an große Optimierungssysteme – nicht bei der Beweisführung, aber bei der rechnerischen Bewältigung hinterher.

**Partnerschaften in der Softwareindustrie**

Aber ich möchte gerne noch einmal auf unser Bild zurückkommen, weil wir ja gesagt hatten, dass wir diese Vergleiche darauf hin untersuchen wollen, wo sie stimmen und wo sie nicht stimmen. In der Flugzeugindustrie haben wir jetzt gute Parallelen gefunden bezüglich der Komplexitätsbewältigung, aber es ist ja doch eine andere Art der Produktentstehung oder der Produktfertigung. Dort haben wir repetitive Vorgänge. Das gibt es ja in der Software eigentlich nicht.

Bei der Software sind es immer nur Forschungs- und Entwicklungspartnerschaften, während in der Flugzeugindustrie ein Komponentenhersteller neben seiner Entwicklungskompetenz hinterher auch noch seine Produktionskompetenz einbringt, weil er Maschinen hat und ein Fertigungs-Know-how. Dies gibt es ja bei der Softwareentwicklung nicht. Ein Partner, der mal sein Know-how eingebracht hat, kann sich hier nicht repetitiv auf seine Produktionsressource stützen, sondern muss eigentlich wieder neues Know-how einbringen, um wieder interessant für die Partnerschaft zu sein.

**Plattner** Nehmen wir mal die Partnerschaften, die SAP hat, die Partnerschaften mit den Datenbankherstellern oder die Partnerschaft mit Herstellern von Office-Komponenten.

Die Partnerschaften zu den Datenbankherstellern bestehen schon seit 15 Jahren. Es gibt jedoch immer wieder Weiterentwicklungen, teilweise erhebliche Entwicklungen technischer

Art, aber auch logischer Art. Darauf müssen wir immer wieder eingehen. Dann müssen wir uns wieder zusammensetzen. Also das ist schon sehr analog mit Vorgängen bei der Flugzeugentwicklung: Austauschen des Triebwerks oder Austauschen der Steuerungselektronik oder der Navigationselektronik. Das fußt doch in einem starken Maße auf dem, was man das letzte Mal zusammen gemacht hat, und es ist nicht völlig neu. Es ist aber immerhin so viel Neues dabei, dass wieder ein erheblicher Engineeringaufwand erforderlich ist, um eine neue Kombination zu entwickelt.

Also ich glaube doch, dass es so etwas gibt: Produkte, verkaufsfähige bzw. einbaufähige Komponenten in der Software, die über lange Jahre hinweg in ihrer Beziehung zu der nächst größeren Integrationskomponente betrachten werden müssen und die vom Lieferanten und vom Nutzer gemeinsam entwickelt werden müssen.

**Hardware- und Softwarebranche**

**Scheer** Gehen wir mal historisch zurück. Da hatten wir früher bei der Hardware diese vertikale Struktur: Ein Hardwarehersteller baute eben alles vom Prozessor angefangen bis zur Peripherie. Inzwischen aber gibt es die horizontale Struktur, bei der es jetzt Fertiger gibt, die machen die Chips, ein anderer macht die Festplatte, und der nächste macht noch was anderes, und schließlich gibt es die Großen, die die Komponenten zu den Systemen zusammenmontieren. Und dies funktioniert tatsächlich, weil hierfür der Satz von Herrn Wendt gilt: Je weniger Semantik die Schnittstellen haben, desto leichter ist eine Komponentenzerlegung.

Bei der Hardware sind wir auf der technischen Ebene, wo eben Signale ausgetauscht werden, die man relativ einfach beschreiben kann. Bei unseren inhaltlichen Anwendungen, wo immer stark semantisch Bestimmtes ausgetauscht wird, bleibt vielleicht doch, neben dem Trend, ein System in Komponenten zu separieren, die Notwendigkeit, dass die Partner Spezialwissen haben müssen.

**PLATTNER** Da kann durchaus der Kommunikationsanteil teurer sein als das Bauen der Komponenten.

**SCHEER** Ja, aber trotzdem gibt es immer wieder eine Bestrebung zur Vereinheitlichung.

**Semantische Synchronisation**

**PLATTNER** Das ist richtig. Wir sehen das jetzt gerade bei den New Dimension-Anwendungen, also dem Business Information Warehouse (BW), Sales Force Automation (SFA) oder dem Advanced Planner and Optimizer (APO). Das Kommunikationssystem dazwischen, wie es Peter Zencke einmal genannt hat, ist nicht nur die Steckerverbindung der Systeme, sondern der Vorgang, dass sich die Systeme synchronisieren. Dass sie in der Lage sind, untereinander Informationen auszutauschen. Was müssen sie wissen? Nehmen wir jetzt mal ein Advanced Planner and Optimizer-System und ein R/3-System. Was müssen die voneinander wissen, damit sie überhaupt miteinander reden können?

Sie müssen zumindest wissen, für welche Firmen sie eigentlich arbeiten, in welchem Umfeld sie arbeiten. Eine ganze Reihe beschreibender Stammdaten aus dem R/3-System müssen auch dem APO-System zugänglich sein, sonst weiß diese Komponente nicht, in welchem Kontext sie eingesetzt wird, d. h., dann sind die Komponenten nicht synchron. Der Advanced Planner and Optimizer versteht dann die zum großen Teil ja kodiert übertragenen Informationen nicht, weil er sie nicht dekodieren kann. So versteht er beispielsweise nicht, was Buchungskreis 07 ist, wenn er nicht weiß, dass Buchungskreis 07 nun zufällig England ist. Wir haben diese Synchronisation einmal semantische Synchronisation genannt. Hierfür ist ein erheblicher Aufwand erforderlich.

Auch wir Menschen müssen das erst mal praktizieren, bevor wir wirklich kommunizieren können. Wir sprechen zwar beide deutsch, aber wir müssen zuerst immer unsere Begriffswelt justieren, damit wir wissen, was wir meinen, wenn wir bestimmte Wörter verwenden. Wenn wir beispielsweise

Stadt sagen, dann könnte es sein, dass wir eine große Stadt meinen, eine kleine Stadt oder genau die Stadt Berlin. Wenn wir uns geeinigt haben, dass wir über Berlin sprechen, dann ist es klar, dass wir Berlin meinen, auch wenn wir Stadt sagen.

Eine derartige Synchronisation muss zwischen den Systemen stattfinden, und zumindest der Austausch der Information, die dieser Synchronisation dient, muss genormt sein, sonst reden die Systeme aneinander vorbei. Und in einem Netz aus Anwendungskomponenten gibt es ja nicht nur zwei Partner, sondern wir sehen da alleine in unserem Netz mindestens zehnmal so viele Systeme, die miteinander mehr oder weniger frei kommunizieren sollen. Da müssen wir einen erheblichen Aufwand treiben für die semantische Koordination, damit alle kommunizierenden Komponenten bezüglich der Grundbegriffe auf dem gleichen Stand sind.

**Componentware**

**Scheer** Da haben wir also den Gegensatz, dass zum einen alle über Componentware reden und auch Beispiele dafür finden, wo man die Vorteile sieht, dass aber zum anderen der Koordinationsaufwand bei diesen Komponenten hinterher dermaßen groß sein kann, dass unter Umständen eine zentrale Lösung doch die einfachere wäre.

**Plattner** Ja, wo zumindest einer die zentrale Engineeringverantwortung für die Integration der Komponenten hat. Und jetzt sehen wir auch ganz klar, wo die Integration von Komponenten schnell vorangeht, nämlich dort, wo die Schnittstelle nicht viel davon wissen muss, was eigentlich hin und her geht. Dies ist zum Beispiel bei unseren Office-Objekten der Fall. Wenn ich also ein Office-Objekt, also Text, mit einer Business-Transaktion verbinde, dann weiß unsere Transaktion ja nicht, was in dem Text drin steht, nur der Leser kennt die Bedeutung des Textes.

**Scheer** Gleiches gilt für die Datenbank. Die hat ja auch keinen Zugang zur Semantik der Inhalte.

**Plattner** Wir hatten ganz am Anfang das Bild mit der digitalen Kamera und dem Foto vom Schiffsmast. Da wird der Datenstrom vom technischen System überhaupt nicht interpretiert. Die Schnittstellen, über die das Bild weitergegeben wird, sind relativ einfach. Und deshalb geht die Integration in solchen Systemen sehr schnell. Dagegen erforderte die Integration zwischen SAP und einem Planungssystem wie I2 oder Manugistics einen erheblichen Aufwand, auch schon bei der Schnittstelle der ersten Generation, von der alle gewußt haben, dass die noch nicht befriedigend ist.

Und deswegen ist für mich die Vorstellung völlig unrealistisch, dass man betriebswirtschaftliche Komponenten, die eine viel höhere Komplexität als die einfachen Office-Anwendungen haben, einfach zusammenstecken kann. Vielmehr ist damit zu rechnen, dass der Aufwand des Zusammenbaus so hoch oder gar noch höher ist als der für das Erstellen der Komponenten selbst. Das ist genau der Punkt, wo man sich überlegen muss, ob man nicht eine solche Komponente selbst baut, auch wenn es sie schon gibt.

Zukünftig, glaube ich, wird sich eine Industrie langsam, aber sicher herausbilden, die komplette Komponenten an andere verkauft, ohne selbst eine Beziehung zu den Kunden zu haben. Sie liefern also an einen Kunden, der jetzt um diese Komponente herum andere Komponenten ansiedelt und dann ein Produkt macht für den Endbenutzer.

**Nochmals: Standards tun Not**

**Scheer** Die Frage ist ja, ob diese Komplexität, die wir hier beschrieben haben, in den betrieblichen Anwendungen begründet ist oder ob sie nur daher kommt, weil keine Standardisierungen stattfinden. Es kann mir doch keiner erzählen, dass eine Buchhaltung so etwas fürchterlich Kompliziertes ist. Nur hat man eben Freiräume, Freiheitsgrade in der Anwendung, da muss man eben sehr viel darüber wissen, wie diese Freiheitsgrade genutzt wurden. Da gibt es sehr viel Willkür in der Gestaltung einer solche Anwendung.

Wenn es aber Standards gäbe, wie man die Datenstrukturen inhaltlich auch beschreibt, wie man bestimmte Algorithmen festlegt, wie eine Buchhaltung funktioniert, wie eine Kostenrechnung funktioniert, dann kann ich die Schnittstellen auch einfacher machen, denn dann weiß ich einfach, aha, da wird hinterher die Kostenrechnung nach DIN abgewickelt. Ich brauche dann nichts weiter darüber zu wissen, wie das im einzelnen abläuft, weil das ja standardisiert ist. Und ich glaube, dass das eben ein Hemmfaktor ist, der nicht unbedingt notwendig ist. Ich glaube nicht, dass die betrieblichen Anwendungen in allen Fällen so notwendig verschieden sein müssen; da könnte ich mir durchaus Standards vorstellen.

Möglicherweise setzen sich Industriestandards durch, dann weiß ich einfach, aha, das geht im Stile der SAP-Buchführung, und dann brauche ich mir keine weiteren Gedanken mehr zu machen, weil ich die Arbeitsweise kenne. Und wenn das der weltweite Standard wird, dann kann ich eben verschiedene Komponenten miteinander verbinden. Solange das aber nicht der Fall ist, habe ich eine scheinbar hohe Komplexität, eine, die nicht unbedingt notwendig ist. Und es wurde ja schon gesagt, dass es wahrscheinlich dort anfängt, sich durchzusetzen, wo man Inhalte schon ganz gut kennt oder wo sie einfach sind.

**Plattner** Ja, aber die Aufbruchstimmung, die jetzt vorherrscht, geht überall hin, und sie geht eben auch in die kompliziertesten Bereiche hinein. Nehmen wir mal das Product Data Management (PDM), also den Ort, wo Designsysteme, Ingenieur-CAD-Systeme und Manufacturing-, Verwaltungs- und Planungssysteme, wie wir sie bauen, zusammenkommen. Das ist doch eine erhebliche Komplexität an Information, die hier ausgetauscht werden soll. Die Frage ist, wer eigentlich das Leitsystem zu verantworten hat.

**Scheer** Ja, das ist genau die Frage. Man setzt doch ein System dazwischen. Das PDM-System ist doch eigentlich nichts anderes als ein Lexikon, das zwischen dem Logistiksystem und dem Designsystem sitzt, weil die sich eben nicht direkt verständigen können. Deshalb setze ich eine semantische Schnittstelle dazwischen.

**Plattner** Aber wie sieht das jetzt konkret aus? Es geht nicht, ohne dass sich mindestens zwei Hersteller in diesem Bereich zusammentun und sagen: Wir lösen jetzt dieses Problem, und wir lösen es so, dass die Verknüpfung nicht eine Notlösung ist, sondern dass es eine konstruktive Lösung ist. Dabei müssen wir auch darauf achten, dass wir uns gegenseitig respektieren, uns nicht gegenseitig auf die Füße treten und dadurch die Kooperation verhindern.

Also ich weiß nicht, wie die Automobilindustrie das erreicht hat, aber es wäre einmal interessant nachzuprüfen, wie die Firma Bosch der Firma Daimler klargemacht hat, dass Bosch keine Autos bauen wird, obwohl Bosch 50% der Komponenten eines Autos herstellt. Bosch kommt nicht auf die Idee, um diese Komponenten Blech drum herum zu bauen und Bosch-Autos in Konkurrenz zu Daimler anzubieten.

**Das Problem in der Softwareindustrie**

Schauen wir dagegen einmal in die PC-Industrie. Die Situation ist ja nicht so weit weg davon, dass Intel ein PC- oder Rechnerhersteller ist. Sie bauen eigentlich Rechner, inzwischen jetzt schon mit Gehäuse, wo dann der Abnehmer nur noch seinen Namen darauf klebt. Ansonsten ist das ganze komplette Gerät bei Intel gebaut worden. Das ist schon eine Bedrohung für die anderen Abnehmer von Intel-Komponenten.

Und das ist in der Software das eigentliche Problem, zumindest glaube ich das. Es ist das Problem, dass jeder Softwarehersteller vom anderen Hersteller weiß, dass der im Prinzip das auch kann, was man selbst macht. Bei den Fertigungsunternehmen hat sich das etwas weiter auseinanderentwickelt. Bei uns ist das aber so, weil Software ja überall ähnlich hergestellt wird, von ähnlichen Leuten. Das eigentliche, was diese Leute unterscheidet, ist der Sachverhalt, dass sie ein anderes

Wissen in ihrem Repository, also in ihrem Kopf, haben. Und vielleicht haben sie auch eine andere Teamtradition.

**Scheer** Genau das meinte ich vorhin. Es handelt sich immer um Forschungs- und Entwicklungspartnerschaften. Es fehlt die andere Komponente, die der Softwarekomponentenhersteller haben müßte, damit es anders wäre, die Fertigungstechnologie. Die gibt es bei der Software nicht. Denn alle Softwareentwickler brauchen ja nichts anderes als ihre zehn Finger. Und die hat jeder. Sie können jederzeit anfangen. Und von daher ist eigentlich der Zwang zu einer Arbeitsteilung oder der Vorteil einer Arbeitsteilung gar nicht so offensichtlich.

Und es sind widersprüchliche Tendenzen. Ich kann outsourcen, ich kann aber nach einiger Zeit auch wieder insourcen. Ich kann einmal versuchen, einen Partner zu finden, der über ein besseres Know-how verfügt. Aber nach einiger Zeit kann es sein, dass ich darüber nachdenke, es wäre doch einfacher, ich integrierte die Aufgaben wieder in meine Unternehmung. Da kann sich eben auch Intel möglicherweise gesagt haben: Ich fang jetzt mal als Chip-Hersteller an, weil sich jetzt gerade der Markt horizontal gliedert, aber hinterher, da könnte ich doch vielleicht noch zusätzlich Gehäuse machen und mir noch ein paar Komponenten von anderen hinzukaufen. Dann könnte ich noch etwas mehr Funktionalität insourcen. Und deswegen glaube ich, dass man keine eindeutigen Trendaussagen machen kann. Man kann nur die Faktoren betrachten, die diesen Markt bestimmen werden, und der wird sich möglicherweise in Komponenten auflösen.

**Der Markt wird neue Rollen erzwingen**

**Plattner** Also ich glaube, dass die nächste Rezession in unserer Industrie das ganz stark triggern wird. Im Augenblick haben wir ja fast keine Rezession, oder es gibt keine richtige Krise. Es geht nicht allen Softwarehäusern gut, aber es gibt sehr viel Hoffnung, dass man mit einer neuen Idee wieder den Durchbruch schaffen kann. Es entwickelt sich so ziemlich alles parallel direkt auf den Kunden zu. Ganz wenige Softwarehäuser konzentrieren sich darauf oder definieren es als ihr Unternehmensziel, Komponenten zu bauen, die wieder von anderen Softwareherstellern genutzt werden. Das ist die klare Minderheit.

Ich glaube, bei der nächsten Rezession, die unsere Branche heimsucht, kommen sehr viel mehr von diesen Softwarefirmen in eine krisenhafte Wettbewerbssituation, so dass sie überlegen werden: Brauchen wir eigentlich einen eigenen Vertrieb, oder müßte das nicht ein ingenieurartiger Vertrieb sein für Wiederverwender unserer Komponenten? Da müßte man mal untersuchen, wie sich das in der Automobilindustrie oder in anderen Industrien entwickelt hat. Beispielsweise ist die Rundfunkindustrie erst sechzig Jahre alt. Wie hat sich dort die Spezialisierung und die Arbeitsteilung eingespielt?

**Zukunft der Softwareindustrie**

**SCHEER** Ist Dein Bild nicht zu optimistisch von der Softwareindustrie? Der große Erfolg der SAP überdeckt natürlich alles andere, was stattfindet. Wenn wir die SAP mal abziehen, haben wir doch in Deutschland eigentlich eher in den letzten fünf Jahren ein Sterben der Softwarehäuser erlebt. Vor zehn Jahren ist die Hardware gestorben, vor vierzehn Tagen wurde nun Nixdorf endgültig beerdigt. Der Rest, der noch da ist, die letzten paar Dinge, die werden wohl auch noch an AT&T verkauft.

**PLATTNER** Gut, aber gleichzeitig gibt es doch ganz viele Softwareunternehmen, die aus dem Boden schießen in Amerika.

**SCHEER** Ja, aber nur da, wo der Markt noch unübersichtlich ist, wo noch keine Struktur da ist. Beispielsweise im Bereich Multimedia, wo man mit einer kleinen Idee jetzt noch gerade etwas bewegen kann und vielleicht hinterher aufgekauft wird.

**PLATTNER** Aber wir haben ja eigentlich eine klassische Aufteilung. Wir haben die Datenbankhersteller und Toolhersteller, und wir haben Anwendungshersteller. Bei den Tools überlappen sie sich ein bißchen. Es gibt doch nun eine Reihe von Datenbankherstellern. Diese haben Produkte zur Wiederverwendung durch andere Softwarefirmen ganz klar zu ihrer Strategie gemacht, und sie waren ja auch sehr erfolgreich. Und Datenbanken wird es auch noch die nächsten dreißig Jahre geben.

**Scheer** Wobei es da auch anfängt, sich zu bewegen. Es gibt ja sogar Datenbankhersteller, die auch Anwendungssoftware machen, und es gibt auch Anwendungssoftwareunternehmen, die Hersteller von Datenbanksystemen aufkaufen.

**Offene Repositories**

**Plattner** Ja, ja, aber deswegen bleibt es dennoch bei der klaren Aufteilung. Die großen Beziehungen von SAP beispielsweise zu den Datenbankherstellern Oracle, IBM und Microsoft – wir haben vier Datenbanklieferanten, die die SAP versorgen, und das funktioniert ja eigentlich sehr gut. Beim Office haben wir eine ähnliche Situation mit Microsoft Office, und ich glaube, dass es jetzt noch mehr Komponenten geben wird. Die ersten zehn Jahre sind wir, glaube ich, daran gescheitert, dass jeder gesagt hat, er habe das Repository. IBM trat mit SAA an, was ja stark auf Componentware ausgerichtet war. Sie sagten aber: »Wir haben das Repository«. Damit war es natürlich unverträglich mit allen anderen, die gleichzeitig auf die Idee kamen und sagten: »Am Anfang ist das Repository«.

**Scheer** Und wie ist es jetzt mit Microsoft?

**Plattner** Microsoft sagt auch: Wir haben das Repository. Aber Microsoft hat von Anfang an gesehen, dass sie nicht alle Repositories der Welt besitzen können. Also müssen sich ihre Repositories untereinander verständigen können. Man kann durchaus ein Objekt bedienen, was nicht physisch im eigenen Repository liegt, sondern in einem anderen. Man muss nur den Ankerpunkt haben. Die Themen sind also offene Repositories und Repository-Schnittstellen. Und auch hier muss man ein paar grundlegende Technologieentscheidungen treffen.

**Aussichten für Komponentenhersteller**

Ich denke an die unselige Geschichte von COM und CORBA. Jetzt haben wir inkompatible Stecker, und das ist eine sehr teure Inkompatibilität. Ich glaube, dass die Hälfte der Komponenten, die wir verwenden könnten, ausfällt, weil sie nicht sowohl in der Microsoft-Welt als auch in der Nicht-Microsoft-Welt verfügbar sind, oder dass wir zwei Stecker bauen müßten in der jeweiligen Welt, anstatt über einen gemeinsamen Stecker gehen zu können. Wenn dieses Problem, welches ziemlich stark in den Händen von IBM und Microsoft liegt, gelöst wäre, dann würden viele von den kleinen Softwarehäusern noch viel mehr in die Richtung gehen, Komponenten zu entwickeln. Nicht nur für den Office-Bereich, sondern auch für andere Bereiche. In diese Richtung bewegen wir uns.

Und dann gibt es die, die einander überlappen; und bei Überlappungen hat das irgendwas mit Auslese und Markt zu tun. Die sich nicht überlappen oder wenig überlappen, haben es vielleicht leichter, Partner zu finden, und können dadurch aufgewertet werden. Es ist ein bißchen so, dass der Zehnkämpfer, der möglichst vieles macht, relativ besser dasteht als der Spezialist. Wenn sich die Marktsituation aber ändert, wenn sich die Komponentendenkweise im Bereich größerer Komponenten durchsetzt und einen signifikanten Anteil bekommt, dann glaube ich, dass auch Komponentenhersteller eine ähnliche Bedeutung erreichen können wie z. B. Bosch oder General Electric, die selber keine Autos oder Flugzeuge bauen.

## Neue Wege gehen: Software Engineering und Management

*In vielen Büchern kann man lesen, der Mitarbeiter sei das Wichtigste usw. Dafür muss man aber etwas tun. Und das ist in der SAP, glaube ich, besser gemacht worden als in manchen anderen Unternehmen. Wir lassen uns nicht durch irgendwelche Managementkochbücher aus dem Ruder bringen. Die SAP ist nicht perfekt, aber immer noch ein tolles Unternehmen.*

Walldorf, den 23.10.1998

**Die Fragestellung**

**PLATTNER** Ich würde gerne etwas zur neuesten Entwicklung der SAP sagen, über die R/3-New-Dimension-Weiterentwicklung und das Wort Business-Szenarien. Ich habe erst mal nur ein Wort erfunden, das Wort Business-Szenarien. Wie machen wir eigentlich aus Sicht eines Anwenders eine ganzheitliche Betrachtung, obwohl die Software in vielen verschiedenen separaten Systemen untergebracht ist? Diese Idee ist beeinflusst vom Internet. Sie hat sich jetzt bei uns festgesetzt und in unserem Denken einen Durchbruch geschaffen.

Wir haben den Begriff Business-Szenarien auf einem Flug nach Los Angeles erfunden und noch im Flugzeug unsere Vortragsfolien entsprechend geändert. Wenn wir Vorstände zusammen fliegen, sind wir extrem produktiv. Als wir das Ergebnis unserer Überlegungen öffentlich präsentierten, hat das zuerst zu einer leichten Verwirrung auf dem Markt geführt, weil unsere Preisgestaltung auch damit zusammenhängt. Aber inzwischen begreifen die Leute, was wir erfunden haben.

**SCHEER** Das würde sich ja auch gut in unsere Softwarearchitektur-Diskussion einfügen.

**Plattner** Ja, das ist eine Softwarearchitektur-Geschichte. Nach dieser Idee baut SAP jetzt Komponenten und Anwendungen. Wir haben gesehen, dass die New-Dimension-Anwendungen in ganz bestimmten Beziehungen zueinander stehen.

**Scheer** Das kann auch eine Chance für ein Softwarehaus sein, aus dem Problem der eigenen Kapazitätsbeschränkung herauszukommen, denn man denkt ja oft schneller, als man entwickeln kann. Wenn ich jetzt aber sage, ich mache Business-Szenarien und ich beschreibe Lösungen, dann muss ja die Lösung nicht immer zu 90 oder zu 95% aus selbstproduzierter Software bestehen. Ich kann viel schneller zusammen mit Komponentenherstellern arbeiten und also schneller Lösungen bereitstellen, als ich das früher durch reine Eigenentwicklung konnte.

**Plattner** Das stimmt nur tendenziell.

**Scheer** Es bedingt eben, dass man Standards haben müsste in der Beschreibung solcher Lösungen und hinterher natürlich auch Standards für die Entwicklung und Kopplung der Komponenten.

**Plattner** Wir haben dieses Thema schon bei unserem vorherigen Gespräch angesprochen. Standards kommen sehr spät, sehr langsam und werden noch zehnmal geändert, bevor sie sich dann irgendwie asymptotisch stabilisieren.

**Neue Produktfamilie: New Dimension**

Ich möchte kurz erklären, was wir bei SAP jetzt gemacht haben. Zum einen haben wir die Weiterentwicklung im R/3, die im wesentlichen durch zwei Anforderungen geprägt ist: Auf der einen Seite sind es die Anforderungen, die aus den IBUs, den Branchenlösungen, kommen, welche Änderungen in unseren Kernanwendungen bedingen. Auf der anderen Seite sind es die Anforderungen zur Verbesserung der Usability. Das sind die zwei großen Strömungen in unserer derzeitigen Entwicklung.

Darüber hinaus hatten wir ja schon vor eineinhalb bis zwei Jahren damit angefangen, um das R/3-System herum Satellitensysteme zu bauen. Die Satellitensysteme waren sehr unabhängig voneinander. Sie verwendeten zwar Architekturen, die es ermöglichen, dass sie miteinander kommunizieren, aber sie waren nicht als viele Teile eines Produkts, sondern als jeweils einzelne Produkte gedacht. SAP wird eine Mehrproduktfirma. Und diese Satellitenentwicklungen haben wir jetzt im Sommer dieses Jahres wieder eingefangen. Wir haben sie alle als Produkte einer Familie mit dem Namen New Dimension gekennzeichnet. Das ist zuerst einmal nur ein »Branding«. Aber indem wir das taten, wurde offensichtlich, dass sie viele Gemeinsamkeiten haben. Sie haben doch sehr viel mehr miteinander zu tun, als wir das vorher gedacht hatten.

**Die Entwicklungsstrategie**

Es ist eben nicht so, dass einzelne Spezialanwendungen, die heute von Nischenherstellern oder auch von Best-of-Breed-Herstellern gemacht werden, nichts mit den anderen Komponenten des Systems zu tun haben. Sie haben nur deswegen scheinbar nichts miteinander zu tun, weil sie nicht miteinander kommunizieren können. Wir haben gesehen, dass wir solche Lösungen, z. B. das BW (Business Information Warehouse), sehr schnell in praktisch allen Anwendungen brauchen. Und das hat jetzt dazu geführt, dass wir gesagt haben: Wir zwingen die Entwickler nicht, alle diese Anwendungen wieder auf einem Kernsystem wie dem R/3 zusammenzuführen, denn damit würden wir die Entwicklung verlangsamen. Wir wollen vielmehr diesen Spagat machen, einerseits schnell zu entwickeln, und auf der anderen Seite so viel wie möglich, sei es auch zum Preis der doppelten Entwicklung, hinterher zu harmonisieren.

Wir müssen also für diese neuen Anwendungen zuerst einmal definieren, was eigentlich die Austauschobjekte sind, die sie untereinander und mit dem R/3 gemeinsam haben müssen. Wir müssen uns also sehr viel mehr dem Design und der Harmonisierung dieser Austauschobjekte widmen. Beispielsweise benötigen wir das Objekt »Kunde« im Business Information Warehouse, wir brauchen es im APO (Advanced Planner and Optimizer), wir brauchen es im SFA (Sales-Force-Automation-System), wir brauchen es im Service, und wir brauchen es im Marketing. Also überall wird es gebraucht. Kann das immer ein unterschiedliches Objekt sein, oder ist das doch nur eine Variante von ein und demselben Objekt? Natürlich handelt es sich um Varianten, verschiedene Sichtweisen, von ein und demselben Kunden. Deswegen gibt es jetzt eine technische Harmonisierung. Das ist die übliche Datenverarbeitungs-Entwicklung. Erst werden verschiedene Teile getrennt entwickelt, und dann führt man sie wieder zusammen. So geht das eigentlich schon, solange es die Geschichte der Anwendungsentwicklung gibt.

Jetzt ist jedoch etwas Neues hinzugekommen. Wir haben gesagt, wir lassen diese Anwendungen, auch wenn wir sie harmonisieren, als eigenständige Anwendungen bestehen. Sie verfügen über eine eigene Datenbank und über ein eigenes Repository. Allerdings muss dieses in Verbindung mit den anderen Komponenten auch wieder ein kommunizierendes System sein. Wir müssen also Austauschobjekte in den verschiedenen Repositories definieren. Auf diese Weise bleiben die Systeme eigenständig, sie können auch verschiedene Softwaretechnolgien einschließen, z. B. ILOG für mathematische Optimierungen im APO, den ESRI für GIS-Systeme im BW oder Excel für Matrix-Reporting und SFA für Palm-Top-Kommunikation.

**Von der System- zur Benutzersicht**

Bisher haben wir die Anwendungen immer noch für deren spezifischen Benutzerkreis entwickelt. Dann kam aber ganz schnell die Frage auf, zu wem oder was das Business Warehouse eigentlich gehört. Ist es ein System? Aha, es ist ein eigenständiges System. Wenn ich aber ein APO-Benutzer bin und Optimierungen machen will, brauche ich da nicht Marktdaten? Ich benötige Informationen über die zur Zeit bestehende installierte Basis, die augenblicklichen Vertriebspotentiale und darüber, was überhaupt das Marktpotential ist. Also benötige ich einen Zugang zum Business Warehouse.

Also haben wir uns gesagt, wir müssen das Business Warehouse duplizieren und beim Advanced Planner and Optimizer als Komponente mit integrieren. Das führt dazu, dass jetzt die gleiche Komponente Business Warehouse einmal als eigenständiges Produkt und ein anderes Mal als Komponente im Advanced Planner and Optimizer existiert. Und dann haben wir auch gesehen, dass das Business Warehouse auch in der Initiative SAP Fokus gebraucht wird. Die dreht sich um alles, was um den Kunden herum geschieht, also Marketing, Sales und Service.

**Mehrfachnutzung einer Komponente**

Und dann fangen die Entwickler im Bereich Rechnungswesen an, Management-Cockpits zu bauen. Die setzen natürlich auf dem Business Warehouse auf. Da fragt man natürlich zu Recht, wo das Business Warehouse eigentlich angesiedelt ist. Die Antwort ist typisch für die Struktur im R/3-System: Es gibt physisch nur ein Business Warehouse, und alle Anwendungen, die es nutzen, werden »Gast« in diesem Business Warehouse. Sie bauen dort ihre Funktionen auf. Sie haben ihre eigenen Datenbestände, ihre Reports, ihre Menüs usw., aber sie bleiben in diesem einen System. Wir liefern eigentlich wieder eine Menge von Komponenten und nutzen diese dann mehrfach. Diese Mehrfachnutzung haben wir jetzt mit dem Namen Business-Szenarien belegt.

Nehmen wir als Beispiel für eine Benutzergruppe die Vertriebsleute. Sie sollen im wesentlichen auf dem Datenbestand des Sales-Force-Automation-Systems arbeiten. Das ist ein Datenbestand, der von allen anderen Systemen repliziert wird und durch einen Replikationsmechanismus auf den Laptop kommt. Und dort kann also dann damit gearbeitet werden. Aber nun möchte der Vertriebsmitarbeiter auch auf die Marketingdaten im Business Warehouse zugreifen. Da hat er nun zwei Möglichkeiten: Er kann sich entweder ein Excel-Spread-Sheet-Workbook produzieren und über den Verteilungsmechanismus zustellen lassen. Dann hat er die Daten auf dem Laptop. Er kann auch ein Fenster öffnen und direkt auf dem Business Warehouse arbeiten mit den Menüs in dem Anwendungsraum, den wir für ihn entwickelt haben.

**Das Business-Szenario-Menü**

Also ist dieses Business-Szenario im Grunde genommen ein Menü, welches jenen Inhalt der New-Dimension-Anwendungen und des R/3 widerspiegelt, der für einen Mitarbeiter im Vertrieb interessant sein könnte. Das ist anders als früher, wo wir genau ein enzyklopädisches Menü gebaut haben. Leider haben wir das zu lange gemacht in R/3, weil wir immer gedacht haben, die Nutzer machen sich ihre eigenen Menüs. Sie machen es aber nicht. Deshalb bauen wir jetzt ein Business-Szenario-Menü. Das ist das vollständige Menü, welches beinhaltet, was es alles in dem entsprechenden Kontext gibt. Es ist nicht auf ein physisches Datenverarbeitungssystem beschränkt, welches durch genau eine IP-Nummer identifiziert wird. Jetzt kann es also eine Transaktion in R/3 geben, die interessant ist, beispielsweise eine Transaktion wie die Verfolgung eines Auftrags durch die Fertigung und die Montage. Die zugehörige Statusinformation hängt jetzt von der Industrie ab. Es kann durchaus sein, dass der Vertriebsmann das Advanced Planner and Optimizer-System aufrufen muss, um einen Availability-to-Promise-Check zu machen, damit er beispielsweise sagen kann, ob die 200 bestellten PCs eines Kunden in vierzehn Tagen lieferbar sind.

**Das Rollenkonzept**

Der Anwender wird durch Rollen beschrieben. Das ist das gleiche Prinzip, das bei unseren weltweiten Schulungen angewendet wird, dem rollenbasierten End-Nutzer-Training. Wir beschreiben den Anwender oder die Anwendergruppe, wir beschreiben das dazugehörige Menü. Es gibt noch einen flexiblen Teil, aus dem sich jeder Anwender sein Untermenü innerhalb weniger Minuten zusammenstellt. Das kann er dann auch jeden Tag ändern. Der Vertriebsmann arbeitet dann natürlich im wesentlichen mit seinem Hauptsystem Sales Force Automation, aber er greift dabei auch auf die anderen Komponenten zu, ohne zu wissen, dass er das System verlässt.

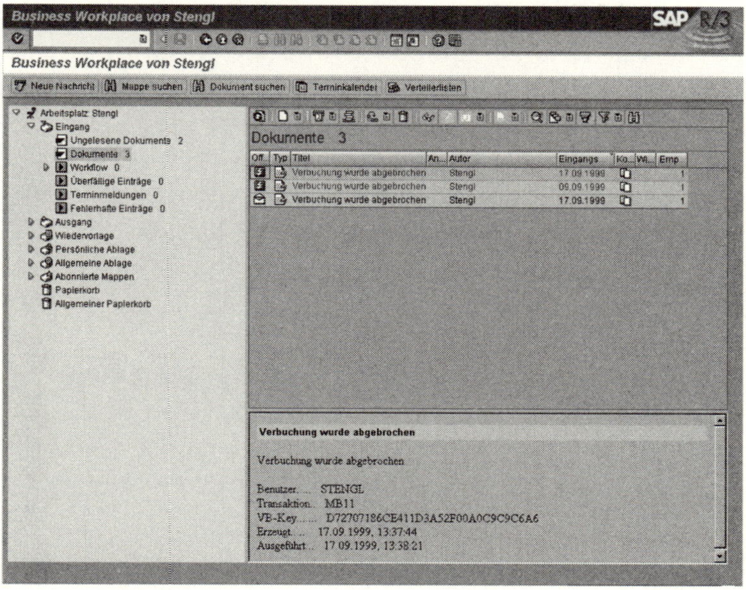


Personalisierter R/3-Arbeitsplatz (Release 4.6)

Dazu müssen wir ganz konkret dafür sorgen, dass jetzt alle diese Anwendungen ein einheitliches Corporate Design bekommen, welches stark von dem heutigen mehr technischen Windows 95-Design abweicht. Wir kriegen also ein eigenes Design. Wo immer man hingeht in diesen New-Dimension-Anwendungen oder im R/3, das Design sieht ähnlich aus. Die Transaktionen sind anders gebaut. Die New-Dimension-Anwendungen sind viel mehr für die operativen Benutzer gebaut und nicht für Fachabteilungsbenutzer im Back-Office. Intuitives Nutzen ohne Lernaufwand ist ein Ziel bei vielen dieser Anwendungen. Deswegen sehen sie ganz anders aus. Die Navigation sieht anders aus. Aber das Corporate Design wird ähnlich aussehen.

**Vorbild Internet**

Das Business-Szenario ist also eine virtuelle Verknüpfung von Anwendungen. Und das kommt natürlich daher, dass das Internet uns das vormacht. Dort werden Gruppen von Pointern, URLs, verwaltet, und bei der Darstellung hat man den Eindruck, dass eine gemeinsame Anwendung dahintersteht, obwohl die Daten und die eigentlichen Anwendungsteile überall verteilt sein können. Wenn sie nur wenigstens in einem Menüsystem vorhanden sind, d. h., wenn ich sie mit einer einzigen Anmeldung erreichen kann und wenn sie halbwegs ähnlich im Design sind, ich also keine Designsprünge erfahre, bleibt es für mich ein Anwendungssystem. Selbst wenn ich Designsprünge habe, kann ich auch damit leben, weil wir dies in der zukünftigen Welt des Electronic Commerce sowieso erleben werden, dass wir in anderen, fremden Systemen arbeiten.

**Die Komponentenidee neu denken**

**SCHEER** Darf ich noch einmal den Bezug zur Softwarearchitektur herstellen? Könnte man sogar ein bisschen böswillig sagen, dass die Componentware-Idee doch eher wieder etwas zurückgenommen wird, weil das integrierende Moment, die Zentralisierung, doch zu stark ist?

**PLATTNER** Ja. Ich glaube, dass die Componentware-Geschichte, über die wir früher gesprochen haben, sowieso nicht funktioniert, zumindest aus der Anwendersicht. Sie funktioniert auf der Ebene des Softwareherstellers, auf der Ebene des Entwicklers, dass er Komponenten nimmt. Beispielsweise werden in der GUI-Entwicklung Klassenbibliotheken ausgetauscht, aber dass ganze Anwendungen einfach zueinander passen? Dazu müssten die Austauschobjekte, die zwischen diesen Anwendungen hin und her fließen, alle bekannt und standardisiert sein. Wir sind auf dem Wege dahin. Wir machen etwas in diese Richtung, wobei wir freilich immer hinter den Anforderungen hinterherhinken. Die Standardisierung wird uns nur helfen, im nachhinein Kosten zu reduzieren.

Wir kreieren ja seit drei Jahren eine Nutzerschicht um SAP herum, die BAPIs nutzt. Das gilt ebenso für die New-Dimension-Produkte, auch hier gibt es die BAPIs. Aber das wichtige ist, Peter Zencke hat es mal in einem Vortrag deutlich beschrieben, dass wir eine semantische Integration brauchen, die weit über die technische Verbindungsmöglichkeit hinausgeht. Die Integration ist einfach für die abstrakten Objekte Text, Fax, Brief, Spread Sheet, Bild.

**Wendt** Weil sonst kaum Semantik drinsteckt.

**Plattner** Ja, wenig.

**Wendt** Man muss im Grunde nur noch über die Syntax reden.

**Plattner** Ja.

**Scheer** Können wir plakativ sagen: Componentware ist nichts für den Anwender, es ist höchstens was für den Softwareentwickler, den Monteur.

**Plattner** Natürlich ist es für den Automobilhersteller gut, dass es einen Auspuffhersteller gibt, der ihm alle Varianten produziert. Für den Endkunden ist diese Tatsache jedoch völlig uninteressant – ob VW nun einen Auspuff selbst herstellt oder ob er beispielsweise bei Eberspächer produziert wird.

**Die Komponentenstrategie der SAP**

**Scheer** Das heißt doch bezogen auf R/3, dass die Eigenständigkeit der Komponenten innerhalb des Systems nur dann sinnvoll ist, wenn es andere »Monteure« gibt, die diese Komponenten wieder zu einer gesamten Lösungen zusammenstellen können. Wer könnte diese Aufgabe wahrnehmen?

**Plattner** Es könnte schon Partner geben, die diese Aufgabe übernehmen. Unsere Anwendungskomponenten Business Information Warehouse, Advanced Planner and Optimizer, InfoDB bauen wir schon parallel und harmonisieren sie. Wir realisieren sie nicht alle auf der gleichen Plattform. Das ist der eher konservative Ansatz des R/3. Der ist aber zu langsam in einer Welt, in der sich alles sehr schnell ändert und in der es sich manchmal sogar überschlägt, wo es neuartige Kommunikation zwischen Unternehmen gibt und wo Wissen viel stärker eingebunden wird.

Deswegen glaube ich, dass der New-Dimension-Ansatz angemessen ist, wo wir diese Komponenten schnell entwickeln müssen und zum Back-End hin harmonisieren. Wir nehmen also den zusätzlichen Aufwand der Harmonisierung in Kauf, um schnell zu sein. Deshalb haben diese Komponenten schon eine Eigenständigkeit.

**Scheer** Dadurch ergibt sich mehr Marktwirtschaft innerhalb des R/3-Systems, in dem es mehr eigenständige Komponenten gibt, die auch Selbständigkeit haben. Dort, wo sie mit anderen Komponenten integriert werden, wo sie auf gemeinsame Datendefinitionen zugreifen können. Es wird ihnen aber auch erlaubt, eigene Daten zu haben, die in einer eigenen Datenbank abgelegt und gepflegt werden können, so dass sie auch unabhängig werden von dem Releasewechsel im gemeinsamen Teil.

**Plattner** Wir haben hier enorme Freiheitsgrade gewonnen, insofern wir alle anderen Programmiersprachen auch simultan verwenden können, also Visual Basic, C++, auch Java. Damit können wir Komponenten leichter einbinden, die andere gebaut haben, wie beispielsweise die ILOG-Komponente. Insofern hat also die Komponente in der Software für die Softwarehäuser untereinander schon eine große Bedeutung. ILOG präsentiert sich als Komponentenbauer. ILOG baut nur fertige Anwendungen, um Projekte zu gewinnen, sieht sich aber eigentlich als eine Firma, die Zulieferkomponenten baut für andere.

Es wird auf eine Beziehung wie zwischen Bosch und den Automobilherstellern hinauslaufen. Es gibt also das »Ja« zur Komponentenidee, aber nicht derart, dass ich bei verschiedenen Firmen anrufen und ein paar Komponenten kaufen kann, und dann habe ich ein Business-Szenario. Das habe ich nicht. Ich glaube, dass ein einheitliches Design da sein muss, welches vom Look and Feel bis zur Navigation beschreibt, was im Business-Szenario eigentlich abläuft. Dahinter muss die technische Integration hergestellt werden.

**Scheer** Wie werden denn die Unternehmen aussehen, die solche Lösungen anbieten? Wird das die Metamorphose sein der gegenwärtigen Softwarehäuser, oder könnten auch von außen neue Unternehmen kommen, die sehr stark über entsprechendes Content-Wissen verfügen, die daraufhin Business-Szenarios vom Inhalt her entwickeln und anschließend Komponenten montieren?

**Elektronische Kataloge**

**PLATTNER** Content-Business, das ist jetzt ja im großen Stil im Kommen. Das mündet letztlich in Kataloge, und auf den Katalogen kann ich wieder operieren. Der Katalog ist eine Schnittstelle, mit der ein Anwender arbeiten kann. Hinter dem Katalog, in dem er irgendetwas identifiziert, stehen Daten, die er als Parameter verwenden kann, um Transaktionen zu beschicken und automatisch anzustoßen. Das kann man jetzt in dem B2B-Szenario sehen.

Erst als wir verstanden haben, dass wir nicht alleine eine Business-to-Business-Lösung bauen können, sondern dass wir ganz viele andere mit einschließen müssen, geht es bei uns voran. Und das Einschließen heißt nicht, einen Partner finden, sondern ganz viele Partner finden. Ein Partner ist z. B. der Hersteller der Brokersoftware Commerce One. Der hat auch gedacht, er könne das alles machen, aber er deckt mit seiner Lösung nur einen kleinen Teil ab. Mit manchen Partnern muss man sich direkt verbinden. Wir verbinden uns beispielsweise mit amazon.com direkt. Wenn wir eine amazon.com-Transaktion durchführen, wird die SAP-Transaktion automatisch gestartet.

Wenn man mit dem Grainger-Katalog arbeitet und Ersatzteile bestellt, dann steht hinter dem Grainger-Katalog ein SAP-System, dies ist jedoch nicht Voraussetzung. Wir dachten, es wäre eine Voraussetzung, aber es ist keine. Wir arbeiten komplett auf der Basis des Grainger-Katalogs und finden in diesem Katalog so viele Informationen – da müssen wir jetzt mit dem Kataloghersteller verhandeln, dass wir diese Informationen nehmen und damit unsere Transaktionen fast vollautomatisch beschicken können. Die Idee, dass man eine Business-Transaktion nur einmal macht, kann jetzt endlich verwirklicht werden. Und dabei spielen die Kataloge eine ganz wichtige Rolle. Es wird Unternehmen geben, die bauen Kataloge und vermarkten diese. Es wird andere geben, die kaufen sich eine Katalogsoftware und entwickeln einen Katalog, indem sie Inhalte einbringen, beispielsweise Grainger. Aspect verkauft fertige Katalogbestände, beispielsweise für Elektronikteile. Diesen bestückten Katalog kann man dann bei sich in seinem IT-System einbauen. Firmen werden hauseigene Kataloge erstellen, dabei braucht man eine Katalogsoftware, die man mit den hauseigenen Rahmenbedingungen füttert, beispielsweise für PC-, Software- oder den Büroartikeleinkauf.

**Scheer** Das war ja immer so ein bisschen der Vorwurf, den man den ERP-Systemen gemacht hat, gerade in Amerika, dass man sehr viel Geld ausgeben muss für etwas, was einem nur Arbeit schafft. Da hat man ein System gekauft, welches einem ermöglicht, die Kundenstammdaten zu verwalten, aber nun muss man erst einmal anfangen, die ganzen Kundendaten einzutippen oder die ganze Artikelpalette einzupflegen. Wenn ich sie dagegen mitkaufe als Katalog, kann ich sofort meine Geschäftsprozesse unterstützen.

**Plattner** Ich glaube, dass man solche Objekte wie »Kunde« oder »spezieller Kunde in einer Branche« schon lange kaufen kann. Über Interfaces laden wir sie ins System. Ich glaube, dass man auch in Zukunft so arbeiten wird. Man hat die Daten in einem Katalog, man klickt drauf, und dann erhält man so viele Daten, wie man haben will. Man muss sie nicht erfassen oder eintippten. Das Kataloggeschäft blüht. Wir wollten so etwas auch mal machen, aber wir haben nicht das Momentum gefunden. Inzwischen ist es eigentlich auch egal, wer es macht. Hier kommen viele Firmen, deren Geschäftsidee es ist, für bestimmte Bereiche einen Katalog zu machen.

**Wesentlich: Integrierbarkeit von Software**

So gibt es beispielsweise in der Retail-Branche ganz verschiedene Leute und ganz verschiedene Wege. Es gibt einmal den ganz kleinen Laden, den Spezialladen, der muss nun selber schauen, wie er an die Sachen rankommt, und seine Qualität besteht darin, dass er ein interessantes Sortiment zusammengestellt hat. Daneben gibt es den Versandhandel über Katalog, es gibt Department Stores, das Warenhaus, es gibt das Fachgeschäft, die Boutique, es gibt alle möglichen Arten, wie man verkaufen kann. Und die kommen jetzt alle in elektronischer Form im Internet wieder vor. Und hier ist es ganz klar, dass das Integrieren von fremden Komponenten zwingend notwendig ist. Ob diese nun physisch in das Angebot integriert werden oder ob sie physisch völlig unabhängig voneinander sind und man mit ihnen nur kommuniziert, spielt keine Rolle. Die Integration dieser Komponenten ist eine ganz wesentliche Eigenschaft zukünftiger Software.

**Scheer** Und wie wirkt sich das auf Dinge aus wie Qualität, Zeiten, Kosten, Sicherheit?

**Plattner** Das ist eine gute Frage. Die Kopplung mit einem fremden System geschieht über eine ziemlich schmale Schnittstelle. Und weil sie so schmal ist und relativ einfach, ist sie auch sicher.

**Scheer** Das liegt aber daran, dass man jetzt die Anwendungen gerade auf solche Primitiv-Schnittstellen konzentriert.

**Plattner** Ja, und wenn die Schnittstellen breiter werden, kriegen wir das EDI-Problem. Es wird schwieriger, es wird mehr Aufwand betrieben werden müssen, und das wird dazu führen, dass nun die Standardisierung schneller vorangetrieben wird, weil nun viele beteiligt sind und Kosten sparen wollen.

**Scheer** Der Druck zur Standardisierung wird einfach höher werden.

**Standardisierung kommt hinterher**

**Plattner** Standardisierung ist nicht der Enabler, damit etwas gemacht werden kann, sondern Standardisierung kommt erst hinterher. Die Handies hat es gegeben ohne Standardisierung, und nun haben alle das Problem, dass das europäische

Handy nicht in Amerika funktioniert und das amerikanische nicht hier bei uns. Deshalb gibt es jetzt das Super-Handy, das in beiden Regionen funktioniert. So ist die Welt. Und das ist wahrscheinlich auch gut so, denn sonst würden wir uns ständig mit Normung befassen und in der Vergangenheit festsitzen.

Nochmal zurück zu der Fragestellung mit dem Produkt. Wenn wir ein Business-Szenario zusammenstellen und das Business-Szenario verkaufen, dann muss es auch selbstverständlich sein, dass wir für dessen Qualität verantwortlich sind. Wir sind verantwortlich, unabhängig von der Frage, ob wir bestimmte Teile der Software selber gemacht oder ob wir sie zugekauft haben. Wir sind verantwortlich für das Ganze, obwohl es ja eigentlich nur ein virtuelles Ganzes ist. Ich kann es ja nicht packen, aber es ist doch eine Sache. Ich kann es vielleicht auf eine CD-ROM pressen, weil ich da mehrere Anwendungen drauf ausliefern kann. Unsere bisherige Philosophie, dass wir alles in nur eine Anwendung reinkriegen und dadurch die Qualität garantieren, ändert sich nun dahingehend, dass wir mehrere Anwendungen verpacken und trotzdem die Qualität des Ganzen garantieren müssen.

**Scheer** Ich kann mich noch sehr gut daran erinnern, das ist noch gar nicht so lange her, als die SAP sich immer geweigert hat, Generalunternehmerschaften einzugehen. Aber hier läuft sie nun automatisch in eine solche Situation hinein.

**Komponenten und Komplexität**

**Plattner** Ja, und wir kriegen auch eine neue Klasse von Problemen. Es ist nicht so, dass das kostenlos geht. Es ist nicht so, dass diese Komponenten, auch wenn wir sie selbst gebaut haben, einfach zusammenzustecken sind. Es gibt selbstverständlich Komponenten-Integrationsprobleme und Normungsprobleme, weil beispielsweise zwei Entwicklergruppen unterschiedliche Vorstellungen davon haben, was ein Kunde ist und wie er im System dargestellt wird. Und wenn diese Abstimmung nicht hundertprozentig gelingt, führt dies hinterher zu Verstimmungen beim Anwender.

Die SAP arbeitet in internationalen Teams

**Scheer** Wie wird sich denn das auf die Entwicklungsgeschwindigkeit auswirken? Müssen wir nicht Simultaneous Engineering, Concurrent Engineering mit den Zulieferern pflegen, um überhaupt die Release-Zyklen aufeinander abzustimmen?

**Plattner** Genau deswegen starten wir mit wenigen Komponenten. Mit allen müssen wir ganz schnell auf diese Taktung kommen. Das gleiche Problem besteht auch zwischen der Basisentwicklung und der Anwendungsentwicklung. Was immer schon ein Problem war in unserer Geschichte, sind die Querschnittsprojekte, bei denen von einer Änderung mehrere Komponenten betroffen sind, die dann nacheinander auf den neuen Stand gebracht werden müssen. Da steht das Synchronisierungsproblem ganz stark im Vordergrund. Diese Problematik hat sich durch die Einbeziehung von Partnern um ein Vielfaches verstärkt.

Eines ist aber besser als früher. Es beschäftigen sich mehr Mitarbeiter damit, überall in der Welt. Es gibt viel mehr Mitarbeiter im Bereich Softwareentwicklung. Wir können eine höhere Anfangsqualität erzielen, und die Entkopplung der Systeme ist viel besser. Damit können wir auf das nächst höhere Niveau der Komplexität gehen. Denn eines ist ganz klar, es wird komplexer. Ich sage das immer wieder. Wer glaubt, dass durch das Rückwärtszerlegen von Software in Komponenten irgendetwas einfacher wird, der versteht nichts von Softwareentwicklung.

**Des Benutzers Freud, des Entwicklers Leid**

**Wendt** Das ist doch eigentlich auch in anderen technischen Bereichen die Tendenz. Wenn man es für den Kunden, den eigentlichen Benutzer einfacher machen will, dann steigt für den Ingenieur die Realisierungskomplexität. Wenn man ein altes Auto anschaut, da musste man noch mit Zwischengas schalten. Für den Ingenieur war die Getriebekonstruktion sehr einfach. Heute dagegen fährt man mit einem automatischen Getriebe, da gibt es für den Fahrer keine Kupplung mehr. Der Fahrer hat es viel einfacher, er braucht nicht mal mehr zu wissen, dass überhaupt geschaltet wird. Aber für den Ingenieur ist es um ein Vielfaches komplizierter geworden, ein automatisches Getriebe zu bauen. Und das wird immer so weiter gehen. Für den Kunden muss es immer ein Vorteil sein, dass es noch einfacher wird und noch interessantere Funktionalität hinzukommt. Der Ingenieur, der das realisieren muss, muss eine immer größere Komplexität beherrschen.

**Plattner** Wir haben R/3 viele Jahre lang für den Professional User gebaut. Und jetzt gehen wir mehr auf den Gelegenheitsnutzer zu. Wir müssen viel mehr auf diese neue Benutzerklasse ausgerichtet sein. Es wird immer mehr dahin gehen, dass am Ende alle Mitarbeiter mehr oder weniger mit den Systemen arbeiten, arbeiten müssen. Jetzt kommt durch die New-Dimension-Anwendungen richtiger Druck auf. Wir müssen uns bei der Gestaltung eines Business-Szenarios beispielsweise einen Außendienstmitarbeiter vorstellen und uns fragen, was der erwartet, wenn er auf einen bestimmten Knopf drückt. Wir müssen den Benutzer entlasten, wo es nur geht. Dies hat zur Folge, dass im Hintergrund mehr programmiert werden muss. Nicht die billigste Lösung ist die beste, sondern die, die die geringsten Benutzereinführungskosten hat, jeweils für die aktuell betrachtete Benutzerklasse. Und das erzeugt einen massiven Druck auf die R/3-Entwicklung, wenn sie sich diesen Kriterien von der Benutzerseite her unterwirft.

**Nicht die Technik, der Anwendernutzen zählt heute**

**SCHEER** Für mich war das recht enthüllend, dass Du am Anfang eine Softwarearchitektur beschrieben hast, ohne einen technischen Begriff zu verwenden, sondern dass Du von Business-Szenarien gesprochen hast. Die Technik in der Softwareentwicklung oder allgemeiner in der Informationstechnik ist als Argument für sich alleine genommen wahrscheinlich immer weniger wichtig. Vielleicht war der Technikbegriff Client-Server das letzte technische Argument, das man noch verwenden konnte, um dem Benutzer einen Nutzen zu versprechen.

**PLATTNER** Das Internet als Technologie hatte noch einmal so eine Wirkung. Das Internet wird nun aber einfach Arbeitsplattform, ohne die es gar nicht mehr geht.

**SCHEER** Aber Komponentenarchitektur oder Objektorientierung wird auf jeden Fall nicht mehr dieses Zugpferd sein, mit dem man einen Generationssprung in der Software für den Benutzer begründen könnte.

**PLATTNER** Das ist bei anderen großen Technologieschüben aber ähnlich. Beispielsweise bei der Einführung von Karbon im Flugzeugbau, beim Automobilbau oder beim Schiffsbau: »Ich nehme nur das Schiff, wenn es ein Karbonschiff ist.« Ein solches Argument zieht nicht. Aber es wird Karbon da verwendet, wo es richtig ist und wo es seine Eigenschaften richtig zur Wirkung bringt. Und wer OO-Technik nicht verwendet, wo sie nutzbringend anzuwenden ist, der hat eben einen Nachteil in der Fertigung. Und dieser Nachteil kann ausschlaggebend sein, selbst wenn er sich nur im Bereich von 3% abspielt.

**SCHEER** Es gibt aber auch ERP-Anbieter, die durchaus noch solche Argumente benutzen.

**PLATTNER** Natürlich. Auch Audi hat ja bei der Einführung des neuen Audi A8 die Space-Frame-Technologie, mit der man Aluminium schweißen kann, in die vorderste Front gestellt. Das verliert jetzt an Bedeutung, weil inzwischen andere auch Aluminium schweißen können und weil andere auch sagen, mit anderer Technologie kann man ein Auto genauso leicht machen, beispielsweise mit Karbon. Und es ist eigentlich völlig falsch, die Schlacht zu führen mit der Frage, ob das Karbonauto oder das Aluminium-Space-Frame-Auto das bessere sei. Die Schlacht muss geführt werden mit der Frage: Welches Auto fährt besser, sieht besser aus, lässt sich leichter bedienen, verbraucht weniger Kraftstoff? Eigentlich ist der Spritverbrauch in diesem Zusammenhang das Wichtige, das erfordert nämlich, dass das Auto weniger Gewicht hat.

**SCHEER** Ja, aber in welchem Profil nähern sich denn jetzt die Softwarehäuser, die ERP-Softwarehäuser, an? Früher waren sie sicher engineeringgetrieben. Dann gab es aber mal ein Zeitungsinterview von Dir, das habe ich noch bildhaft vor Augen, da stand auf der ersten Seite »SAP wandelt sich zu einem marketinggetriebenen Unternehmen«.

**PLATTNER** Also das will ich nicht so stehen lassen, »marketinggetrieben«, das gilt für uns nicht!

**SCHEER** Du warst aber so zitiert worden. Damit hast Du damals Paul Wahl begründet.

**Von der Unternehmens- zur Anwendersicht**

**PLATTNER** Aber gemeint war ganz klar eine bestimmte Verschiebung der Blickrichtung. Die ERP-Software wird gestützt von der IT-Organisation eines Unternehmens, sie wird gefordert vom CFO. Sie wird gebraucht, um die verschiedenen Einheiten eines Unternehmens miteinander operieren zu lassen. Also ist sie stark aus der Unternehmenssicht heraus gebaut worden. Und jetzt müssen wir stärker den Blick auf den Anwender richten. Wir haben immer vom Endanwender geredet, und da hat Alan Cooper, der uns bei unserem Neudesign berät, uns die Augen geöffnet und gesagt: »Redet nicht immer von dem Endanwender. Sagt mal, wen Ihr meint! Ist es Jim, Joe oder Jane? Und habt Ihr eine genaue Vorstellung, was die für eine Ausbildung haben, was sie eigentlich für einen Beruf ausüben, was sie täglich machen? Wenn einer z. B. im Marketing für das Entwerfen von Werbetexten zuständig ist, was glaubt Ihr, welches Verhältnis so jemand zu Euren SAP-Transaktionen hat?«

Wir haben lange gedacht, wenn wir für das Unternehmen das Richtige tun, dann wird das Unternehmen schon dafür sorgen, dass Jane SAP mag. Das ist aber nicht so. Jane mag SAP vielleicht nicht. Weil sie sagt, das gefällt mir nicht, da muss ich zu viel wissen, das soll jemand anderes machen, ich konzentriere mich weiterhin auf das Entwerfen von Werbetexten. Ich bin ein guter Texter.

Die Experten mögen SAP, weil die Funktionalität so gut ist und weil sie dadurch bestimmte Aufgaben erledigen können, wie sie sich aus Unternehmenssicht darstellen. Die Gelegenheitsbenutzer aber, die mögen es nicht so, weil das System sie gar nicht gefragt hat, wie sie es haben wollen. Wir haben eigentlich das Unternehmen damit beauftragt, auch diesen Benutzer zu gewinnen und so lange zu schulen, bis er die Funktionalität, die er benötigt, auch nutzen kann. Aber nun haben wir einen anderen Fokus. Wir müssen uns auch um diesen Benutzer kümmern.

**Scheer** Also doch vom Engineering, vom Innenleben eines Softwarehause nach außen, hin zu dem Endanwender. Das kann geschehen durch Unternehmens-Klassifizierungen, IBUs, also Branchen, oder durch die Unterscheidung der Rollen, die jeder einzelne Benutzer in der Unternehmung einnimmt. Dieser muss, um eine bestimmte Bedienung zu erlernen, nicht unbedingt einen 14-Tage-Kurs in Walldorf buchen. Er sollte

Das Schulungszentrum (links) neben dem Entwicklungs- und Vertriebszentrum (EVZ) in Walldorf (Mitte der 90er Jahre)

vielleicht nur mal eine halbe Stunde Training über das Internet beziehen, just in time.

**Den Endanwender als Kunden entdecken**

**Plattner** Das rollenbasierte Training, das geht genau in diese Richtung. Diese Entwicklung hat damit angefangen hat, dass die Geschäftssoftware, die damals noch auf dem Mainframe lief, nun auf dem PC läuft. Der PC erhält inzwischen auch alle die technischen Komponenten, die früher nur die große Mainframe-Software hatte. Das ist schon längst zusammengewachsen oder im Zusammenwachsen begriffen. Jetzt müssen wir wirklich den Endanwender als Kunden entdecken. Und ich glaube, das ist einer der Megatrends für uns ERP-Häuser. Wir müssen uns fragen, wie der Endanwender wirklich durch Marketing angesprochen wird. Wie bringen wir ihn als Person zu SAP, wie entwickeln wir unser Image, wie stellen wir das bei ihm dar? Unsere Enjoy-Aktivitäten tragen hierzu bei. Zum ersten Mal schreiben wir an Endanwender, damit sie sich bei uns melden und wir sie kennen lernen. Wir haben ja ca. 3,5 Mio. Endanwender.

**Scheer** Bisher war es ja so, dass die ERP-Hersteller ihr Produkt im wesentlichen als System angesehen hatten und den Kunden eigentlich anderen überlassen haben, nämlich den Implementierern, den Beratungshäusern, die den Endkunden betreuten. Wenn man näher an den Kunden will, wird sich da wahrscheinlich eine Verschiebung in diesem Spannungsfeld ergeben, auch in dem Rollenverständnis zwischen dem Implementierer und dem Produkthersteller.

**Plattner** Ja, das sehe ich genauso. Und das Spannende wird sein, dass man auf der einen Seite all die komplizierten Weiterentwicklungen machen muss, von denen wir gesprochen haben, um auf der anderen Seite alles ein bisschen einfacher zu machen.

**Scheer** Ja, jetzt geht es um die Produkte. Und jetzt geht der Kampf um den Kunden los.

**Plattner** Dieser Kampf wird auf einer ganz ähnlichen Ebene ablaufen wie bei anderen Konsumgütern auch. Das Produkt muss Appeal haben.

**Verhältnis von ERP-Anbietern und Beratungshäusern**

**Scheer** Da ändern sich aber auch die Machtverhältnisse. Auch die aus dem Wirtschaftsprüfungsgeschäft herkommenden Beratungsunternehmen, die schon jahrzehntelang den Kunden betreut haben, sind natürlich in die Beratung mit hineingegangen. Sie haben sich der Produkte bedient. Jetzt kommen diejenigen, die bisher die Produkte im Fokus hatten, und stellen fest, dass sie ihr Produkt in Varianten anbieten müssen, dass sie mehr in die Konsumentensicht hineinkommen müssen. Und diese beiden treffen sich jetzt mit ihren Strategien. Nach meiner Meinung wird dieser Markt nicht mehr so klar geteilt werden können wie bisher, man wird sich da auch etwas ins Gehege kommen.

**Plattner** Ich würde nicht sagen, dass sie sich ins Gehege kommen. Die Beratung muss mit dem System mitgeliefert werden. Zwar als separat zu fakturierende Komponente, aber es ist unstrittig, dass sie zur Lösung dazugehört. Nun haben wir gerade durch TeamSAP eine Konstruktion gefunden, in der wir versuchen, unsere Beteiligung und die Beteiligung anderer ausgewogen zu steuern und für den Kunden zu optimieren. Dies bedeutet für den Kunden, dass die Kosten gesenkt und die Qualität gesteigert wird. Eine Voraussetzung hierfür ist, dass das Know-how der Beratungsmitarbeiter, seien es eigene oder fremde, möglichst hoch ist. Ich glaube, wir stehen einander inzwischen näher, wir waren ja nie ohne Beratung, aber jetzt stehen wir einander näher, möglicherweise überlappen wir uns ein bisschen. Dies bedeutet jedoch nicht, es kann nur A oder B sein, sondern es sind A und B.

**SCHEER** Wir haben ja gesehen, dass die großen Beratungshäuser, die früher auch selbst Software entwickelt haben, die Software fallen ließen wie eine heiße Kartoffel, beispielsweise Andersen. IBM ist aus dem Anwendungssoftware-Markt ausgeschieden.

**PLATTNER** Die wollen ja nun mit großen Schritten wieder zurückkommen.

**Trend zum Lösungsanbieter**

**SCHEER** Wie wird das weitergehen? Die ERP-Anbieter gehen stärker an den Kunden heran, entwickeln mehr Lösungen, verbinden ihre Software auch mit der anderer Hersteller, und sie kommen mit ihrer Lösungskompetenz weiter als mit ihrer eigenen Produktkompetenz. Könnte es auch sein, dass Beratungsunternehmen oder hardwareorientierte Unternehmen wie beispielsweise IBM eine ähnliche Strategie verfolgen und zu den Monteuren der Softwarekomponenten werden?

**PLATTNER** Ja, natürlich. Im Endeffekt wird der einen Vorteil haben, der schnell montieren kann. Ich glaube immer noch, dass es unsere Hauptaufgabe ist, die Lösung, die wir beim Kunden erreichen wollen, schnell zu erreichen. Das ist eine der vordringlichen Designaufgaben, die wir haben. Es muss unser Vorteil sein, dass wir mit garantierter Qualität schnell eine funktionsfähige Lösung erreichen.

Vor kurzem hat ein großes Unternehmen in letzter Minute ein mehrjähriges Projekt abgebrochen und ein SAP-Projekt aufgesetzt, um noch Jahr-2000-fest zu werden. Das Problem war, dass die Qualität nicht gut genug war, um das zu erreichen und um bestimmte Anforderungen, die von Behörden gestellt wurden, zu erfüllen. Ich glaube, die Qualität der Lösung ist ein ganz wichtiges Kriterium. Und wenn man einmal schaut, wie die Qualität von Autos, ich komme schon wieder auf das Auto zurück, gestiegen ist. Die absolute Qualität der Autos ist deswegen gestiegen, weil es bei der Entwicklung eine Engineering-Abteilung gibt, die alles zusammenhält, was der Qualitätssteigerung dient. Die Qualitätsprüfung im Einkauf, lange Tests mit den Prototypen und mit den Vor-Produktionswagen. Dann die Tests in der Produktion, und dann finden nach der Produktion noch einmal Tests statt. Das Auto wird nahezu fehlerlos in großer Serie produziert. Wir sehen uns nach wie vor als Serienhersteller mit hoher Variabilität.

**Kundenorientierung verlangt neuen Entwicklertypus**

**Scheer** Wie sehen denn die Entwickler aus, die mehr dieses kundenorientierte Denken haben, die aus dieser Kundenorientierung heraus auch Varianten erzeugen können? Sind das andere Typen? Brauchen wir einen anderen Entwicklertypus als den bisherigen?

**Plattner** Es wird auch hier eine Änderung geben, genau wie in anderen Branchen. Ein anderes Beispiel für Kundenorientierung ist eine Pilotenkanzel. Sie war mit der Vorstellung entworfen worden, dass der Pilot lernen muss, mit so vielen Instrumenten umzugehen. Das war eben ein Qualitätsmerkmal des Piloten, dass er diese Komplexität beherrscht. Jetzt hat man das umgedreht, weil es so viele Piloten geben muss auf der Welt, weil so viele Flugzeuge fliegen. Deshalb baut man nun die elektronischen Instrumente, die EFIS-Geräte. Hier gibt es multiple Darstellungen, die sich ändern und die sehr flexibel sind, letztlich ein Computer mit Bildschirm. Auf dem kann das Wetter, die Navigation oder die Überwachung eines Antriebs dargestellt werden. Man ist beim Entwurf ganz stark auf den Piloten eingegangen. Zuerst hat man analysiert, wie

Neues Rechenzentrum im Entwicklungs- und Vertriebszentrum (EVZ) (1992)

ein Pilot arbeitet, was er haben will, was der verstehen kann, wie viele Informationen pro Sekunde er aufnehmen kann, und dann erst hat man die Geräte entwickelt und gebaut.

**Scheer** Ja, aber auch der Kunde, also der Pilot, hat sich geändert. Früher war das ja ein Held, der es wagt, in die Luft zu gehen und der so ein kompliziertes Flugzeug beherrscht. Heute ist es jemand, der rauskommt, wenn man das Flugzeug verlässt, und der sich bedankt, dass man mit ihm geflogen ist. Das heißt, auch er hat Kundenkontakt. Mir hat mal jemand gesagt, er würde erst dann fliegen, wenn man dem Flugkapitän hinterher 2 Dollar Trinkgeld geben würde, denn dann wäre man ganz sicher, dass er sein Flugzeug auch absolut beherrscht und der Pilot den Nimbus eines Abenteurers völlig verloren hat.

**Brücke zwischen Entwicklern und Benutzern**

**Plattner** Dann heißt er aber auch nicht mehr Kapitän. – Nun aber zurück zur ursprünglichen Frage. Wie schlagen wir die Brücke zwischen den vielen verschiedenen Benutzern des

Systems und ihren Rollen auf der einen Seite und unseren Entwicklern auf der anderen Seite? Die ursprüngliche einfache Idee, dass wir vor Jahren unseren Entwicklern gesagt haben, sie sollen mal rausgehen zu den Endbenutzern, hat nicht funktioniert, weil die Entwickler ja gar nicht wissen, mit wem sie reden sollen. Wenn ein Entwickler gerade eine Komponente in einer Komponentenarchitektur baut – wir hatten schon immer eine Komponentenarchitektur in unserem System –, dann sind die Benutzer andere Programme. Das sind keine Endnutzer, das sind andere Programme, die die vom Entwickler programmierte Komponente benutzen. Er hat also eine ganz andere Vorstellung, mit wem er eigentlich redet.

Deswegen brauchen wir tatsächlich andere Menschen, die vielleicht auch in der Entwicklung sind. Die industriespezifische Entwicklung haben wir bereits angesprochen. Beispielsweise im Bereich Luftfahrt und Verteidigung, da haben wir Leute vom Fach, die haben Flugzeugbau studiert und reden mit Flugzeugbauern. Wir bauen Software für Flugzeugbauer, also für Ingenieure, die mit unserer Software Flugzeuge bauen. Da brauchen wir Leute, die diese Kultur tatsächlich aufbauen.

**Hervorragendes Design braucht Spezialisten**

Das ist bei der Entwicklung klassischer Anwendungen im Back-Office, im Rechnungswesen, schon immer so gewesen. Am Anfang haben wir genau so begonnen. Deswegen haben wir uns so einen guten Vorsprung erarbeitet. Wir saßen bei den Firmen, wir hatten jeden Tag diesen Endnutzerkontakt. Den haben wir durch unser Wachstum doch etwas verloren. Jetzt reicht es nicht mehr, bei betreffenden Unternehmen in die Kantine zu gehen und einmal mit den Endnutzern zu sprechen. Jetzt müssen wir diesen Kontakt richtig organisieren, wir müssen ihn aufbauen und pflegen. Und jetzt brauchen wir auch andere Talente.

Da war beispielsweise kürzlich ein Designunternehmen hier, das Bildschirmlayouts entwirft. Und innerhalb von wenigen Wochen haben die eine ganze Reihe von Dingen herausge-

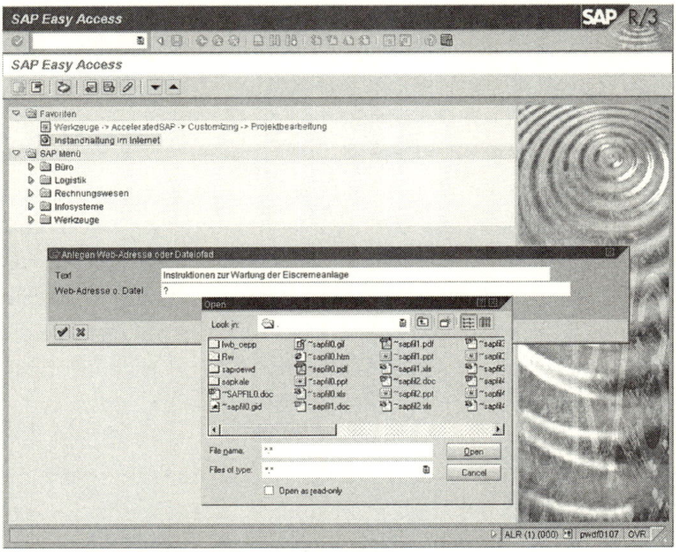


Neue Benutzungsoberfläche des R/3-Enjoy-Releases 4.6

funden, die man ganz klar besser machen könnte, ohne dass man die Software bei uns ändern müsste. Damit ist aber viel Detailarbeit verbunden. Da kann ich wieder auf unser durchgehendes Beispiel vom Auto zurückkommen. Es gab einmal vor vielen Jahren ein Superdesign eines Armaturenbretts bei Porsche. Das hat fast bis heute gehalten. Und in der gleichen Zeit hat es Armaturenbretter gegeben, wenn man die heute anschaut, würde man sagen: Das ist ja unmöglich, was man da dem Fahrer zugemutet hat. Heute sind alle Armaturenbretter in allen Autos von einem Team von Designern und Ergonomen entworfen, dabei wird auch versucht, eine Markenindividualität herauszubilden, dass man auch sieht, dass man in einem Ford oder in einem Mercedes sitzt. Das Armaturenbrett hat die Bedeutung von Motorteilen erlangt.

Die großartigen Jaguars der 50er Jahre sind noch von Sir John Lions selbst gezeichnet worden. Das war der CEO von Jaguar. So haben wir am Anfang bei unserer Software auch das Bilddesign selbst gemacht. Jetzt brauchen wir Designerteams. Ich glaube, die Softwareindustrie wird sich entwickeln wie andere Industrien, in denen man solche Dienstleistungen fremd beschafft. Es wird eine Zusammenarbeit verschiedener Experten geben, d. h., wir werden manche Dinge abgeben und machen lassen oder sie anderen, neukreierten Abteilungen zuordnen.

Wir haben an dieser ursprünglichen Idee lange festgehalten: Der Entwickler der SAP hat alles im Griff, von den Anforderungen des Endkunden bis zu Performance-Anforderungen der Datenbank. Das war ein großer Vorteil, dass wir das lange durchgehalten und uns nicht zu sehr spezialisiert haben bei SAP. Ein großer Vorteil gegenüber den anderen, die gemeint haben, die einen entwerfen die Software aus betriebswirtschaftlicher Sicht, und die anderen setzen diese in Anwendungscode um. Ich glaube, dieses Modell hat nie zu großartigen Produkten geführt. Wir waren immer besser positioniert. Aber ich glaube, wir brauchen jetzt entlang dieser Schiene Spezialisten, beispielsweise für das User-Interaktionsdesign. Das ist heute eine Forschungsdisziplin, in der es Erkenntnisse gibt, wie Menschen interagieren, wie sie mit komplizierten Maschinen umgehen. Diese Erkenntnisse müssen wir auch auf unsere Softwareprodukte anwenden.

**Erweiterung des Informatikbegriffs**

**Scheer** Das Gebiet wird ja unheimlich spannend. Der Informatikbegriff wird ja damit enorm erweitert, wenn wir mit ihm die gesamte Zuständigkeit für ein solches System verbinden.

**Plattner** Jetzt sind wir schon fast bei dem Thema, warum wir eine andere Hochschule benötigen.

**Scheer** Wir haben jetzt einen sehr schönen Übergang zum Thema Ausbildung und Forschung. Die Aufgabenerweiterung in der Softwareentwicklung ist ja enorm. Es geht ja nicht nur um Designfragen. Ich denke beispielsweise auch an das rollenbasierte Training, das über das Internet angeboten wird. Wie baut man solche Lerneinheiten auf, welche Dramaturgie wird da eingebracht? Wir produzieren solche Lerneinheiten in

Saarbrücken und stellen hierfür sogar Theaterwissenschaftler ein. Die sagen uns, wie man Stories spannend macht, wie man jemanden in der Mittagspause dazu bringt, sich zehn Minuten eine Lehreinheit anzuschauen, anstatt vor die Tür zu gehen und eine Zigarette zu rauchen.

**PLATTNER** Das müsste auch den etwas introvertierten Typen unter den Softwareentwicklern interessant erscheinen, dass wir in der Softwareszene jetzt etwas multikultureller werden. Es reicht nicht mehr zu sagen, jeder kann Software machen, wenn er nur intelligent genug ist und Informatik, Mathematik, Physik oder ähnliches studiert hat, sondern wir brauchen diese anderen Qualitäten nun wirklich auch. Das ist nicht eine Alibifunktion, sondern eine echte Notwendigkeit. Man muss erkennen, dass man falsch liegt, wenn man glaubt, man habe die Fähigkeit zum Design bereits mit der Muttermilch aufgenommen. Man muss einfach anerkennen, da gibt es eine Liga oben drüber.

Ich denke auch an die Spezialisten, die wir brauchen, um Systeme schnell installieren zu können. Es geht nicht nur darum, die Systeme zu verpacken und zu verschicken, sondern wir schauen uns jetzt auch das Auspacken an und fragen, wie denn das jetzt geht. Was muss alles getan werden, bis die Software läuft? Dass wir die Installationszeit trotz des großen Systems inzwischen auf wenige Stunden reduziert haben, ist die Leistung ganz bestimmter Leute, die einen ganz anderen Fokus haben. Für die ist es nicht wichtig, wie das System programmiert wird und was für Verfahren darin stecken. Für die ist es wichtig, dass das Installationsverfahren funktioniert. Wir kreieren neue Berufsschwerpunkte. Wenn ich nur an die verschiedenen Varianten der Designer denke. Es gibt eine riesige Bandbreite von Dreamworks bis zu Excel.

**Defizite in der Informatikausbildung**

**SCHEER** Vielleicht kann Herr Wendt einmal berichten, wie er gegenwärtig den Stand der Informatikausbildung einschätzt, auch im Vergleich zur USA, und worin er die Defizite sieht. Und vielleicht erzählst Du uns auch einmal, wie Du auf die

Idee kamst, den Studiengang für Software Engineering zu gründen, und was da so dahintersteht.

**Wendt** Die Klagen über die Defizite in der Informatikausbildung kommen ja von Firmen, die mit sehr komplexer Software zu tun haben. Und in der Informatik, das ist mir auch in Amerika immer wieder gesagt worden, hat man Schwierigkeiten, sich aus der Hochschule heraus wissenschaftlich mit solchen Großsystemen zu befassen. Denn die Unternehmen, die solche Systeme entwickeln, schotten sich da im Grunde ab und lassen die Hochschullehrer nicht rein. Wir reden ja hier über Realprodukte in einer Größenordnung von R/3 oder ein wenig kleiner, jedenfalls einer Größenordnung von über 1 Mio. Zeilen Quellcode. Man bearbeitet an der Hochschule grundsätzlich nur sehr viel kleinere Einheiten. Was mir bisher nicht so deutlich war, was mir nun von mehreren Seiten in den USA gesagt wurde, ist die Einschätzung, dass der Begriff Software Engineering in Wissenschaftlerkreisen negativ belegt sei.

**Scheer** Weil er einer wissenschaftlichen Betrachtung nur schwer zugänglich ist.

**Gespannte Beziehung zwischen Informatik und Software Engineering**

**Wendt** Ja, solange Mathematik im Spiel ist, lässt sich die Qualität wissenschaftlicher Arbeit im allgemeinen leicht beurteilen. Besonders leicht ist eine Bewertung anhand von Zahlen. Wenn man eine Serie von Versuchen macht und anschließend die Statistik auswertet und sagen kann, dass das eine um 30% besser ist als das andere, wird die Qualität der Lösung sofort anerkannt. Von dieser Art sind 90–95% der akademischen Aktivitäten, wie man beim Lesen der Veröffentlichungen feststellt. Wenn die Amerikaner sagen, dass fast alle Aufsätze, die bisher im Bereich Software Engineering erschienen sind, gemessen an den üblichen wissenschaftlichen Standards schlecht seien, dann hat das sicher etwas damit zu tun, dass Begriffe wie Zweckmäßigkeit oder Bewährung in der Praxis der Wissenschaft schwer zugänglich sind.

Die Kritiker mögen schon recht haben, dass sie im Bereich des Software Engineering noch kaum etwas gesehen haben, was man wirklich ernst nehmen müsste. Das Verhältnis zwischen den mathematikorientierten Informatikern und den Softwareingenieuren erinnert ein wenig an das Verhältnis zwischen den studierten Medizinern und den Heilpraktikern, die behaupten, dass gewisse Dinge durch die klassische Medizin nicht geheilt werden können. Man müsse deswegen ganz anders an die Krankheit rangehen. Die mathematikorientierten Informatiker schauen auf die Softwareingenieure herunter, weil denen angeblich der solide wissenschaftliche Hintergrund fehlt. Umgekehrt machen die Softwareingenieure den mathematikorientierten Informatikern den Vorwurf, dass sie sich wissenschaftlich auf sehr hohem Niveau mit interessanten Fragestellungen befassten, dies aber für die praktische Arbeit wenig Bedeutung habe. Das ist die heutige Situation, und die wird erfreulicherweise inzwischen auch immer mehr von mathematisch arbeitenden Informatikern zugegeben.

**Scheer** Mathematisch arbeitende Informatiker haben ja auch solche komplexen ERP-Systeme gar nicht zur Kenntnis genommen. Man kannte sie ja an den Universitäten nicht. Ich habe das auch schon in meiner Disziplin gemerkt, wo man sich ja mit Anwendungen beschäftigt. Dort hat man im Software Engineering Vorgehensmodelle und ähnliche Dinge diskutiert, ohne reale Standardsoftware gesehen zu haben. Man hat bis vor kurzem immer noch gesagt, die einzige Möglichkeit, ein Informationssystem in einem Unternehmen einzuführen, bestehe darin, selbst eines zu entwickeln. Die Aufgabe, wie ein Standardsystem durch Customizing angepasst wird, war als Problem gar nicht erkannt worden, davon wusste man an der Universität nichts.

**Wendt** In der Informatik herrscht die Vorstellung, dass immer auf der grünen Wiese, ausgehend von irgendwelchen Anforderungen, ein ganzes System entwickelt werden müsse. Das geht dann vom Umfang her mit 3–4 Leuten. Ich habe schon oft behauptet, dass die Informatikausbildung eine Ausbildung für Leute sei, die später zu dritt oder viert eine eigene Softwarefirma betreiben. Es ist aber keine Ausbildung von Ingenieuren, die in einer Firma arbeiten können, in der es tausende von Softwareingenieuren gibt, die zu einem großen System ihren Beitrag leisten, wie das bei SAP der Fall ist. Das erfordert eine ganz andere Ausbildung.

**Scheer** Nun musstet Ihr diese so ausgebildeten Informatiker hier bei SAP ja integrieren, und das ist ja auch gelungen, denn sonst wäre die SAP nicht so erfolgreich geworden. Aber dann muss doch hier etwas entstanden sein, was Dich veranlasst hat, zu sagen, dass man noch einiges verbessern kann und dies durch neue Forschungs- und Ausbildungswege gemacht werden muss.

**Die Informatik lebt in einer idealen Welt**

**Plattner** Wir haben ja schon mehrfach gesagt, dass wir hinschauen, wie das bei der Ingenieurausbildung aussieht. Die Ingenieurausbildung fängt an mit Mathematik und Physik in einer harmonisch geschlossenen, fast abstrakten Welt. Dagegen wird die Ingenieurswelt immer komplizierter und geht auseinander. Man bleibt nur in dieser geschlossenen Welt, wenn man beispielsweise in die Transistortechnik geht und letztlich in der Physik bleibt. Wenn man dagegen beispielsweise in den elektronischen Apparatebau geht, dann gibt es plötzlich ganz andere Probleme. Ich denke da beispielsweise an einen, der damals in Karlsruhe einen Oszillator für 10 MHz gebaut hat. Da musste auch eine Frontplatte gemacht werden, die musste Drehknöpfe haben. All das hatte nun gar nichts mit dem Oszillator zu tun. Das heißt, das anzubietende Gerät ist eine Lösung, und die geht weit über den inneren Kern hinaus.

Das Problem in unserer Informatik und bei den Softwareentwicklern ist, dass sie in einer mathematisch abstrakten Welt aufwachsen, in der man fast alles lösen kann. Diese Welt ist aber noch sehr weit weg von den realen Lösungen.

**Scheer** Man hatte keine Beispiele für die reale Welt.

In der Wirklichkeit braucht man Designer

**Plattner** Die hätte man aber haben können, denn die Systeme waren ja da. Man geht immer noch weiter in der beschränkten mathematischen Modellwelt. Nehmen wir die Objektorientierung. Das ist ein puristisches Modell zum Abbilden der Wirklichkeit. Was ich damit sagen will, ist, dass die Wirklichkeit sich nie so abbilden lässt. Daraus wird nicht die Wirklichkeit. In der Wirklichkeit braucht man Designer. Designer sind nicht eingeschlossen in die Objektorientierung. Da gibt es inzwischen schon sehr kritische Stimmen. Beispielsweise ist Reparaturfreundlichkeit eines Softwaregerätes nicht dadurch gegeben, dass man es objektorientiert programmiert, sondern man muss in austauschbaren Komponenten denken.

**Scheer** Die Objektorientierung ist ja auch mittlerweile durch die Kompositionsparadigmen schon überholt.

**Plattner** Ich glaube, dass man an dem, was wir vorhin beschrieben haben, ganz klar erkennen kann, dass ein Softwaresystem etwas Komplizierteres ist als eine Summe von gut programmierten Algorithmen. Und deshalb sehe ich die Notwendigkeit, dass wir nicht aus einer mathematisch-wissenschaftlichen, fast abstrakten Ecke herkommen dürfen. Wir brauchen die mathematisch-abstrakte Welt so, wie der Elektrotechniker die Physik- und die Mathematikausbildung braucht. Er wird aber dann doch zum Ingenieur ausgebildet, der Systeme bauen kann. Dazu gehört, dass man wenigstens weiß, welche Anforderungen an Design in der Zukunft gestellt werden. Auch wenn man nachher an einer anderen Stelle arbeitet, muss man wissen, dass der Bestandteil Anwenderinteraktion relativ groß ist. Wir dürfen ihn nicht so gut wir eben können irgendwie hinbiegen. Dieser Bestandteil wird eine ganz große Rolle spielen in unseren Systemen, weil diese Systeme weltweit kommunizieren und weil Millionen von Menschen damit umgehen müssen. Dadurch kommt dieser Druck. Das sind auch Softwareentwickler, die die Anwenderinteraktion entwickeln. Diese Anforderungen gehören auch zu diesem Berufsbild.

Gehen wir mal zu Dreamworks. Was heute alles simuliert und montiert werden kann in Bildfolgen, das ist ungeheuerlich. Ganze Filme werden auf dem Computer gemacht. Die Titanic sinkt, Teile werden aus einem Modell genommen, aus einem klassischen Fotoablauf. Dann wird alles im Computer überarbeitet. Das sind Dinge, die waren vor drei Jahren noch undenkbar. Jetzt kommt plötzlich das Zusammenspiel von verschiedenen Softwareentwicklern. Und da hilft es nichts, wenn ich nur Leute habe, die in objektorientierten Algorithmen trainiert sind, jetzt brauche ich Ingenieure, die zwar die OO-Methodik beherrschen, die aber auch verstehen, was für Simulationstechniken jetzt eigentlich möglich sind. Wir müssten eigentlich ein Ingenieursbild definieren, wo das alles hineingehört.

Vor dreißig Jahren konnte man sich in seinem Studium auf Hochfrequenztechnik, Starkstromtechnik oder Nachrichtentechnik spezialisieren, das gehörte alles zur Elektrotechnik. Das Bild der Informatik muss viel weiter gefasst werden, weil die Betriebswirtschaft sich beispielsweise nicht mit Benutzerinteraktion beschäftigt. Sie beschäftigt sich mit Zahlen, mit Theorien, versucht auch, mathematisch zu werden.

**Die fachliche Ausrichtung des Hasso-Plattner-Instituts**

**SCHEER** Es hat auch in der Betriebswirtschaftslehre solche Entwicklungen gegeben. Die Mathematisierung hat aber auch ihre Grenzen gefunden. Würde denn dieser weiter gefasste Begriff für die Ausrichtung des neuen Instituts für Software Engineering eine Rolle spielen, oder ist das mehr zentriert auf Gebiete der Kerninformatik mit leichten Verbindungen zu dem weicheren Umfeld?

**PLATTNER** Wir wollen in Potsdam versuchen, in Verbindung mit der normalen Informatik einen Ingenieursstudiengang anzubieten, der zwar immer noch im Bereich der Informatik liegt, der sich aber auf Großsysteme konzentriert. Es wird um Netz-

Das Hasso-Plattner-Institut in Potsdam

werke gehen, aber nicht nur um die logische Beschreibung eines Internets, sondern um Netzwerke als Anwendungssysteme. Des weiteren wird es um die verschiedenen Arten der graphischen Datenverarbeitung gehen, weil diese graphischen Systeme immer preiswerter werden, und ich glaube, sie werden überhand nehmen. Wir werden überall bewegte Simulationen haben. Das wird doch schon vielerorts gemacht, dass man auf dem Computer simuliert, ob man eine bestimmte Montage realisieren kann. Ich habe das bei VW gesehen. Ob die Tür so oder so ans Fahrzeug passt, das wird nicht mit einer realen Tür probiert, sondern das wird am Computer probiert, und dann ändert man eben das Auto und die Tür so lange, bis die Montage realisierbar ist.

**Das Ganze verstehen lernen**

Was wir erreichen wollen, ist, dass die Ingenieure, die bei uns ausgebildet werden, eine Vorstellung von solchen Aufgabenstellungen haben. Sie sollen, egal wo sie hingehen und welchen Schwerpunkt sie gewählt haben, immer auch ein Verständnis von dem Ganzen haben und gelernt haben, dass zum ingenieurmäßigen Arbeiten viel mehr gehört, als nur in einer Methode hundertprozentig sattelfest zu sein.

**Wendt** Natürlich kann man bei der Definition eines neuen Studiengangs nicht nur Stoff hinzunehmen. Man kann nur neuen Stoff hinzunehmen, indem man alten Stoff weglässt, denn sonst würde sich ja die Studienzeit verlängern, und das ist nicht akzeptabel. Es muss eine Schwerpunktverschiebung geben. Gewisse Inhalte, die jetzt in der Informatik gelehrt werden, müssen gestrichen werden.

**Plattner** Ja, vielleicht ist der Ingenieur gar nicht so sehr das beste Bild, sondern eher der Vergleich zwischen Bauingenieur und Architekt. Ich würde den heutigen Informatiker mehr als den Bauingenieur sehen, und wir wollen Architekten ausbilden. Da kommen sehr viele Dinge zusammen; Design ist eine ganz wesentliche Komponente, aber Baustoffe sind auch eine wesentliche Komponente. Selbstverständlich muss auch ein Architekt Statik belegen und verstehen, dass ein Haus bestimmten physikalischen Grundanforderungen genügen muss. Nachher aber beim Realisieren des Bauprojekts benötigt er natürlich Leute, die auf Statik spezialisiert sind. Und er braucht viele andere, die auf vielen anderen Gebieten spezialisiert sind. Aber nur weil er diesen Überblick hat, kann er seine Architektenrolle ausüben. Und das ist eigentlich das, was wir im Sinn haben. Wir wollen Architekten im Bereich Softwaresystemtechnik ausbilden.

**Der Softwareingenieur gleicht einem Architekten**

**Wendt** Ja, wobei ich aber noch einen Schritt weitergehen will. David Parnas, ein weltweit anerkannter Experte im Bereich Software Engineering, den ich vor kurzem gesprochen habe, hat gesagt, in der Informatik stehe heute in der Lehre das aktuelle Forschungsthema sehr stark im Vordergrund. Da werden Dinge berichtet, da werden die Hörer mit Erkenntnissen konfrontiert, die gerade erst vorgestern am Schreibtisch ausgedacht worden sind. So wie die Physiker eben die neuesten Elementarteilchen, die gerade gefunden wurden, in der Vorlesung über theoretische Physik vorstellen. Diese müssen aber in der Ausbildung der Elektrotechniker nicht vorgestellt werden, weil die Brauchbarkeit dieser Erkenntnisse für das Entwickeln von Produkten jetzt noch nicht erkennbar ist und sich vielleicht erst in zwanzig Jahren herausstellen wird.

**Notwendigkeit berufsbezogener Lehrinhalte**

Es wäre schön, wenn man das alles lehren könnte. Es ist ja gut, wenn man darüber etwas weiß, aber in einem Studium gibt es nur eine bestimmte Anzahl von Semesterwochenstunden, und da muss man haushalten. Wenn wir wieder zurückgehen zur Ausbildung von Systemarchitekten, ist da eben kein Platz für ein episches Sichverbreiten über denotationale

Semantik. In der Informatik kann es eine dreistündige Vorlesung ein ganzes Semester lang über denotationale Semantik geben, in einer Ingenieurausbildung dagegen hat dieses Thema nur einen Platz von vielleicht zwanzig Minuten und ist damit erledigt.

**Scheer** Also werden sich auch die Berufsbilder, für die wir hier in Deutschland und in Europa zukünftig ausbilden, ändern müssen. So wird vermutlich der Hardwareentwickler nicht mehr der Fokus der Informatikausbildung sein. Softwareentwickler in dem engeren Sinne stehen vielleicht auch nicht mehr im Mittelpunkt, sondern die Softwarearchitekten, die weiter denken.

**Plattner** Wir brauchen alles, wir brauchen die Kombination.

**Scheer** Richtig, wir brauchen alles, aber es stellt sich doch die Frage der Relation. Ich meine, dass der Fokus anfänglich recht lange auf der Hardware lag, jetzt vielleicht auf der Software liegt, aber in einem zu engen Gebiet, dass man Korrektheitsbeweise machen möchte, obwohl man genau weiß, ein großes System wird man auch in zwanzig Jahren nicht auf Korrektheit hin beweisen können. Wir haben also hier den Gegensatz zwischen dem Bereich der »anständigen Forschung«, in der sich die Forscher wohlfühlen, und den Problemen, die von der Forschungsseite her als nicht seriös betrachtet werden. Aber die Probleme sind da, und sie sind wichtig, und sie bestimmen die Welt.

**Die Praxisferne der Informatik – eine Anekdote**

**Wendt** Ich möchte hier mal eine Anekdote bringen, eine Geschichte, die inzwischen schon zwanzig Jahre her ist.

Ich saß in einer Konferenz in Amsterdam, wo der berühmte Edgar Dijkstra, einer der »großen Päpste« der Informatik, einen Vortrag hielt. Er stellte sich vorne hin und sagte: »Ich werde immer getadelt, weil die Beispiele, an denen ich meine Konzepte erkläre, so klein seien.« Und richtig, das waren immer Programme, die passten auf eine halbe DIN A4-Seite, manchmal waren sie sogar nur fünf Zeilen lang. »Ich nehme den Tadel an«, fuhr er fort, »und bringe Ihnen heute einmal ein sehr komplexes Beispiel aus der Praxis. Ich zeige Ihnen, dass ich auch mit der Realität sehr wohl vertraut bin«. Und dann brachte er ein Programm, das war zwei DIN A4-Seiten lang! Da habe ich meinen Nachbarn im Konferenzsaal angestoßen und ihm gesagt, dass bei uns zu Hause, wo wir arbeiten, Programmausdrucke mit einer Sackkarre transportiert werden. Wir reden also nicht über zwei DIN A4-Seiten, sondern wir reden vielleicht über 40 000 DIN A4-Seiten, und das ist eine ganz andere Kategorie. Hier zeigt sich für mich das Hauptproblem der Informatik.

**Systementwicklung als eigene Aufgabe und Disziplin**

**PLATTNER** Mir schießt gerade noch ein anderer Gedanke durch den Kopf. Wir haben zu lange geglaubt, es sei eigentlich die Aufgabe der Betriebswirte oder der betriebswirtschaftlichen Informatik, dies alles zu machen. Die plant die Systeme, und die Informatiker sind dann die Leute, die es physisch realisieren. Ich glaube, dass das Bauen von großen Systemen weit von dem weg ist, was die Betriebswirtschaft macht. Dass man betriebswirtschaftliche Systeme damit zum Teil realisiert, das ist klar, aber dieses Bauen der Systeme ist etwas anderes, das ist eine eigenständige Tätigkeit, die auch als eigene Disziplin gelehrt, geübt und auch praktiziert wird.

**SCHEER** Jetzt kann man über die Etiketten sprechen. Die Wirtschaftsinformatik in Deutschland hat zumindest den Verdienst, dass sie diese Realität gesehen und keine Angst vor solchen Fragestellungen gehabt hat, wogegen die Teile der Informatik, die stark aus der Mathematik gekommen sind, sich davor gescheut haben. Daher würde ich sagen, im Hinblick auf die geringen Ressourcen, die der Wirtschaftsinformatik in Deutschland zuteil wurden, hat sie große Verdienste gehabt.

Aber generell ist die Systementwicklung natürlich umfassender, als dass sie von einer Fachdisziplin, in diesem Fall der Wirtschaftsinformatik, bewältigt werden könnte. Das gilt ja genauso für medizinische Systeme, es gilt genauso für technische Systeme, d. h., wir haben schon eine Abstraktion davon, dass man sich fragt, wie man große Systeme beherrschen kann, seien es betriebswirtschaftliche Systeme oder andere.

**Plattner** Ja, und die Welt ändert sich. So werden sich immer neue Disziplinen aus traditionellen Disziplinen heraus entwickeln und abspalten, beispielsweise die Verfahrenstechnik. In den 60er Jahren gab es in Karlsruhe eines der jüngsten Institute für Verfahrenstechnik, welches sich vom Maschinenbau loslöste. In der chemischen Verfahrenstechnik geht es eben nicht um Hebel und Kolben, sondern um Pumpen und Kondensatoren und andere interessante Dinge. Den Maschinenbau hat es schon lange gegeben, bevor es eine Flugzeugtechnik geben konnte. Ein ganzer Schwarm von neuen Disziplinen ist dazugekommen, weil man nun Flugzeuge baut. Und eine solche Entwicklung sehen wir nun hier, und dafür müssen wir ein Angebot entwickeln. Wenn man in einem Studium gezielt Flugzeugtechnik betreibt anstelle von Maschinenbau, dann kann man leichter Flugzeuge bauen, als wenn man nur Maschinenbau studiert hätte.

**Die Informatik weiß nichts von Systemen wie R/3**

**Wendt** Ich glaube aber, dass die Informatik noch sehr weit zurückliegt, wenn man sie mit Verfahrenstechnik, Maschinen- und Flugzeugbau vergleicht. Denn Verfahrenstechnik oder Flugzeugbau sind Funktionsbereiche, in denen der Maschinenbauer Maschinen für irgendwelche Zwecke baut. Der eine baut eben ein Flugzeug, es muss fliegen, der andere baut eine ganze chemische Anlage zur Herstellung von Ammoniak. Nun muss man natürlich fragen, was der Verfahrenstechniker und der Flugzeugbauer gemeinsam haben. Die Gemeinsamkeit ist tatsächlich die gemeinsame Sprache und die genormten Darstellungsmittel für Großsysteme. Das Maschinenzeichnen ist nicht etwas, was man wegen der Verfahrenstechnik oder wegen des Flugzeugbaus lernt, sondern man lernt es, weil man mechanische Systeme baut, bei denen es um mechanische Bauteile geht. Egal, ob es Rohre sind, durch die Ammoniak fließt, oder ob es Röhren im Flugzeug sind, durch die Hydrauliköl fließt. Die Art und Weise, wie Ingenieure im Maschinenbau über ihre Systeme reden, ist dort grundsätzlich vorgegeben. In der Informatik lernt man so gut wie gar nichts darüber, wie man über ein System wie das R/3 oder ein anderes komplexes System reden soll. Hier liegt das Problem.

**Der Nutzen von Modellierung**

**Scheer** Da sind wir jetzt beim Thema Modellierung.

**Wendt** Genau das. Und diese Modellierung wird eine der zentralen Aufgaben des neuen Hasso-Plattner-Instituts sein.

**Scheer** Wobei die Modellierung zum einen als Sprache der Ingenieure wichtig ist, zum anderen aber auch als Sprache zur Kommunikation mit dem Kunden. Denn der Architekt beim Häuserbau, der benutzt seine Zeichnung einerseits, um mit seinem Statiker zu reden und mit seinen Lieferanten, den beteiligten Handwerkern. Andererseits nimmt er die gleiche Zeichnung auch, um mit seinem Kunden bzw. Auftraggeber zu reden, der nicht Architektur studiert hat und nicht vom Fach ist.

**Plattner** Und damit hast Du definiert, wo wir die Modellierung im Kundenverkehr brauchen. Dort, wo Änderungen vorgenommen werden sollen, denn sonst müsste man ja gar nicht miteinander reden. Beim Auto zeigt mir keiner eine Zeichnung, wie das Auto innen funktioniert, ich setze mich nur in das Auto, drehe den Zündschlüssel um und fahre los.

**Scheer** Man erhält nur den Autokatalog, der die Funktionen und die Varianten zeigt, die man wählen kann. Man sieht Farbmuster, man sieht verschiedene Funktionskombinationen usw.

**Plattner** Also im Bereich der Autos ist die Variabilität ganz gering, beim Hausbau ist sie ein bisschen größer, und bei der Software, wie wir sie machen, insbesondere in dem schon beschriebenen New-Dimension-Bereich, ist sie sehr viel größer. Deshalb gibt es bei uns jetzt wieder überall die Bemühungen, eine Darstellungsform zu finden, die geeignet ist, auf verschiedenen Ebenen verschiedenen Leuten zu zeigen, was wir eigentlich machen. Damit wir miteinander reden können und nicht einfach nur Begriffe hin und her senden, ohne zu verstehen, über was wir eigentlich sprechen. Die Solution Map ist so eine Darstellungsform. Es ist sehr wichtig, dass wir eine gemeinsame Sprache finden, die die Kommunikation zwischen den verschiedenen Beteiligten ermöglicht. Die Darstellungsform, die zeigen soll, wie die Komponenten eines Softwaresystems intern miteinander kommunizieren, ist ganz anders als die Darstellungsform, die uns hilft, mit unserem Kunden zu reden, wenn es um die Selektion von Prozessparametern geht.

**Scheer** Wobei da auch die Grenzen der Phantasie noch lange nicht erreicht sind. Warum sollten wir nicht, wie auch in der Architektur, Virtual-Reality-Ansätze verfolgen? Man kann heute ein Haus schon erkunden, noch bevor es gebaut ist, indem man es virtuell durchwandert. Warum sollten wir uns nicht durch einen Geschäftsprozess hindurchbewegen können, der über mehrere Partner geht im Rahmen einer Logistikkette?

**Nutzenpotential von Anwendungen erkunden**

**Plattner** Deswegen halte ich es auch für ganz wichtig, dass die Anwendungen im Ingenieurwesen oder beispielsweise auch die in der Filmindustrie bezüglich ihrer Wiederverwendbarkeit untersucht werden. Die ganz teueren Systeme sind Virtual-Reality-Systeme für Crash-Tests und ähnliches, wo die gesamte Physik dahinter steht. Aber auch solche Programme werden teilweise wiederverwendet werden können in ganz einfachen kommerziellen Anwendungen der Zukunft. Die Computerleistung wird wachsen, wachsen, wachsen. Es ist nicht abzusehen, dass die Computergeschwindigkeitsentwicklung irgendwie stoppt. Das geht noch eine ganze Weile so weiter. Wir können immer mehr von dieser Software, die wir in den letzten zehn Jahren erfunden haben, auch in anderen Gebieten wiederverwenden, und ich halte das für wichtig, dass man frühzeitig erkennt, wo die Potentiale liegen.

Vieles kann zur Vereinfachung der Systembedienung genutzt werden.

Denken wir doch nur einmal an die Einstellung eines Fernsehers. Keiner dreht mehr heute mit dem Schraubenzieher an einem veränderlichen Widerstand. Diese Trimmer, die noch früher überall aus dem Fernseher rausschauten – könnt Ihr Euch noch daran erinnern? Da waren Löcher im Gehäuse, und da habe ich natürlich den Schraubenzieher reingesteckt und ständig versucht, das Bild zu verbessern. Heute gibt es ein kleines Bauteil, welches die Konvergenz von alleine einstellt, und wenn das nicht reicht, gibt es eine extra Bedienungsanleitung mit Interaktion über den Fernseher selbst, wie beim Computer. Das entwickelt sich doch alles in diese Richtung. Deswegen diese graphischen Systementwicklungen. Vor allen Dingen 3D wird Einfluss auf unsere Systeme haben.

**Was bestimmt die zukünftige Softwareentwicklung?**

**Scheer** Könnte man sagen, dass die Softwareentwicklung in der Zukunft mehr getrieben wird von Organisationsbetrachtungen als von den bisher vorherrschenden Funktionsbetrachtungen? Wir haben Funktionen in Programme hineingebracht; ein Statement ist ja nichts anderes als die Umsetzung einer Funktion. Dann haben wir die Datensicht sehr stark betont mit den Datenbankarchitekturen. Und jetzt schauen wir eigentlich die Organisation an. Wir schauen die Rollen des Benutzers an, die eine Organisationsbeschreibung ist. Wir klassifizieren. Bisher hatten wir Organisation nur pauschal angesprochen. Wir haben den Benutzer, das ist aber nur etwas Graues, der abstrakte Benutzer, das abstrakte Unternehmen. Jetzt müssen wir genauer auf diese Elemente zugehen.

**Plattner** Also ich würde sagen, die Funktion und die funktionale Weiterentwicklung bleibt im gleichen Maße, wie sie heute ist.

**Scheer** Ja, aber eine Rechnungsbeschreibung ist eine Rechnungsbeschreibung. Da wird sich keine große Dynamik entwickeln.

**Plattner** Doch, das Fakturieren ändert sich ganz stark, weil es aus allen möglichen Ecken kommt. Beispielsweise das transaktionsabhängige Fakturieren im Internetbereich. Also dort gibt es schon große Änderungen.

**Scheer** Es kommen aber auch noch andere Dinge hinzu, beispielsweise die Zuordnung der Fakturierung zu bestimmten Gruppen. Es geht ja nicht nur um die Fakturierung selbst, dass ich ein paar Zahlen hinschreibe und die Mehrwertsteuer dazuaddiere.

**Plattner** Wir bauen jetzt ein riesiges neues Fakturierungssystem, ein Billingsystem. Wir haben viel gelernt aus dem Bereich der Telekommunikation, dem Internet usw. Die funktionalen Anforderungen werden nicht abnehmen. Es wäre falsch zu glauben, jetzt haben wir es erreicht, und von nun an bleibt es so. Die Funktionalität nimmt wahrscheinlich auch weiterhin überproportional zu. Aber zusätzlich, das ist der wesentliche Punkt, kommen ja ganz neue Anforderungen hinzu. Diese ganze benutzerzentrierte Betrachtung kommt zusätzlich.

**Dynamik in der Unternehmensorganisation**

**Scheer** Aber nicht nur bei den Benutzern ändert sich was, sondern die Organisation des Unternehmens selbst ist dynamischer geworden. Ich habe nun bestimmte Funktionen in verschiedenen Außenstellen, ich muss auf die Organisation hin mein System konfigurieren. Die ganze Verteilung ist ja ein Organisationsproblem. An welchem Ort will ich was machen, welche Daten halten und welche Funktionen anbieten, in welchen Funktionen muss ich welche Daten nutzen. In der Fabrik ist das anders als in der Vertriebsniederlassung. Ich betrachte plötzlich die ganze Organisationsvielfalt. Ich habe nicht mehr ein Unternehmen, einen Benutzertyp, sondern ich habe ganz andere Elemente. Ich suche mir vielleicht aus dem System selbst die verteilten Organisationsbeschreibungen zusammen. Ein großer Teil der Organisationsbeschreibungen war ja traditionell immer im HR-System (Human Resources), obwohl sie da nicht hingehören. Warum soll das

Organigramm eines Unternehmens im HR-System enthalten sein?

**Plattner** Schwenken wir noch einmal kurz zu den Anwendungen zurück. Eines der zentralen Probleme bei unseren jetzigen Anwendungen ist ja die Verteilung. Ob wir den Vertriebsmitarbeiter erreichen wollen oder den Service-Techniker, das ist ein Software-Verteilungsproblem, ein Datenverteilungsproblem. Wie kriegen wir bestimmte Datenmengen auf die PCs der Leute, die vor Ort arbeiten? Wie kriegen wir den für sie interessanten Inhalt zu ihnen hin, und wie bieten wir ihnen diesen Inhalt an? Bei der sogenannten Push-and-Pull-Entwicklung unterscheidet man ja den Fall, dass man nur Pointer hin- und herschickt, die nur die Möglichkeit schaffen, dass man sich die richtige Information besorgt, und den anderen Fall, dass man dem Techniker oder dem Vertriebsmann bestimmte Informationen zukommen lässt, die er dann als Arbeitsvorrat für den nächsten Tag, die nächste Woche oder den nächsten Monat abarbeiten kann.

**Zentrales Problem: die Verteilung von Informationen**

Da gibt es eine ganze Reihe von Entwicklungen, und dort stehen Verteilungsmechanismen entlang der Organisationsstruktur eines Unternehmens dahinter. Es ist nicht mehr so, dass wir irgendwo eine Zentralstelle haben und dann noch vielleicht ein Postfach.

Erinnert Ihr Euch noch an die alte EDV, an diese Durchreichfächer. Die EDV-Zentralabteilung teilt die Listen aus, die man ausgedruckt hat. Sie sind nach Namen sortiert, und auf der anderen Seite der Durchreichfächer geht man vorbei und holt sich seine Listen ab. So hat das auch vor zehn oder zwölf Jahren bei SAP im Rechenzentrum ausgesehen.

Ich betone aber, dass da nur etwas hinzukommt und nirgendwo etwas wegbricht. Wenn überhaupt irgendwo etwas wegbricht, dann ist es dieses Prüfen von formalen Kriterien von Werten. Ein Datum ist numerisch, aber das ist eigentlich fast unwichtig. Man muss wissen, ob das Datum im gegebenen Kontext erlaubt ist. Wenn es beispielsweise das Datum einer Geldüberweisung ist und an diesem Tag ein Bankfeiertag ist, dann ist es eine Inkonsistenz. Überall wird diese Qualität viel höher, überall wird mehr Semantik verarbeitet. Die Systeme müssen viel mehr Informationen verstehen.

**Wendt** Es geht aber im Grunde um die kontextabhängige Semantik. Ich würde aber jetzt noch gerne über einen ganz anderen Themenbereich sprechen. Wir haben die ganze Zeit immer nur über das Produkt geredet und wohin sich die Systeme funktional entwickeln werden. Wir haben uns gefragt, was gebraucht wird. Da wir Herrn Plattner hier so aus dem Nähkästchen plaudern hören, würde mich noch etwas anderes sehr interessieren, nämlich wie er die Fragen des Managements einer großen Firma sieht.

Als ich 1990 zur SAP kam, hatte sie eintausend Mitarbeiter. Zwei Jahre später wurde R/3 ausgeliefert. Heute hat die SAP über achtzehntausend Mitarbeiter weltweit. Das ist ein unglaubliches Wachstum, ein Faktor 18 in acht Jahren. Da ist es schon interessant, von Hasso Plattner, der an einer so verantwortlichen Stelle ist, zu hören, welche Probleme er da sieht, ob er bestimmte SAP-typische Vorgehensweisen sieht, die anders sind als beispielsweise bei IBM, bei Microsoft oder vergleichbaren Unternehmen. Wie macht man so etwas in Amerika, und wie macht man so etwas hier? Ist der Erfolg der SAP wesentlich auf geniale Planung oder einfach auf Nutzung gewisser evolutionärer Entwicklungen zurückzuführen?

**Vor- und Nachteile von Hierarchien**

**Plattner** Ein Patent darauf gibt es sicher nicht, wie man eine schnell wachsende Organisation am besten aufbaut. Mein Kollege Dietmar Hopp hat immer auf flache Hierarchien, Teamarbeit beharrt. Und ich habe immer gesagt: Die Realität ist längst an uns vorbeigelaufen, wir haben ganz starke Hierarchien. In Amerika erleben wir bis zu sechsstufige Hierarchien. Hierarchien bedeuten einerseits schnellere Exekution, sie bedeuten, dass eine Richtungsänderung durchgesetzt werden kann, dass eine Zielvorgabe überwacht werden kann.

Die Hierarchie hat also erhebliche Vorteile – das ist die militärische Organisation.

Sie hat aber den großen Nachteil, dass mit all den Knotenpunkten in der Hierarchie Positionen besetzt werden, deren Veränderung nur schwer möglich ist. Man kann jemanden in einem Hierarchiebaum nicht mehr nach unten versetzen. Da muss man Sonderkonstruktionen machen, eine Hierarchieebene drüber setzen oder dazwischen einfügen. Man baut also ganz seltsame Konstruktionen für eine Statuswahrung und dafür, dass kein Mitarbeiter sein Gesicht verliert. Wenn jemand einmal Vizepräsident war, kann ich ihn nicht plötzlich wieder zum Direktor machen. Das ist unmöglich, ohne dass der Mitarbeiter das Unternehmen verlässt. Und für eine Organisation unserer Art, die sich ständig wandelt und die beweglich bleiben muss, schafft so etwas ganz große Probleme.

**Keine einheitliche Organisation**

Wir haben keine durchgängig einheitliche Organisation. Sales und Service kann sich auf die eine Art organisieren, und die Entwicklung ist wieder ganz anders organisiert. Nach wie vor ist bei SAP die Entwicklung so angelegt, dass auch noch Vorstandsmitglieder selbst in der Entwicklung tätig sind. Von den fünf Vorstandsmitgliedern, die wir heute haben, sind vier in der Entwicklung tätig.

**Scheer** Kennst Du ein vergleichbares Unternehmen, bei dem das ähnlich ist?

**Plattner** Ja, Oracle, mindestens zur Hälfte. Larry Ellison ist wieder wesentlich stärker in der Entwicklung tätig als in der PR. Bei Microsoft hat Bill Gates gerade gesagt, Herbold und Ballmer sollen sich im Unternehmen um die Durchführung kümmern, damit er wieder viel mehr für die Entwicklung tun kann. Unsere Entwicklung ist doch auch etwas Außergewöhnliches. So ein großes System muss schwerpunktmäßig im Vorstand repräsentiert sein. Wir versuchen nicht völlig in Hierarchien zu verkrusten. Die Hierarchien sind genau der Knackpunkt, wo wir Schwierigkeiten haben. Hierarchienbildung heißt Kästchenbildung, heißt, dass Leute sich einigeln, dass sie ihre Aufgaben selbst definieren. Wir haben vorhin darüber gesprochen, wie schnell sich die Software ändert. Eigentlich müssten sich die Organisationsstrukturen ständig mitändern. Und das ist nur sehr schwer zu erreichen.

**Das Beste bei SAP ist die Unternehmenskultur**

Das Beste, was wir bei SAP haben, ist eine Kultur, die wir über viele Jahre geschaffen haben und die heute noch erhalten ist. Diese Kultur ist es eigentlich, die das Unternehmen vorantreibt. Und das erste Merkmal dieser Kultur ist die Ehrlichkeit. Bei SAP zu lügen oder etwas zu behaupten, vorzugeben, man habe etwas oder man könne etwas, was nicht den Tatsachen entspricht, das kann man nicht lange durchhalten. Alles wird hinterfragt. Wenn ein Mitarbeiter dann feststellt, dass es sich um ein potemkinsches Dorf handelt, dann hat der andere schon verloren. Die Verteidigung von potemkinschen Dörfern in der SAP ist sehr schwierig, weil alle der Meinung sind, dass es das eigentlich nicht geben darf. Alle arbeiten daran, dass solche Dörfer nicht entstehen können.

**Offenheit**

Oder betrachten wir Bereiche, in denen zwar ständig etwas entwickelt wird, dies aber keinen Wirklichkeitsbezug, also nie einen Einfluss auf das Produkt hat. Solche Bereiche kristallisieren sich sehr schnell heraus, und die Firma bildet einen Kokon drum herum. Danach ist es eine Managemententscheidung, ob man den Bereich noch leben lässt. Jedem, der neu zu uns kommt, fällt diese Kultur auf, und er sagt uns das auch. Die Offenheit der Leute, wie sie miteinander umgehen, wie sie quer durch die Strukturen miteinander arbeiten, das fällt auf. Wenn ich mit den Leuten diskutiere, können sie so mit mir umgehen, als wäre ich ein Softwareentwickler, der erst vor ein oder zwei Jahren eingestellt wurde.

Eine kleine Sache am Rande, die für eine deutsche Firma ungewöhnlich ist: Henning Kagermann und ich haben eingeführt, dass wir uns in der Firma weltweit mit dem Vornamen anreden. Alle Englischsprachigen machen das ohnehin so, und unsere Sprache ist halb Englisch, halb Deutsch, im Kundenkontakt ist es mehr Englisch, und im Innenverkehr ist es mehr Deutsch. Damit wir uns nun nicht ständig auf unterschiedliche Art anreden müssen, haben wir entschieden, dass wir uns alle mit dem Vornamen anreden. Das ist die Anrede, wie sie sein soll; dass mich noch viele mit dem Titel anreden, kann ich nicht verhindern, aber das wird sich langsam ausschleifen.

Und der einzige Grund dafür ist, dass die Barrieren abgebaut werden. Wenn wir mit anderen Firmen zu tun haben, kommen sie oft mit der ganzen Hierarchie, und sie sind dann ganz verwirrt, wenn wir nicht auch mit dieser Hierarchie kommen und SAP drei Hierarchiestufen auslässt. Diese Idee haben wir von Anfang an verfolgt, und jetzt steht sie in den Managementbüchern. Das ist natürlich nicht eine Idee, die man definiert und die dann real wird, sondern daran muss man immer wieder arbeiten, man muss darum kämpfen.

**Direkte Steuerung und direkte Kommunikation**

Nehmen wir doch z. B. die Entwicklersitzung, an der ich vorhin teilgenommen habe. Da haben die Herren vorgestellt, was sie jetzt machen und wie sie weiter vorgehen wollen. Sie haben gesagt, dass sie an der betreffenden Sache noch vier Wochen arbeiten müssen, dass sie sie mir dann vorlegen und dass dann ich oder der Vorstand entscheiden könne. Da habe ich gesagt: »Nein, so machen wir das nicht. Ich kann doch jetzt innerhalb von wenigen Minuten überprüfen, was ich von dem, was Sie bis jetzt gemacht haben, als gut empfinde und was nicht.« Wir hatten eine hundertprozentige Übereinstimmung bei der Frage, welche der Varianten, die das Team vorgeschlagen hat, die beste sei. Ich sagte: »Diese ist die beste. Und nun lassen Sie mir jede Woche einen Fortschrittsbericht zukommen, den schaue ich mir an. Wenn ich was dazu zu sagen habe, melde ich mich, und wenn ich nichts sage, machen Sie weiter. Wir arbeiten auf das Ziel hin; und ich kann ab und zu steuernd eingreifen. Aber Sie bauen nicht etwas auf, was Sie mir erst zu einem bestimmten Entscheidungspunkt zeigen, an dem ich dann möglicherweise die Richtung ändern würde und wir dann alles neu machen müssen. Wir streben diesen Punkt an, und währenddessen können Sie mich immer informieren.«

Ich kann also während des Projektes Einfluss nehmen und nicht erst in einer Sitzung am Ende, an der ich dann nur noch zwei Alternativen habe, zwischen denen ich wählen muss. Es ist etwas anstrengender, die Entwicklung während der Umsetzung zu beeinflussen. Das verlangt mehr Kommunikation, aber wie immer man diese auch herstellt, diese Vorgehensweise führt zu besseren Ergebnissen.

**SCHEER** Ich weiß nicht, ob es bewusst oder unbewusst geschah, aber Du hast eben eine sehr genaue Beschreibung aus der Organisationstheorie gegeben, wie man bestimmte Koordinationsprobleme lösen kann. Man kann zum einen über Anweisungen arbeiten, das ist das hierarchische Prinzip. Das ist auch gar nicht schlecht. In manchen Umgebungen funktioniert das gut, nämlich dann, wenn die Aufgabenstellung sich immer wiederholt. Dann funktioniert so eine Organisationseinheit wie eine Maschine. Sie produziert immer das gleiche Produkt.

Es funktioniert aber nicht mehr, wenn es sich um sehr komplexe Aufgaben handelt, die sich auch immer wieder ändern. Diese kann man nur in Teams organisieren, die auch mit der Zeit wechseln. Und da gibt es leider nicht so ein einfaches Prinzip wie das hierarchische. Diese Teams müssen sich selbst steuern. Und das funktioniert eigentlich nur durch solche weichen Begriffe wie Unternehmenskultur. Wenn man die nicht hat, kann auch eine solche Teamorganisation nicht funktionieren. Dies ist also eine Voraussetzung für eine solche lockere Struktur.

**Prinzip: Fakten finden und bewerten**

**PLATTNER** Ich will noch ein anderes Beispiel anführen. Wir haben das schon ein paar mal im Vorstand und auch im erweiterten Vorstand richtig durchgespielt. Es hört sich an wie eine Binsenweisheit, wird aber eigentlich nur ganz selten wirklich praktiziert. Wir diskutieren und entscheiden über eine Sache

Der derzeitige Vorstand der SAP mit dem Aufsichtsratsvorsitzenden Dietmar Hopp (3. v. links): Prof. Dr. Claus E. Heinrich, Prof. Dr. Henning Kagermann, Dr. Peter Zenke, Gerhard Oswald und Prof. Dr. h.c. Hasso Plattner (v. links)

nur dann, wenn vorher alle Fakten, die zu diesem Thema gehören, bilateral geklärt sind und bezüglich der Fakten ein Konsens aller Beteiligten vorliegt. Fast immer geht es schief, wenn man über irgendetwas redet, von dem nur der Vortragende die dazugehörigen Fakten kennt. Das Thema könnte beispielsweise die Preisgestaltung sein, eine Marktentwicklung oder die Frage, was können wir in UNIX oder in NT machen. Dann kann der Vortragende behaupten, wir müssten eine Entscheidung für UNIX fällen, weil dies oder das in NT nicht umsetzbar sei. So etwas ist zigmal vorgekommen in unserer Historie.

Wenn nur der Vortragende die Fakten kennt, werden die anderen anschließend nichts anderes machen, als auf Nachprüfung zu bestehen und zu sagen: »Wir müssen erst sehen, ob die Fakten stimmen, wir müssten jetzt die Fakten diskutieren.« Dann sagt einer, dass wir fertig werden müssen, um den Terminplan einzuhalten. »Wir müssen zu einer Entscheidung kommen.« Und ich sage: »Verdammt, so geht das nicht, ich komme zu überhaupt keiner Entscheidung, wenn ich die Fakten bezweifle.« Peter Zenck sagt: »Also mit mir könnt Ihr nicht rechnen. Wenn ich die Fakten nicht kenne, wenn ich sie nicht anfassen kann, wenn die nicht stimmen, funktioniere ich nicht. Und dann kann ich auch keinen Beitrag leisten. Deshalb enthalte ich mich.«

So arbeiten wir. Und das ist schwierig. Und das führt dazu, dass wir, um Zeit zu sparen, vorher die Fakten klären müssen. Diese werden im Vorfeld bilateral geklärt. Wenn dann einer zu der Konferenz kommt und sagt, dass er keine Zeit hatte, die Fakten zu prüfen, muss er sich hier tatsächlich enthalten. Wenn ich noch so schlau bin und wenn ich noch so schnell durchschaue, dass da irgendetwas nicht stimmen kann, ich muss mich enthalten, weil ich mich nicht vorbereitet habe.

Diese Methodik wird mit Hilfe von Stabsmitgliedern unterstützt, denn das kann man nicht alles persönlich machen. Aber mit dieser Methodik können wir in Meetings wesentlich harmonischer miteinander umgehen. Wer die Fakten nicht mitbringt oder es versäumt hat, sich kundig zu machen, der darf sich jetzt nicht engagieren, der darf nur sehr sachte in der Sache mitdiskutieren. Durch die Vorbereitung, durch das Beschaffen der Fakten ist bei fast allen Beteiligten bereits die Entscheidung im Kopf getroffen. Die Entscheidungsprozesse laufen ab, und wir kommen mehr oder minder gleichzeitig zum gleichen Ergebnis. Ich bringe hierzu mal das uralte Beispiel, welches für mich ein Klassiker ist.

Im R/2 hatten wir in den Anfangsjahren, das war so um 1981, ständig Speicherprobleme. Der Speicher lief voll, wir hatten

Probleme mit der Speicherfreigabe, Garbage-Collection-Probleme. Und wir hatten jeden Morgen ein Meeting, wenn bei einem Kunden ein Problem aufgetreten war. Kaum hatten wir es im MVS gelöst, ging es wieder nicht unter DOS. Kaum hatten wir es im DOS gelöst, ging es unter BS 2000 nicht. Damals hatten wir eine Komponente, die wir bei unseren Kunden immer sofort live austauschten, so dass wir immer ein Feedback bekamen, was wieder nicht ging.

**Beispiel: Speicherprobleme in R/2**

Eines Abends unterhielten wir uns, und es waren alle Mitarbeiter, die involviert waren, anwesend. Ich sagte: »So können wir doch nicht weitermachen.« Antwort: »Ja, die Welt ist halt so kompliziert«. Meine Frage: »Sagen Sie mal, woran liegt das denn eigentlich?« Antwort: »Das liegt daran, dass wir vier verschiedene Betriebssysteme gleichzeitig mit einer Software verbinden, und das geht nicht.« Frage: »Sagen Sie mal, warum eigentlich vier verschiedene Betriebssysteme?« Antwort: »DOS, MVS, BS 1, BS 2.« Frage: »Sagten Sie BS 1? Wie viele Installationen haben wir denn auf BS 1.« Antwort: »Zwei, und davon steigt jetzt einer auf BS 2 um.« Frage: »Wieso nehmen wir dann nicht BS 1 ganz heraus?« Antwort: »Das wäre kein Problem.«

Wir haben uns also immer zusammen mit den Kunden gequält, weil die Garbage Collection Fehler verursachte. Immer wieder blieb das System stehen, Absturz, rote Lampe an, und am Telefon wurde geflickt. In dieser Aufbruchsphase von R/2 ging es mindestens sechs Monate lang so weiter, und die besten Leute, die wir hatten, mussten immer flicken.

**Scheer** Aber da ist ja ein Marketinggedanke beim Entwickler reingeplatzt. Für ihn war es vorher egal, ob es 1 oder 1000 Systeme sind, für ihn war das immer dasselbe.

**Plattner** Genau das meine ich mit Fakten finden und Fakten bewerten. Ich habe einfach die Tatsache, dass wir das Problem auch für BS 1 lösen müssen, herausgenommen, und sofort war die Gleichung lösbar. Und wenn wir Probleme

**Beispiel: Datenbank performt nicht**

haben, die wir aktuell nicht lösen können, dann versuche ich immer, in diese Richtung zu denken, ob wir nicht die Bewertung der Fakten ändern müssten. Wir sollten nicht, nur weil wir an etwas nicht glauben, sofort resignieren und sagen, dass wir das nicht machen können.

Beispielsweise: »Die Datenbank kann nicht performant arbeiten«. Da frage ich: »Moment mal, an was für eine Performance denken wir denn hier?« Antwort: »Ja, also beliebig viele User.« Frage: »Moment mal, wie viele haben wir denn für diese Anwendung bei Böhringer in Mannheim?« Antwort: »Weiß ich nicht.« Frage: »Wie viele haben wir denn in der SAP?« Antwort: »Das weiß ich auch nicht.« »Da müssen wir doch erst einmal Fakten finden und feststellen, wie viele Anwender wir denn eigentlich haben, die auf eine gemeinsame Datenbank zugreifen. Vorher können wir doch das Problem nicht sinnvoll diskutieren. Bei einem Nutzern haben wir kein Sperrproblem, bei 2 Anwendern ein sehr geringes. Haben wir vielleicht 5 Anwender oder 50 oder 500 oder 5 000?« »Das kann gar nicht sein, so große Systeme mit so vielen aktiven Nutzern haben wir ganz selten. Bei fünfzig Nutzern kann ich mir vorstellen, dass das geht.« Da sage ich: »Danke schön, jetzt müssen wir uns doch nicht echauffieren, eine bestimmte Systemtechnik zu verwenden, nur weil sie bei ganz großen Zahlen nicht funktioniert. Es genügt doch, dass sie bei kleinen Userzahlen funktioniert, die wir hier vorliegen haben.« Wir gehen aus dieser abstrakten, alles lösenden Gleichung heraus.

Ich stelle mir das wirklich mit Gleichungen vor. Wenn die ursprüngliche Gleichung heißt: Es muss performen von 1 bis 50 000 oder gar bis unendlich viele Nutzer, da kann ich zurückgehen auf die Gleichung: Es genügt, wenn es performt für 1 bis 50 User. Ich könnte auch eine Gleichung haben, die die Festlegung, dass SAP nie in Java programmieren darf, enthält. Das kann ich aus der Gleichung herausnehmen: »Wir dürfen auch in Java programmieren, aber wir müssen nicht nur in Java programmieren«. Und so müssen wir uns vorher immer genau verständigen, was wir meinen. Sonst kann es

Teamarbeit bei der SAP in Walldorf

uns leicht passieren, dass wir uns immer wieder über Aussagen streiten wie beispielsweise: Java wird nie funktionieren. So etwas halte ich für den völlig falschen Weg, da verliert man ganz leicht den faktenbasierten Boden und wird polemisch.

**Scheer** Das ist ja im Prinzip der Unterschied zwischen Fundamentalisten und Realos. Die einen können immer nur zwischen 0 oder 1 entscheiden, die anderen wissen, dass auch noch etwas dazwischen liegt.

**Motivation durch Freude an der Arbeit**

**Plattner** Die beschriebene Vorgehensweise funktioniert beim Vorstand sehr gut, und wir versuchen, das auch weiter in der Organisation nach unten zu treiben. Die unteren Teams arbeiten sowieso auf diese Weise. Das ist eigentlich das Gute an der Teamarbeit bei SAP, dass ohne jeden Karrieregedanken, ohne jeden Hierarchiegedanken im Team gearbeitet wird. Die Karriere ist eigentlich, dass man den Spaß hat, ein tolles Produkt in einem guten Unternehmen zu entwickeln, und dass man auch je nach Leistung mehr Geld bekommt. Deswegen ist es auch ganz gefährlich, solche hierarchischen Entlohnungsmodelle einzuführen. Die müssen durch eine Ge-

genbewegung bekämpft werden, weil sie sonst zu dieser Hierarchiebildung führen. Wir haben ein Gehaltssystem eingeführt mit fünfzehn Stufen, das ist eine implizite Hierarchie. Und die ist mehr ein Problem, als dass sie hilft. Es ist ein echtes Problem, wenn die Leute in diesen Stufen denken, anstatt eigentlich das zu tun, was ihnen Freude macht.

Ich glaube, eine ganz wesentliche Sache, warum SAP so gut noch funktioniert trotz der vielen Mitarbeiter, ist, dass die Arbeit Spaß macht. Wir haben nur 2% Mitarbeiterfluktuation in Walldorf. Den Leuten macht es Spaß, hier zu arbeiten. Das hat auch eine Umfrage ergeben. In Amerika haben wir eine wesentlich höhere Fluktuation. In Amerika gehen viele zur SAP, weil sie Geld verdienen wollen. Sie haben dann auch Spaß, aber sie verlassen die Firma wieder, weil sie woanders, wo sie noch mehr Geld verdienen können, auch Spaß haben. Es gibt diese Unternehmensbindung nicht aus reiner Treue, sondern viele arbeiten hier, weil sie Spaß daran haben, mit anderen, die sie intellektuell schätzen, zusammenzuarbeiten. Das ist eine ganz wesentliche Komponente hier bei SAP, dass man sich gegenseitig intellektuell schätzt und respektiert und Spaß daran hat, miteinander zu arbeiten.

**Chancen europäischer Softwareunternehmen**

**SCHEER** Wo liegen denn die Chancen der deutschen Softwareindustrie? Könnte es noch mal eine SAP in Deutschland oder in Europa geben? Oder war es ein Einzelfall, der bedingt war durch das Zusammentreffen von bestimmten Personen, die gleiche Ideen hatten und auf eine bestimmte Marktsituation getroffen sind. Oder kann man durch gezielte Ausbildungs- und Forschungsinitiativen, wie Du sie ja auch mit Deinem Institut anstrebst, den Boden bereiten für neue Entwicklungen auf ähnlichen oder anderen Gebieten?

SAP ist ja doch ein Sonderfall, denn es gilt doch nach wie vor, dass 80–90% der Software der Welt aus Amerika kommt und dass wir hier in Europa nur zwei, drei große Unternehmen haben, die sich global behaupten können. Wie schätzt Du die Entwicklung in Europa und in Deutschland ein? Wir haben ja gesehen, dass wir in der Forschung gar nicht so weit hinten sind. Ich werde von Kollegen aus Amerika, vom MIT oder anderswo gefragt, wie die Architektur des R/3-Systems sei, weil sie selbst in ihrem Land gar keine Erfahrung mit so etwas haben. Trotzdem hat Amerika diese große Softwarekompetenz hervorgebracht.

**Amerika als Tor zum Weltmarkt**

**PLATTNER** Zuerst einmal ist ja SAP nicht alleine zu dieser Zeit entstanden, sondern es ist ein ganzer Wald von Softwarehäusern gewesen, und wir sind als Baum eben am stärksten gewachsen. Lange Jahre war ja SAP bei weitem nicht die Nummer eins in Deutschland. Da gab es eine SCS, da gab es eine ADV Orga, damals gab es schon Steeb und Sträßle, IBM und Kienzle, Siemens und Nixdorf. Es gab viele Softwarefirmen, aus denen SAP in einem bestimmten Bereich, in diesem ERP-Bereich und speziell im Finanzbereich für Serviceunternehmen, hervorgestoßen ist und dann die Welt erobert hat.

Die Welt haben wir nicht erobert, weil sie uns gerufen hat, sondern weil wir ganz klar geplant hatten, dass wir nach Amerika gehen müssen, dass wir in Amerika erfolgreich sein müssen. Wer in Amerika nicht erfolgreich ist, der wird im Rest der Welt auch nicht erfolgreich sein. Es war eine ganz klare Strategie, die wir sehr schnell und mit Nachdruck durchgeführt haben. Der große Umbruch von R/2 auf R/3, von Mainframe auf Client-Server, das hat uns mitten in dieser Strategie nach 55 R/2-Installationen gestoppt, es hat einen kurzen Ruck getan. Und jetzt haben wir über 5 000 R/3-Installationen in Amerika.

**SCHEER** Jeder hat ja so seine Erinnerungen. Ich habe die Erinnerung, dass bei der Diskussion, Amerika – ja oder nein, die SAP am Anfang eher zögerlich oder vorsichtig war.

**PLATTNER** Zögerlich nein, vorsichtig ja.

**SCHEER** Man hat gesagt: Wir wollen uns lieber durch Kunden ziehen lassen, als aggressiv dort hinzugehen.

Sich durch Kunden ziehen lassen

**Plattner** Wir haben gesagt: Wir müssen attraktiv werden für amerikanische Kunden. Wir machen es in Amerika nicht so, wie Amerika es vielleicht in Europa machen würde. Die würden Werbung machen und dann auf die Aufträge warten. Wir haben uns von den Kunden rüberziehen lassen. Ganz klar. Mobil, DuPont, Dow Chemical, ICI, das waren die ersten, die Chemie- und Ölindustrie hat uns nach Amerika gebracht. In der PC-Industrie hat es ja auch anfänglich ganz viele gegeben, Ashton-Tate, Borland. Lotus war für eine ganze Weile das größte Unternehmen, dann Microsoft. Microsoft hat sich entwickelt, und die anderen sind nicht mehr so mitgekommen. Dafür gibt es jetzt wieder viele andere Softwarehäuser. Darunter wird es jetzt sicher das eine oder andere geben, das einen ähnlichen Weg macht wie SAP, indem es relativ zu seinen Mitbewerbern wesentlich stärker wachsen wird. Ich kann jetzt nicht sagen, in welchem Bereich das sein wird, welche Software das sein wird. Wenn man das vorhersagen könnte, wäre das Börsenspiel ja einfach.

Ich glaube, dass die Chancen für Softwarefirmen in Europa gut sind, wenn sie beherzigen, dass es einen globalen Markt gibt und dass man in Amerika erfolgreich sein muss. Fast jeder, der jetzt erfolgreich in Europa Software macht, macht eine Dependance in Amerika auf und geht entweder nach Kalifornien oder an die Ostküste. Was wir hier vorgemacht haben, das ist eigentlich der wesentliche Beitrag der SAP zu dieser Geschichte: dass man in Europa nur dann langfristig erfolgreich sein kann als Softwarehaus, wenn man nach Amerika geht. Wir haben heute 40% unseres Weltumsatzes in Amerika, 20% in Deutschland. Das war sicher ein schwieriger Prozess und sicher auch ein kleiner Kulturschock. Nun sind wir tatsächlich eine globale Firma und müssen auch damit leben, dass Amerikaner in vielen Dingen anders denken als wir. Wir dürfen das nicht belächeln und Witze darüber machen, sondern wir müssen das ernst nehmen.

Deutsche Tugenden bewahren

Wir dürfen aber durchaus das bewahren, was unsere guten Tugenden hier in Deutschland sind, also zum Beispiel, dass wir nicht ständig das Unternehmen wechseln, und wir brauchen hier auch die Visitenkarten nicht so lang zu machen, damit der Titel passt. Das brauchen wir hier weniger. Ich glaube, dass wir gute Chancen in Europa haben, aber man muss diese Internationalisierung mitmachen, man muss den Weg nach Amerika, dem größten Binnenmarkt, gehen. England und die englische Sprache alleine reichen nicht aus. Das zeigen auch die englischen Softwarehäuser, die in England sitzen und von der Sprache her und kulturell gar kein Problem haben. Ohne ausreichende Präsenz in den USA haben sie keine Chance. Baan hat das richtig gemacht, dafür haben die aber viele andere Dinge falsch gemacht.

**Die Entscheidung: Mit R/3 nach Amerika**

**SCHEER** Wir haben ja eben vom Einstieg nach Amerika gesprochen. Es kam die R/3-Ankündigung in den USA. Ich war damals auch auf der SAPPHIRE, wo Du gesagt hast »You can buy R/3 now«. Und das war eine Entscheidung, die über Nacht so gefallen ist. Klaus-Dieter Leidig hat mir erzählt, dass er auf dem Flug nach Amerika neben Dir im Flugzeug gesessen sei und er gesagt habe: »Ich muss nach Hause zu meiner Konzernmutter, ich muss denen über meine große Zusammenarbeit mit der SAP erzählen. Leider lauft Ihr aber nicht auf unseren HP-Rechnern« – nämlich Ihr wart ja damals mit dem R/2 mainframe-orientiert. Und da sei über Nacht dieser Entschluss gefallen, anzukündigen, dass R/3 in Amerika verfügbar sei, zum Entsetzen der amerikanischen SAP-Organisation.

**PLATTNER** Das war schon ein bisschen anders. Das System lief schon auf HP. 1990 kam HP, glaube ich, und sagte in der Entwicklung, sie wollten doch auch ein paar Rechner bereitstellen. Und sie haben dann versucht, über verschiedene Kanäle an mich oder an die SAP ranzukommen, und ich habe gesagt: »Eure Rechner sind zu langsam, die können wir kaum gebrauchen.« Dann haben wir sie als Terminals verwendet, ganz teure Terminals. Es waren eben die CAD-Systeme von HP. Die waren nicht so beliebt, weil sie furchtbar viel Wärme produziert haben und den Vergleich mit den damaligen DEC-Workstations nicht bestehen konnten. Diese beherrschten damals

Erste Hauptversammlung der SAP AG (Mai 1990)
mit Dietmar Hopp am Rednerpult

den Platz. Und es kam dann der Bruch. Auf jener Hannover-Messe, ich erzählte bereits davon, hatten wir schon die HP-Maschinen besorgt; und wir liefen auf HP. Aber zurück zur USA-Geschichte.

**Die Doppelstrategie: R/2 und R/3**

Wir wollten im Herbst 1992 200 R/3-Systeme verkaufen. Wir waren schon bei ca. 130 angelangt. Die 200 waren also im Jahre 92 zu erzielen, aber sie brachten nicht genug Umsatz. Zu der Zeit sank der Umsatz im Mainframe-Bereich. SAP war schon an der Börse. Und da saßen Dietmar und ich zusammen und überlegten, was wir denn machen könnten. Ich plädierte dafür, den R/3-Umsatz zu stärken. Er warf ein, dass wir mit der Umsatzsteigerung im R/3-Bereich in Deutschland den Umsatz mit R/2 zum Erliegen bringen würden. Darauf einigten wir uns, dass er in Deutschland weiter das R/2-System propagiert und akzeptiert, dass der R/3-Umsatz dadurch in Deutschland schlechter aussieht.

Mit Aussagen wie: R/3 performt noch nicht, es läuft noch nicht auf den richtigen Rechnern, und der Mainframe wird nicht untergehen, hat Dietmar Hopp lange Zeit die Fahne für den Mainframe hochgehalten. Auch die deutschen Kunden haben das so gesehen. Wir haben nicht dagegen geredet, wir haben sie nicht unsicher gemacht. In Deutschland hat man geglaubt, dass dies das Richtige ist. Die Amerikaner in ihrer Technologiefreude waren überzeugt, dass der Mainframe tot sei. Jeder schrieb über den Tod des Mainframes.

Und im Gegenzug wollten wir darum R/3 in Amerika ankündigen. Am 1. Januar 93 sollte es sowieso die Produktfreigabe geben. Und dann habe ich am 15. September 92 gesagt: »R/3 ist hier, und wer jetzt bestellt, kriegt es in sechs Wochen. Und sollte in der Übersetzung noch etwas falsch sein, weil sie erst zum 1. Januar fertig sein sollte, dann reparieren wir das innerhalb von sechs Wochen. Wenn das nicht gut genug ist, dann kriegt Ihr einen Übersetzer frei Haus.« So ungefähr war mein Originaltext.

**»Das Glas ist halbvoll«**

Die Amerikaner haben nur gehört, dass R/3 da ist. Wir haben das System auf einer HP-Maschine feierlich enthüllt. Die englische Übersetzung war noch etwas holprig, wir hatten aber noch sechs Wochen Zeit. Und die Presse hat geschrieben, R/3 ist hier, R/3 kommt ein Vierteljahr früher. Und erst später haben die Amerikaner herausgefunden, dass ich eigentlich nur eine amerikanische Form der Darstellung gewählt habe von »halbvoll, nicht halbleer«. Wenn die sagen: »We come late in the first quarter«, dann heißt das im 2. Quartal. Einfach nur mit einer anderen verbalen Darstellung eine positive Stimmung erzeugen. Noch auf der SAPPHIRE kaufte einer das erste R/3, und bis zum Jahresende hatten wir in Amerika zehn R/3-Systeme verkauft.

**Führungsstil**

**SCHEER** Nun haben wir ja vorher über die Bedeutung des Teams geredet und über die Nachteile der Hierarchie. Trotzdem muss man ja zu bestimmten Zeitpunkten dirigistisch in das Unternehmen eingreifen. Wir haben die einzelnen Fälle hier besprochen, beispielsweise der Umstieg von R/2 nach R/3, dass dort sehr schnell unter Zeitdruck eine Lösung zur erzielen war und dass entschieden werden musste, wie das in

Amerika laufen sollte. Dort hast du die Lösung selbst angekündigt, obwohl die Niederlassung in Philadelphia stöhnte. Sie hatten gerade die Hälfte des R/2-Know-hows aufgebaut. Jetzt mussten sie auf R/3 umsteigen. Aber es musste sein!

**PLATTNER** Ja, unsere amerikanische Gesellschaft hatte sich durchaus umgestellt. Damals was es Klaus Besier, der innerhalb von vier Wochen umgestiegen ist vom Tenor »Wir probieren R/3 mal in Kalifornien aus« zu »Wir verkaufen amerikaweit R/3«. Es war schon ein Schock für sie, weil es unangekündigt kam, keiner außer Dietmar Hopp, den anderen, die noch mit nach Amerika geflogen sind, und mir wusste darüber Bescheid. Wir haben R/3 drei Monate in der öffentlichen Meinung vorgezogen. Es war aber ein kurzer Schock, und sie haben sich dann sofort darauf eingestellt und erfolgreich agiert. Denn dann fingen die goldenen Jahre des 100%-Wachstums an.

**SCHEER** Und wie bewältigt man diesen scheinbaren Widerspruch, dass man zum einen Gleichberechtigung innerhalb des Teams will, keine Hierarchien will, trotzdem aber auch die Autorität haben muss, um das Ruder auch mal schnell von links nach rechts zu reißen?

**Führen durch Kennzahlen**

**PLATTNER** Also, die ganze Geschichte in der SAP haben wir über die finanzielle Steuerung gemacht. SAP hat immer genau über die Zahlen Bescheid gewusst. Es ist Dietmars Verdienst, dass die SAP auch immer ganz klare Vorstellungen darüber hat, was Profit ist, wie viel wir ausgeben können, wie viel wir investieren können. Wir haben ja oft Projekte gemacht, von denen wir nicht gewusst haben, wie lange sie dauern, insbesondere das R/3-Projekt. Es hat viel länger gedauert, als geplant. Trotzdem haben wir während dieser Projekte sichergestellt, dass das Unternehmen finanziell gut dasteht.

Und was machen wir heute? Wir machen heute ganz viel mit Benchmarking. Informationen müssen in ähnlichen oder gleichen Formaten dargestellt werden, ob es Marktpotentiale

Erste Bilanzpressekonferenz der SAP (Mai 1990) mit SAP-Finanzchef Dieter Matheis, Hans-Werner Hector (verdeckt), Klaus E. Tschira, Hasso Plattner und Dietmar Hopp (v. links)

sind, ob es Entwicklungen im Markt sind. Sie müssen alle in einem bestimmten Schema berichten, wobei sich allerdings das Schema ständig ändert. Unsere Länder müssen alle in einem Schema berichten. Diesen Aufwand nehmen wir auf uns.

Diese Steuerung wird durch diese Schemata stark faktenbasiert gemacht, damit sie nicht immer nur persönlich ist. »Du machst ja nur 10% Wachstum, also muss Dein Kopf ab.« Es wird vielmehr Faktenfindung betrieben durch diese Schemata. Entlang dieser Zahlen wird durch Vorgaben ganz hart gesteuert. Das machen wir nun auch für die Entwicklung, und das wird nicht leicht werden. Wir planen jetzt, was die IBUs haben wollen, und die Entwicklung plant, was wir liefern können. Und da besteht natürlich eine große Diskrepanz. Die Überlappung ist fast null. Da muss nun in einem mehrstufigen Abstimmungsprozess um eine Einigung gerungen werden.

**Faktenfindung als Korrektiv**

Ich glaube, es kommt immer wieder auf die Erkenntnis zurück, dass wir komplexe Entscheidungen eigentlich nur dadurch verbessern können, dass wir vorher die Faktenfindung verbessern. Wir können sie nicht durch Schlauheit, durch Macht, durch Brillianz verbessern. Beispielsweise hat SAP-Südafrika die Idee gehabt: »Jetzt ist Schluss damit, dass SAP immer sagt, wir machen kein Endanwender-Training. Wir müssen Endanwender-Training mit der Gewerkschaft machen.« Deshalb entwickeln sie zusammen mit Andersen Consulting ein rollenbasiertes Training, und nun sagt die ganze Welt, wunderbar, da haben wir die ganze Zeit schon drauf gewartet.

Es kann auch plötzlich etwas ganz Neues entwickelt werden, und das muss dann quer gegen dieses Planen, gegen das Budgetdenken gehen. Im Vorstand versuchen wir, diese beiden Wege zu gehen. Aber man kann nicht ständig sagen, jetzt bin ich im Freiheitsgrad und deswegen sind meine Zahlen schlecht oder umgekehrt. Die eine Hirnhälfte muss also in Zahlen, Fakten, Budget und Zeitachse denken, und die andere Hirnhälfte muss denken: »Wenn wir so weitermachen, erreichen wir das Ziel nie; irgendwie muss es doch eine Idee geben, wie man das anders, besser machen kann. Das läuft jetzt der derzeitigen Planung zwar zuwider, aber am Ende verbessert es die Zahlen.«

Diese Vorgehensweise haben Dietmar Hopp und ich lange Zeit durchgespielt. Es war ja nicht so, wie es immer wieder berichtet wird, dass der Dietmar der Finanzmann sei und dass ich die Software gemacht habe. Der Dietmar hat genau soviel programmiert wie ich, und er hat so viel verkauft, wie ich verkauft habe. Und in einem Jahr, 1974, hat er sogar mehr verkauft als ich, was mir sehr gestunken hat. Da hatte ich ein paar »prospects«, die alle zu Weihnachten nicht gekommen sind. Das war ein trauriges Weihnachtsfest. Ich glaube, es war 1975.

**Wendt** Nun ist die SAP in der Vergangenheit mit gewissen Namen verbunden gewesen, also Plattner und Hopp, die großen Anteil am Erfolg haben. Für mich ist es eine interessante Frage, wie eine Firma, die dann so wächst wie die SAP, ihren Führungsnachwuchs pflegt. Wen schickt man auf Managementschulung, wie wird der ausgewählt? Gibt es jetzt plötzlich solche Begriffe wie »mittlerer Führungskreis« oder »oberer Führungskreis«, gibt es einen Pool der potentiellen Führungskräfte?

**Wie gewinnt man gute Mitarbeiter?**

**Plattner** Da will ich nicht dagegen reden. Ich glaube, dass es das Wesentlichste ist – und ich glaube, dass dies auch für den Erfolg von Microsoft entscheidend ist –, dass wir attraktive Leute in den Spitzenpositionen der SAP haben, die auch für Außenstehende so attraktiv sind, dass wir dadurch neue Mitarbeiter bekommen. Es muss denen, die wir anwerben wollen, Spaß machen, mit unseren Spitzenleuten zusammenzuarbeiten. Mitarbeiter, die die SAP verlassen, müssen traurig sein, dass ihnen was entgeht. Es haben uns ja auch schon Leute verlassen – von vielen habe ich einen Brief erhalten, worin sie schreiben, dass es ihnen Freude gemacht habe, hier zu arbeiten, und dass sie betrübt darüber seien, zu gehen, dass sie aber nun einmal ihren Lebensplan anders ausrichteten. Das hält uns zusammen. Das macht Spaß und das erzeugt die Einstellung, dass es attraktiv ist, für dieses Unternehmen zu arbeiten.

Man geht ja nicht zur SAP als einer Versorgungseinrichtung, weil man hier das Mittagessen umsonst bekommt. Hoffentlich sind es weniger als 10%, die aus solchen Gründen zu uns kommen. Man geht zu SAP, weil es beispielsweise Spaß macht, mit Henning Kagermann zusammenzuarbeiten, weil man klare Vorstellungen vorfindet, weil es einen tollen Stil in der Entwicklung gibt. Mitarbeiter werden nicht in ein Schema hineingepresst, sie werden nicht in Scheibchen geschnitten, die anders wieder zusammengesetzt werden. Anderswo sagt man, ich bin ein IBMler, oder ich bin ein Procter & Gambler, oder jetzt bin ich ein Arthur-Andersen-Mann. Bei uns bleiben

Vor dem Haupteingang des EVZ (Entwicklungs- und Vetriebszentrum)

die Mitarbeiter sehr stark die Persönlichkeit, die sie sind. Wir formen keine Persönlichkeiten bei der SAP.

**Scheer** Ja, aber manchmal wird man von Journalisten angesprochen, die meinen, man würde über Insiderinfos verfügen. Diese Journalisten verzweifeln manchmal darüber, über Vorstände der SAP zu berichten, weil sie nicht in die Schemata passen.

**Plattner** Gott sei Dank!

**Scheer** So ein Journalist sagt dann, ich weiß gar nicht, was ich sagen soll, also in mein Bild, das ich von einem Manager habe, passt er überhaupt nicht hinein.

**Plattner** Beispielsweise funktioniert SAP nicht mit »Threatening and Fear«. So funktioniert SAP nicht. Auch wenn ich das ab und zu benutze. Dietmar hat immer gesagt, dass die Leute Angst vor mir hätten. Worauf ich ihm entgegnete: »Nein, die Leute haben Angst vor Dir.« Ein paar haben das sicher, es ist aber nicht mein Stil, Angst zu erzeugen, sondern zu überzeugen. Wenn ich einen Mitarbeiter nicht davon überzeugen kann, dass ich Recht habe, suche ich den Fehler bei mir. Es ist meine Unfähigkeit, sie zu überzeugen. Und wenn sie zu stur sind oder unflexibel geworden sind, ist es meine Verantwortung, dass sie so geworden sind. Ich hätte früher dafür sorgen müssen, dass sie elastischer bleiben. Und jetzt muss man an der Sache arbeiten. Und ich glaube, dieses Verständnis haben praktisch alle Mitarbeiter der SAP mehr oder weniger.

**Der SAP-Stil: durch Überzeugen führen**

Es wird natürlich nicht überall propagiert, dass dies unser Stil ist. Wenn jetzt potentielle neue Mitarbeiter in das Unternehmen hineinkommen, die ganz anders sind, dann passen sie auch nicht rein in die SAP. Viele Amerikaner tun sich schwer in der SAP, weil sie dieses »Law and Order« brauchen, diese klare Hierarchie, die Anweisungen, die Vorgaben und die Erfüllung, die den Bonus nach sich zieht. Sie sehen, dass es hier bei der SAP nicht so ist.

Trotz unserer Größe, glaube ich, dass das immer noch unser wertvollster Pluspunkt ist. Natürlich reden wir jeden Tag darüber, wie schwierig das Gebilde zu steuern und die Motivation aufrecht zu erhalten ist.

Jetzt machen wir die Initiative EnjoySAP. Gestern waren 450 Mitarbeiter da, als der Herr Esslinger von Frog Design einen Vortrag hielt. Sie haben an seinen Lippen gehangen. Danach habe ich mit das neue Design angeschaut, und ich sagte »Mensch, das sieht viel besser aus. Es macht doch wieder Spaß, Software zu machen. Wir erneuern uns wieder selbst, aber gruppendynamisch.«

Herzlich willkommen zum Mitarbeiterfest anlässlich des 25-jährigen Firmenjubiläums 1997

Sicher muss ich das Projekt tragen und anstoßen, aber ich hatte vorhin schon einmal gesagt, ich muss es nicht auf mich ausrichten, sondern immer wieder runter delegieren. Ganz unten muss die Freude sein, bei den Entwicklern. Nicht anders wie bei unseren Anwendern.

**Das Richtige erkennen und es unbeirrt tun**

In vielen Büchern kann man lesen, der Mitarbeiter sei das Wichtigste usw. Dafür muss man aber etwas tun. Und das ist in der SAP, glaube ich, besser gemacht worden als in manchen anderen Unternehmen. Dazu gehört es, dass der Herr Plattner auch arbeitet und sich nicht irgendwo sonnt oder als Sonnenkönig aufführt. Es ist schwer genug, mich zu erreichen. Relativ arbeite ich nicht mehr, sondern eher weniger als vor 20 Jahren, und das Unternehmen hat sich vervierzigfacht. Relativ habe ich also für jeden einzelnen viel weniger Zeit. Natürlich ist das ein Problem. Aber wir lassen uns nicht durch irgendwelche Managementkochbücher oder den Harvard Business Review aus dem Ruder bringen. Das hat auch Dietmar Hopp immer gesagt. Viele Dinge, die wir im Management gemacht haben, die werden heute beschrieben mit Sätzen wie: »Eigentlich müsste man das genau so machen, genau so müsste man sich organisieren.« Die SAP ist nicht perfekt. Sie ist aber immer noch ein tolles Unternehmen.

# Die Initiative ergreifen: mySAP.com

*Aber wir machen ganz neue Prozesse. Und das ist ein Unterschied. Es stellt auch ganz andere Anforderungen an die Mitarbeiter, teilweise ganz dramatische. Einerseits wollen wir Fantasie zeigen, und andererseits wollen wir es großflächig hinbekommen, beides, und das ist eine schwierige Aufgabe. Und ich glaube, es ist eine Aufgabe, die nur solche Unternehmen wie SAP lösen können.*

Walldorf, den 24.08.1999

**Scheer** Ich habe vor kurzem einen Artikel gelesen, in dem gefragt wurde, ob ERP-Systeme durch die neuen Internetanwendungen überflüssig werden. Ist ein funktionierendes ERP-System Vorraussetzung für die E-Commerce-Anwendungen? Wird dann das ERP-System das Backbone-System sein, an das man jetzt die E-Commerce-Systeme anflanscht, oder kann man sagen, dass die ERP-Systeme völlig zum Einbruch kommen?

**Plattner** Ich habe den Begriff ERP (Enterprise Resource Planning) nie gemocht. Er ist, glaube ich, von der Gartner Group geprägt worden. Wir haben in unseren Systemen mehr operativ abgewickelt als geplant und somit Enterprise-Abwicklungssysteme für alle möglichen Geschäftsprozesse entwickelt. Erst in den letzten paar Jahren sind wir stärker in den Bereich der Planung hineingegangen. Als wir R/3 entwickelt haben, hast Du auf der Aufsichtsratsitzung gesagt, dass wir nicht ein Fertigungssystem alter Art bauen sollten, dass wir uns vielmehr an modernen Fertigungsmethoden orientieren müssten. Wir haben dann auch in Amerika gesehen, dass sich die Fertigung geändert hat. Es gibt immer mehr Unternehmungen, die nur das Design, den Vertrieb und den Service machen. Bestenfalls gibt es noch eine Vorfertigungswerkstatt, in der Prototypen gebaut werden. Der Rest der Fertigung ist ausgelagert nach Asien oder anderswo hin. Dort wird dann die Produktion gemacht.

**Internet ändert die Art, wie Unternehmen zusammenarbeiten**

Das haben wir lernen müssen, dass sich in den letzten zehn bis fünfzehn Jahren die Fertigung geändert hat. Was sich aber jetzt ändert, ist die Art und Weise, wie überhaupt die Unternehmen zusammenarbeiten, da sie permanent auf einfache Weise miteinander verbunden sind und nicht nur mit einer High-Speed-Leitung wie zwischen dem größten Automobilhersteller und seinen größten zehn Lieferanten. Praktisch ist jeder mit jedem verbunden. Daraus ergeben sich viele neue Potentiale.

**Beispiel: Beschaffung übers Internet**

Nehmen wir z. B. unser B2B-Procurement. Diese Entwicklung ist erst zwölf Monate alt und unterstützt das Einkaufen über das Internet. Das Erste ist das Aufbauen eines Kataloges und das Finden und Zeigen der Unternehmen im Internet. Zusätzlich wird die Beschaffungsabwicklung über das Internet unterstützt, aber stark getrieben aus dem einkaufenden System heraus. Wir sind jetzt einen Schritt weiter gegangen und haben uns gesagt: Warum nicht auf das verkaufende System gehen? Lasst uns das verkaufende System zum aktiven System machen, so wie wir auch manuell arbeiten. Wenn wir im Internet was einkaufen gehen, greifen wir auf das verkaufende System zu, um dort eine Produktkonfiguration zusammenzustellen. Wir nutzen also die Software des Verkäufers, um dann das Endergebnis in unser Unternehmen hinein zu übertragen. Genau das machen wir mit unserem B2B-Procurement. Wir gehen auf das verkaufende System, und durch Absprache mit dem Hersteller bzw. dem Betreiber des verkaufenden Systems übernehmen wir in Form von XML-Messages das Gesamtergebnis der Tätigkeit und füttern das jetzt in unsere Enterprise-Abrechnungssysteme ein.

Aus der Sicht des einkaufenden Unternehmens findet die Einkaufstransaktion im System des Verkäufers statt. Die Budgetverwaltung, die Freigabe, die Berechtigungsprüfung, ob jemand berechtigt ist, einen PC für 5 000 DM zu kaufen, finden dagegen im eigenen Enterprise-System statt. Und eine solche Kombination war eigentlich für normale kommerzielle Systeme bis gestern nicht denkbar.

**Scheer** Wenn man das jetzt versucht, zu generalisieren und zurückzuverfolgen: Über den Begriff ERP kann man sicher diskutieren, aber es ist ja meines Erachtens die Weiterentwicklung des MRP-Konzepts (Material Requirements Planning), bei dem die Materialwirtschaft in einem Industriebetrieb im Vordergrund stand. Dann gab es MRP II (Manufacturing Resource Planning). Das war schon eine Ausweitung auf die ganze logistische Kette, aber immer noch auf den Industriebetrieb bezogen. Dann hat man eben einen Begriff gesucht, der weiter greift und nicht nur Industrie, sondern generell Unternehmen betrachtet. Daraus ist dann ERP entstanden. Und das »P« hat man immer so mitgeschleppt, ob das jetzt sinnvoll ist oder nicht. Aber es war doch eben die Idee, ein gesamtes Unternehmen zu betrachten, die kaufmännischen Anwendungen mit den logistischen Anwendungen zu verbinden.

**Plattner** Wenn man die Systeme »Enterprise Business Systems« nennen würde, würde ich mich wohlfühlen. Das wäre der Gegensatz zu den Ingenieursanwendungen, zum Design und zum Bauen von irgendwelchen Dingen.

**Was bestimmt die nächste Systemgeneration?**

**Scheer** Oder Handelsanwendungen, die ja schon alle spezialisierter waren. Der nächste Punkt, den Du ja schon angesprochen hast: Ändert sich im Augenblick die Geschwindigkeit in der Fortentwicklung der Systeme oder auch die Art, wie wir diese Entwicklung von der Philosophie her vorantreiben? Ist die Technologie alleine nicht mehr ausreichend, um eine neue Systemgeneration hervorzubringen? Du hast den Faden aufgenommen beim R/3: Client-Server-Architektur als Technologie, dabei aber Übernahme der bestehenden Konzepte. Jetzt haben wir das Internet als neue Technologie, und da können wir die alten Konzepte hinsichtlich der Organisationsseite nicht übernehmen. Das Zusammenwirken zwischen neuen Organisationsformen, wie Unternehmen miteinander agieren, und der neuen Technologie ist hier viel stärker und führt wohl dazu, dass man beides ändern muss. Die Systeme müssen vielleicht von der Plattform her geändert werden, und man muss auch Fantasie haben, neue Anwendungen zu entwickeln.

**Plattner** Es ist viel mehr das Letztere. Die Technologie ist mehr oder minder gleichgeblieben. Schauen wir uns nur R/3 an, da haben wir ja den Client immer relativ klein gehalten ...

**Scheer** Man hat eigentlich die zentralistische Konzeption beibehalten.

**R/3-Architektur versus Internet-Technologie**

**Plattner** Und wir haben im R/3 schon seit je her die dreistufige Client-Server-Architektur. Wir haben zunächst die Datenbank abgesplittet, die Daten von den eigentlichen Operationen und von der Präsentation getrennt. Anschließend haben wir die Präsentation abgespalten, wobei wir die Präsentationsvorbereitung auf dem Applikationsserver gemacht haben, wo die Operationen ablaufen. Dies ist genau die Technologie des Internets. Deswegen fällt es ja den ganzen Analysten so schwer zu verstehen, warum SAP es eigentlich so einfach hat, ins Internet zu marschieren. Viel einfacher als z. B. unsere Kollegen von Peoplesoft oder von Oracle, die ihre Software sehr stark client-lastig gemacht haben und sie nun komplett neu schreiben müssen. Uns fällt es relativ leicht, diesen doch wieder mehr zentralistischen Ansatz des Internets aufzugreifen. Und der Ansatz ist zentralistisch, da sehr wenig Funktionalität beim Client angesiedelt ist und sehr viel beim Applikationsserver. Der Applikationsserver steuert mehrere Datenserver oder andere Server, ich nenne sie mal »Verfahrensserver«, an.

**Systemübergreifende Anwendungen**

Was jetzt passiert, ist, dass eine Anwendung nicht vom Nutzer aus über mehrere Stufen auf eine Datenquelle zugreift, sondern es geht in mehrere Richtungen gleichzeitig. Es wird auf unterschiedliche Datenquellen zugegriffen. Wir bauen heute Anwendungen, die Leistungen von verschiedenen Datenbanken und von verschiedenen Service-Providern beziehen. Nehmen wir beispielsweise die Planung einer Reise oder einer Veranstaltung. Wir können die Services der Transportgesellschaften oder Fluggesellschaften in Anspruch nehmen, Reservierungssysteme von Hotels, Mietwagen, Servicepersonal. Vielleicht müssen wir noch das Reservierungssystem eines Kongresszentrums nutzen. Es handelt sich immer noch um ein Projekt innerhalb eines Unternehmens. Anstatt aber die Informationen alle im Enterprise-System zu halten, können wir jetzt die Services direkt nutzen, und wir erhalten die Informationen von den Service Providern, die wir direkt in unsere Systeme einspielen können. Vom Anwender aus gesehen, findet die Gesamtanwendung zum großen Teil in den Service-Systemen der Fluggesellschaften, des Convention Centers oder des Management Service Providers, der das ganze organisiert, statt. Und dann zu einem Teil im eigenen Enterprise-Business-System.

**SCHEER** Wo wäre denn der zusätzliche Wert, den die SAP dann bietet? Ist das diese Broker-Funktion von der technischen Seite her, Systeme zu vermitteln, oder geht er auch darüber hinaus, indem Ihr vielleicht Trust Center aufbaut?

**Enterprise-Business-Systeme sind nach wie vor notwendig**

**PLATTNER** Wir haben in der SAP ganz früh angefangen, die Datenverarbeitung, die im Hintergrund der Unternehmen ablief, nach vorne zu den Benutzern zu bringen. Dann haben wir Prozesse immer mehr dorthin verlagert, wo mehr Know-how über die Prozesse vorhanden ist. Dabei haben wir Dienstleistungen für andere mitgemacht. Rechnungsprüfung war so ein schönes Beispiel. Wir haben die Kreditorenbuchhaltung in der Rechnungsprüfung mitgemacht, weil das Prüfen der Rechnung das Wichtigste ist. Die Abwicklung nachher, die Zahlung, ist eigentlich ein sehr mechanischer Vorgang.

**Kollaboration**

Jetzt erhalten wir die Chance, dass wir die ganzen Prozesse noch einmal neu aus der Sicht desjenigen, der sie abwickeln muss, betrachten können. Also aus einer Projektsicht heraus. Es muss kein Enterprise-System mit Informationen gefüttert werden, um eine Abrechnung zu erstellen. Andererseits muß die auch in Zukunft noch erstellt werden. Und darum ist es ein Fehler, zu sagen, wir brauchten keine Business-Systeme mehr im Unternehmen. Die brauchen wir nach wie vor.

Ein großer Anteil des Geschehens findet jedoch außerhalb des Unternehmens statt. Transaktionen finden zwischen Partnern statt, mit denen man zusammenarbeitet. Das zeigt das Beispiel mit der Organisation einer Kongressveranstaltung. Derjenige, der die Organisation übernimmt, der das Projekt durchführt, muss mit dem Team zusammenarbeiten. In der zukünftigen Welt werden wir mit den externen Serviceanbietern so zusammenarbeiten wie mit den Abteilungen im eigenen Unternehmen. Wir arbeiten mit den externen Systemen wie mit dem eigenen Enterprise-System. Und wir können die Systeme kombinieren.

**mySAP.com – Workplace**

Wie erreichen wir dieses Ziel? Konkret sind wir auf zwei Ebenen tätig, einmal auf dem »Marketplace« und dann auf einer relativ einfachen Ebene, dem sogenannten »Workplace«-Portal. Dort bauen wir Menüs auf, die sich nicht nur auf eine Anwendung, sondern auf mehrere Anwendungen beziehen. Das ergibt sich jetzt bei der weiteren Entwicklung von R/3 in mySAP.com von alleine. Denn wir haben R/3-Kernanwendungen, Rechnungswesen, Logistik und Personalwesen, als drei getrennte Systeme. Dann haben wir Knowledge Management und Business Information Warehouse (BW). Darauf baut das Strategic Enterprise Management auf. Wir haben den Advanced Planner and Optimizer (APO), wir haben die CRM-artigen Anwendungen darin, E-Business, Buying and Selling. Alle diese Anwendungen sind separate Entities.

Wir haben jetzt schon das Problem, dass wir den Anwender eigentlich auf mehrere Systeme gleichzeitig schauen lassen müssen. Er arbeitet nicht mehr hauptsächlich in einem System, sondern er arbeitet verstreut über mehrere Systeme hin-

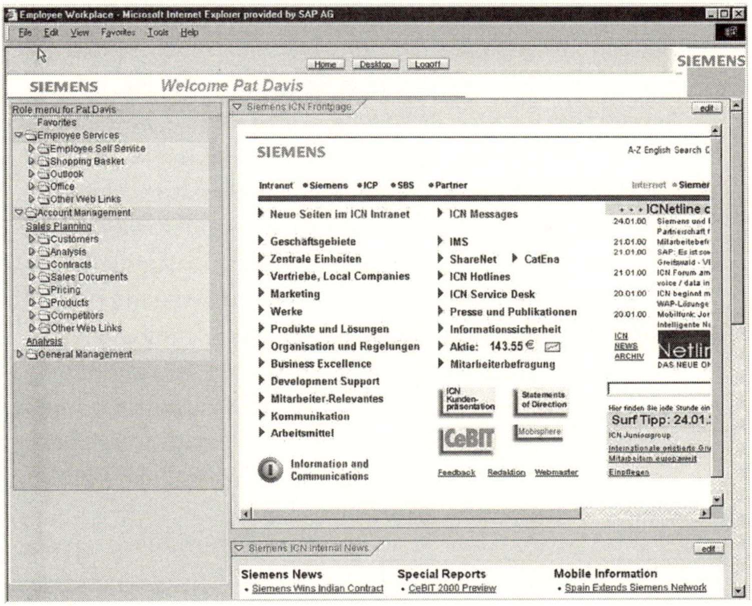


Rollenbasierter und personalisierter mySAP.com-Arbeitsplatz

weg. Und jetzt muss man das Ganze nur noch auf die nächste Stufe ausdehnen, indem er nicht nur in den von SAP gelieferten Anwendungen, sondern auch in anderen Anwendungen, die in einem Unternehmen bestehen, arbeiten kann. Die nächste Stufe ist, er arbeitet auch mit den Anwendungen, die als Service im Internet zur Verfügung gestellt werden.

**Rollenspezifische Menüs**

Was das Portal jetzt also leistet, ist erst einmal eine Menüverwaltung auf Benutzerebene, und zwar rollenspezifisch. Also eine Sekretärin hat ein anderes Menü-Set als ein Vertriebsmanager, als ein Vertriebsbeauftragter oder als jemand im Instandhaltungsservice. Diese rollenspezifischen Menüs existieren über alles hinweg. Die Verbindung zwischen den einzelnen Anwendungen, die sich nicht kennen, kann auf relativ einfache Art und Weise auf einem intelligenten Drag-and-Drop-Level etabliert werden.

Um ein einfaches Beispiel zu nennen für die Anwendungen, die wir jetzt machen: Ich kaufe über das Internet etwas ein, und der Verkäufer teilt mir mit, dass es z. B. mit FedEx versendet wird. Ich erhalte eine FedEx-Shipmentnummer. Die steht irgendwo in meiner Bestellung. Tage später möchte ich wissen, wo denn meine Bestellung ist. Ich rufe die Bestellung auf, über das Datum oder über meinen Namen finde ich sie; ich finde in der Bestellung die Shipmentnummer, kann sie picken und draggen und auf ein Symbol »FedEx« fallen lassen. Und dann wird in diesem Zusammenhang eine Mini-Anwendung gestartet, die die Shipmentnummer in die Internetanwendung »wo ist denn die FedEx-Lieferung mit dieser Shipmentnummer zur Zeit?« hineindroppt. Auf dem Bildschirm erhalte ich beispielsweise die Informationen angezeigt, dass die Fracht sich im Augenblick auf dem Flughafen Atlanta befindet und eingeplant ist, morgen in San Francisco anzukommen.

Dies ist heute schon möglich. Wir können uns solche Mini-Anwendungen bauen und damit Anwendungen miteinander verbinden und es einfach und bequem machen für den Benutzer. Der Benutzer wird dann gar nicht mehr wissen, ist jetzt diese Information, wo die Lieferung nun ist, aus meinem Enterprise-System gekommen, oder ist sie aus dem System des Dienstleisters FedEx gekommen. Es spielt auch keine Rolle für ihn. Früher sind alle Informationen von außen erst einmal in das Enterprise-System gebracht worden. Dann hat man sie da bei Bedarf wieder herausziehen können. Man hat ja auf die anderen Systeme nicht zugreifen können. Jetzt ändert sich das mit dem Internet völlig.

Ich kann auf die Service-Systeme, auf meine Business-Partner zugreifen und kann dort sofort Informationen erhalten. Das heißt, die Systemkopplung muss so erfolgen, dass wir Informationen, die wir in einem System nicht benötigen, dort auch nicht integrieren. Beispielsweise hat die Shipmentnummer nur temporären Wert für die Abwicklung der Transaktion. Vielleicht muss ich die Shipmentnummer noch archivieren, ich weiß es nicht. Aber der Hauptwert ist, dass der Sachbearbeiter, der einen Auftrag verfolgen muss, oder der

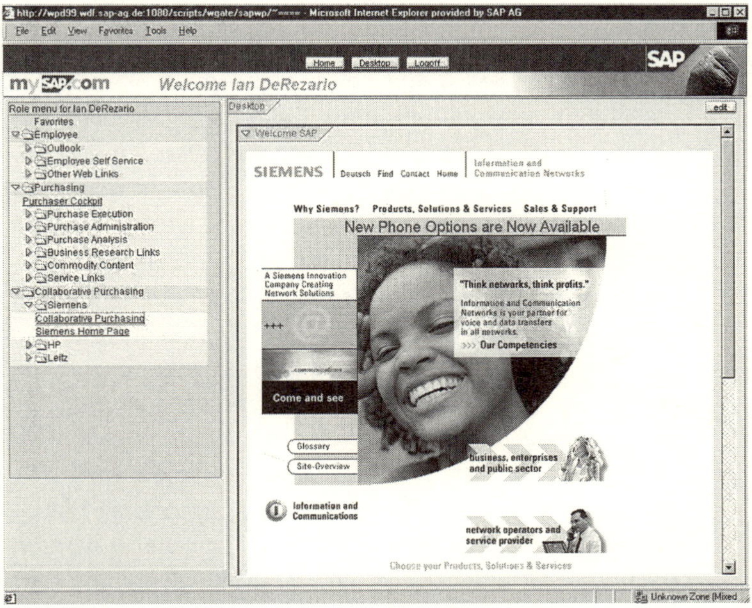


Kaufen über das Internet auf dem mySAP.com Workplace

Einkäufer, der Ingenieur jetzt weiter planen können, indem sie direkt auf die Information bei dem Service-Provider zugreifen können.

**Die transaktionale Welt öffnet sich dem Internet**

Wir können jetzt die Transaktionen neu bauen. Und das ist eine interessante Variante, die dazu führt, dass wir noch viel mehr Integration realisieren, als wir es in den letzten 25 Jahren gemacht haben. Sie betrifft nicht mehr nur das Abwickeln von Transaktionen in einem Unternehmen. Meine Beispiele zeigen ja, in welche Richtung es geht. Die Abwicklung findet jetzt eigentlich direkt statt auf der Seite des Business-Partners. Und jetzt gibt es Leute, die sagen, immer mehr Services werden aus dem Internet kommen.

**Scheer** SAP hat mit kaufmännischen Anwendungen angefangen und ist damit groß geworden. Von Vorteil war dabei auch die frühe Verknüpfung der kaufmännischen und der operativen Seite eines Vorgangs. Das heißt, wenn der Einkäufer eine Bestellung angelegt hat, war das schon in der Buchhaltung bekannt. Wie bekommt man jetzt diese Sicht auch in die Partnersysteme hinein? Führt das zu der Änderung, dass man die kaufmännische Seite zeitlich stärker entkoppelt, als es vorher war? Gibt man einen Teil der ursprünglichen Stärke der Konzeption dieses Systems auf, weil man sagt, diese kaufmännische Seite muss einen Vorgang nicht so treiben, sondern wir nehmen erst einmal den operativen Teil und werden dann die Schnittstelle zu dieser kaufmännischen Seite vielleicht eher traditionell machen durch einen Batch-Input oder wie immer?

**Integration der Transaktionswelten Internet und Enterprise-System**

**PLATTNER** Genau so passiert es in der ganzen Welt. Wichtig ist es, die operative Seite nun auf das Internet zu bringen, die Vorteile des Internets zu nutzen. Heute ist das die große Begeisterung in Amerika. Und die ersten, die in diesem Sinne erfolgreich sind und solche Systeme installiert haben, erreichen schon die Frustrationsgrenze: Was geschieht denn nach der Transaktion? Wie kommen nun die Daten in mein Abrechnungssystem hinein?

Es gibt nicht eine einzige Fertigungsfirma in der Welt, die nicht ein Project Accounting hat. Kosten werden auf das Projekt, auf das Produkt, auf die Kostenstelle und dann später wieder auf das Produkt umgelegt. Sonst habe ich kein Abrechnungssystem mehr, ich habe kein Pricing-System mehr, ich habe eigentlich keine richtige Firma mehr.

Die Frustration ist jetzt schon sichtbar, und deswegen glaube ich, es muss anders gemacht werden. Über die Person, die die operativen Tätigkeiten ausführt, wissen wir ja sehr viel. Wir wissen, wo sie arbeitet, welches Projekt sie durchführt, welcher Kostenstelle sie zugeordnet ist. Wir können ganz leicht von der Person zumindest auf die Organisationshierarchie in dem Unternehmen schließen. Mit wenig Aufwand können wir um die Person herum ein automatisches Kontierungssystem aufbauen. Aus dem Kontext, in dem die Person arbeitet, können wir die Kontierung ableiten. Die fehlenden Buchungen kommt aus den Tätigkeiten. Ob eine Dienstleistung oder ein Produkt eingekauft wird, ob das Produkt für ein Projekt oder zur Einlagerung gekauft wird, all dies ist ja im Vorgang implizit enthalten.

Unter der Voraussetzung, dass wir die eigentliche Einkaufstransaktion, die auf der Verkäuferseite stattfindet, einbetten als Untertransaktion in eine Einkaufstransaktion, die bei mir in meiner Firma stattfindet, kann ich die ganze Kontierung ableiten. Ich schachtele also zwei Transaktionswelten. Ich fange an, für ein Projekt etwas zu beschaffen und lagere den eigentlichen Beschaffungsvorgang über das Internet aus auf die Seite, auf der ich einkaufe. Das heißt, wenn ich mit den Daten zurückkomme, kann ich einfach die Daten integrieren in den Datenbestand, der schon im Enterprise-System vorliegt.

**SCHEER** Das heißt, ich vermittele mir den Angebotspreis meines Lieferanten selber, indem ich auf die Funktionalität seines Systems zugreife, und kann dann eigentlich den Ablauf genau so weiter machen wie bisher auch.

**Preistransparenz im Internet**

**PLATTNER** Ja, und jetzt sehen wir eine Entwicklung. Wenn wir mal beim Einkaufen bleiben, da zeigt sich ja, dass Preise ins Schwanken geraten durch das Internet. Diese Preistransparenz des Internets ist vielleicht der größte wirtschaftliche Wandel. Vordergründig scheint es nur der schnelle Zugriff. Man hätte den vielleicht auch irgendwie anders erreichen können. Nun haben wir ihn so erreicht. Die nächste Konsequenz ist, dass Preise transparent werden. Das ist im PC-Geschäft im letzten Jahr geschehen. Innerhalb von wenigen Minuten kann ich mir einen Überblick beschaffen: Wo kriege ich denn die gleiche Leistung wahrscheinlich auch mit dem gleichen Bauelementeinhalt zu einem günstigeren Preis mit einem günstigeren Serviceangebot? Damit werden Preise nicht langfristig stabil gehalten, sondern sie fluktuieren. Wir haben die Internetauktionshäuser, die diese Richtung nur noch verschärfen.

**Zwang zur Zusammenarbeit der Systeme**

Das heißt also, ein interner Katalog im Haus, von dem ich zu den und den Preisen kaufen sollte, ist für viele Dinge nicht mehr opportun. Es ist viel besser, den Preis direkt auf der Verkaufsseite zu bestimmen unter Berücksichtigung der bestehenden Geschäftsbeziehung zum Partner, nach dem abgewickelten Volumen in der Vergangenheit, nach der Dauer der Geschäftsbeziehung. Verkaufsseiten werden alle personalisiert, sie werden sich firmenspezifisch verschieden ausprägen, sie werden komplizierte Rabatt-Pricing-Systeme haben. Es ist nicht das Einkaufen von CDs oder von Büchern, sondern es ist schon etwas komplizierter. Die Verkaufsseiten müssen sehr viel angepasster sein auf Kunden, sie müssen so sein, wie Auftragsbearbeitungssysteme heute im Unternehmen sind, wenn der normale Vertriebsmann sie bedient. Jetzt bedient der Einkäufer sie und bedient sich dieses Systems.

Ich glaube, dass diese zwangsläufige Preistransparenz des Internets auch dazu führt, dass wir so arbeiten müssen. Der Preis, den ich vor einem Monat eingestellt habe, der kann schon wieder falsch sein. Ich kann einen günstigeren erlangen. Wir erleben das bei den Sonderpreisen für Flüge. Eigentlich wird es sich bei Flügen in die Richtung bewegen, dass wir mit den großen Fluggesellschaften Abkommen haben. Die haben wir heute schon. An diesen Abkommen arbeiten wir permanent. Sie sind abhängig vom Volumen der getätigten Umsätze. Den Rest versuchen wir über Spotmärkte kostengünstig abzuwickeln. Beides bedeutet, dass ich direkt mit dem anderen System arbeiten muss.

**Integration der nächst höheren Stufe**

Ich habe also das Preis-Know-how nicht mehr in meinem System, sondern ich habe es in den anderen Systemen. Ich habe es in der Beziehung. Das ist die Integration auf dem nächst höheren Level. Es geht nicht darum, ein schmales Spezialsystem zu bauen, das eine ordentliche Leistung bringt, sondern darum, die Idee dieses Systems in einen größeren Kontext zu stellen. Und ich glaube, dass sich die Zusammenarbeit zwischen Firmen in diese Richtung entwickeln wird. Also die nächste Stufe ist dann gemeinsames Planen. Der Abnehmer

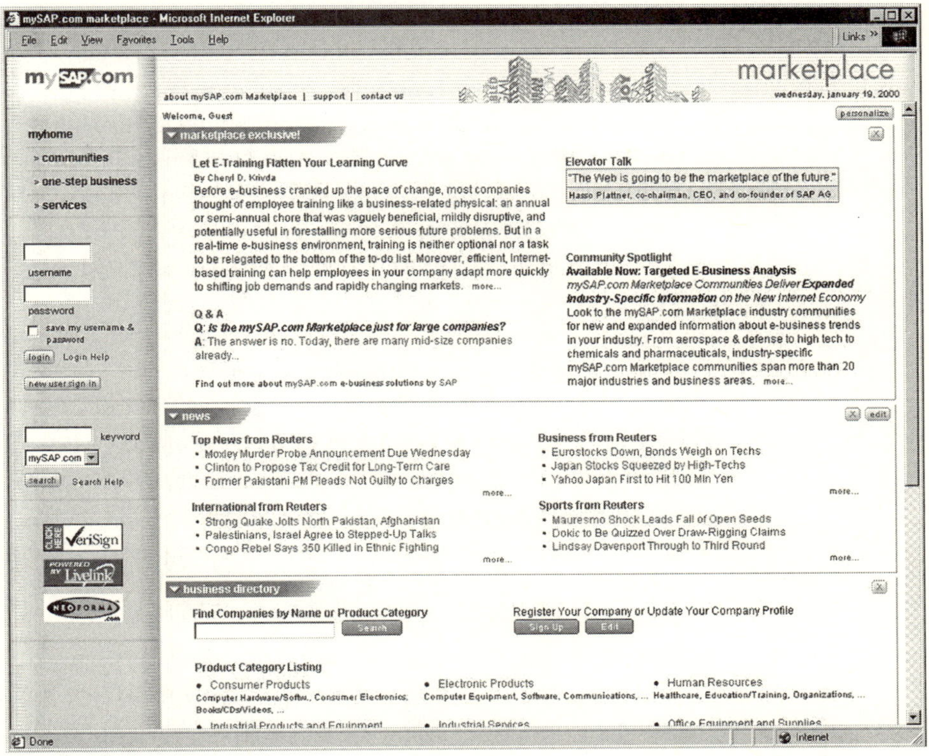


Der mySAP.com Marketplace

und der Hersteller kommen über das Internet zusammen und sagen, lasst uns die Planungsdaten unserer beiden Systeme zumindest so miteinander integrieren, dass wir beide einen Vorteil davon haben.

**Scheer** Nun ist ja der Marktplatz mehr als eine technische Integration.

**mySAP.com – Marketplace**

**Plattner** Diese Integration wollen wir auf dem Marketplace stattfinden lassen; die Integration zwischen den Systemen des Verkäufers, des Einkäufers, des Produzenten, des Verteilers. Hier besteht nicht nur eine 1:1-Beziehung, sondern die haben eine n:m-Beziehung. Einer verkauft an viele, und einer kauft bei mehreren ein. Und jetzt müssen wir möglichst diese vielen Beziehungen auf wenige reduzieren. Und das machen wir über einen sogenannten Umformer, und das ist der Marktplatz. Auf dem Marktplatz ist abgespeichert, wie man die Verkaufsinformation, das Endergebnis des Verkaufsprozesses, wie man das jetzt in Einkaufsinformationen umwandeln kann. Das machen wir pro verkaufende Firma, aber dann kann es jeder, der einkauft über den Marktplatz, verwenden. Also wir müssen es nur einmal pro Firma machen, und dann können es alle verwenden.

**SCHEER** Das ist ja dann praktisch so eine Art EDI.

**PLATTNER** Ja, auf dem Marktplatz findet eine Normierungsfunktion statt. Sollten jetzt auch noch die verkaufenden Firmen durch diese Vorgänge weiter standardisieren, beispielsweise durch Industrienormen, dann haben wir eben unsere Variantenzahl eingeschränkt.

**SCHEER** Wenn das liefernde und das empfangende System gleich diese Norm nutzen würden, dann hätte man diese Umsetzung eingespart.

**Der nächste Schritt: Demand Planning**

**PLATTNER** Das wäre wunderbar. Der nächste Schritt ist ja nicht nur das Faktum, ich nehme jetzt das Ergebnis der Bestellung mit und schicke wieder zurück, wie dann die Bestellung aussieht, um das legale Dokument des Auftrages zu produzieren. Der nächste Schritt ist, dass wir in das Demand Planning hineingehen und schon vorher mitteilen, dass wir die Beschaffung einer bestimmten Menge eines Produktes oder von Dienstleistungen planen. Kann ich nicht das, was ich schon weiß, nehmen, um damit besser zu planen, Lagerhaltungskosten zu reduzieren, die Lieferzeit zu reduzieren? Beispielsweise muss ich eine bestimmte Menge eines Produktes am Lager haben, um den sofortigen Bedarf decken zu können. Das geht weiter bei den Lagermengen von Ersatzteilen etc. In der nächsten Stufe gehen wir zu unserem Kunden und sehen nach, ob der uns keine Daten geben kann, aus denen sich herauslesen lässt, was er in der näheren Zukunft bestellen wird.

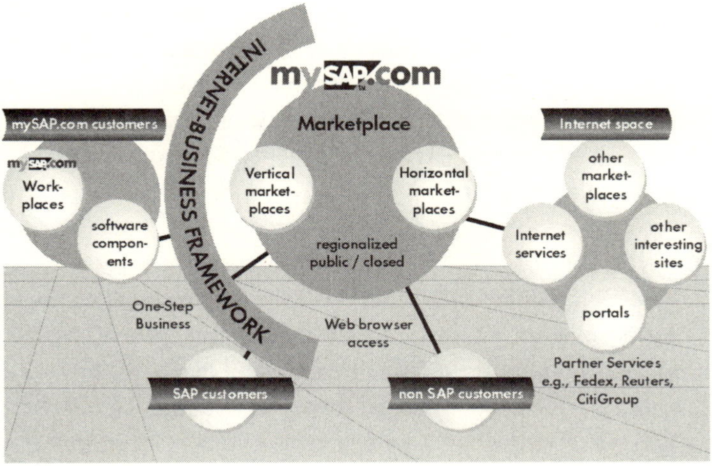


Das mySAP.com-Marketplace-Konzept

**Scheer** Und das bringt ja auch die Wirtschaftlichkeit. Wenn man es auf den Punkt bringt, wird ja Material durch Informationen substituiert. Früher hat sich in einer Logistikkette jeder einzelne Partner auf den Worst Case des anderen eingestellt und dafür Sicherheitslager aufgebaut und sich überlegt, wie wohl der andere disponieren wird, und dann eben davon seine Sicherheitszuschläge abgezogen oder zugezählt.

**Bedeutung der Logistik**

**Plattner** Hinzu kommt, dass in 24 Stunden praktisch jeder Punkt der Welt erreicht werden kann. In 48 Stunden kann ich überall in der Welt etwas hintransportieren. Damit ist plötzlich eine ganz andere Servicequalität erreichbar. Ich muss eben nicht so viel eigene Vorsorge treffen, ich muss ein Informationssystemnetz haben, dass ich diesen Prozess des Transportes umgehend in Bewegung setzen kann.

**Scheer** Da ist aber schon noch der Engpass, weil ich eben nicht mit der gleichen Geschwindigkeit das Material transportieren kann, wie ich Informationen transportieren kann. Das wird meines Erachtens auch zu einer enormen Aufwertung der ganzen Logistik in nächster Zeit beitragen. Und man sieht ja auch dort, wie sich plötzlich neue Arten von Unternehmen entwickeln. Wir hinken in Deutschland mit unseren Logistikunternehmen im internationalen Wettbewerb eigentlich hinterher, weil wir nicht diese Größe erreichen wie beispielsweise die Amerikaner mit Unternehmen wie FedEx. Die Leistungen zwischen Industrie und solchen Logistikpartnern verschieben sich, so dass auch völlig neue Strukturen in diesem Umfeld entstehen.

Rolle der Logistikpartner

**Plattner** Die Logistikpartner übernehmen mehr Leistungen, bereiten praktisch auch schon einen Teil der kaufmännischen Abwicklung so vor, dass ich sie nur noch entgegennehmen muss. Das Transportunternehmen wickelt mir Transport, Versicherung, Verzollung komplett ab. Das bedeutet aber nicht, dass ich nicht doch mit dem Ergebnis in mein Enterprise-Business-System hineingehen muss. Es wird bequemer, es wird einfacher, aber ich muss immer noch ein Enterprise-Business-System haben.

Anders herum ist aber die Frage auch gestellt worden: Hat das Enterprise-Business-System dann weniger Bedeutung gegenüber all diesen Systemen? Und die Frage muss man jetzt statistisch stellen. Es gibt eine Vielzahl von Service-Systemen mit einer hohen Wachstumsrate im Internet. Es gibt aber für jedes Unternehmen ein eigenes Business-System.

Virtualität der Enterprise-Systeme

**Scheer** Es ist aber auch die Frage, wie weit man das definiert, wenn sich die Grenzen ausweiten, dann umfaßt dieses Enterprise-System auch die Services, die ich von anderen bekomme.

**Plattner** Der Marktplatz stellt Verknüpfungen zwischen Unternehmen her. Mit Hilfe des Arbeitsplatzes, der die Integration für den Benutzer herstellt, lenken wir die Sicht des Mitarbeiters auf den Gesamtvorgang. Dieser Gesamtvorgang schließt die Transportunternehmen, die Serviceunternehmen, die Internet-Broker etc. mit ein.

**Scheer** Wie ist denn Deine Meinung, wie sich Unternehmen entwickeln werden. Es gibt ja zwei verschiedene Vorstellungen. Einmal gibt es die Meinung, das Unternehmen der Zukunft sei ein kleines Unternehmen, das über ein großes Netzwerk verfügt und sehr schnell ist, die Partner schnell wechseln kann, mehr projektbezogen denkt. Das ist die eine Seite. Die andere Seite ist, dass jeden Tag, wenn man in die Zeitung schaut, die Unternehmen immer größer werden, ein Merger dem anderen folgt. Das heißt, eigentlich sind es ja sehr widersprüchliche Dinge zwischen dem, wie man denkt, dass so ein Unternehmen in der Zukunft aussehen sollte, und der realen Entwicklung. Welche Auswirkungen auf Euer Systemkonzept haben diese Tendenzen?

**Globalität bedingt Größe**

**PLATTNER** Also, ich glaube, eine Unterscheidung ist: Wenn ein Unternehmen wirklich global tätig sein will, tatsächlich globale Märkte unterstützen will, dann muss es eben groß sein. Also das kleine globale Unternehmen ist ein Widerspruch in sich selbst.

**SCHEER** Die eigentliche Ressource, die einem Unternehmen Macht verleiht, ist in der Zukunft der Marktzugang, Vertrieb, Wissenszugang und Engineering.

**PLATTNER** Wenn sich jetzt die Prozessketten über Unternehmen hinweg erstrecken, erstrecken sie sich ja über geographische Zonen hinweg. Durch die Vereinigung in Europa schaffen wir einen größeren Markt, d. h., auch die Prozessketten werden über unsere historischen Grenzen hinweggehen. Damit wird zumindest eine Europäisierung eines Unternehmens, das diese Prozeßketten unterstützen will, gefordert. Und wenn ich das gleiche auf die Welt ausdehnen will, dann muß ich auch weltweit tätig sein. Dann muß ich weltweit Beziehungen haben, dann muß ich weltweit präsent sein, und das heißt, das Unternehmen muß groß sein. Es kann durchaus sein, dass es eine wirtschaftlich interessantere Nische gibt für sehr lokale Provider. Aber dies beruht dann auf Dingen, die über das Internet weltweit bezogen und innerhalb von 48 Stunden von UPS, FedEx, DHL oder Deutsche Post eingeflogen werden können.

Mit den Beratungsfirmen verhält es sich doch ganz ähnlich. Wir haben auf der einen Seite die kleine Sozietät, ein paar Partner, vielleicht hochkarätig, sehr exklusiv, mit Sitz in Frankfurt. Dagegen haben wir die Weltfirmen, Andersen Consulting, Arthur Andersen, McKinsey, PriceWaterhouseCoopers. Wir haben hier ja auch beides, die global operierende Firma, sehr groß, überall präsent, und dann haben wir den Spezialisten, eine kleine Firma, eingeschränkt auf wenige Themen und auf einen bestimmten Markt.

**SCHEER** Klar, aber Bedeutung haben nur die großen Unternehmen. Oder man reduziert sich auf eine ganz kleine Nische, wo man Spezial-Know-how hat oder einen Ortsvorteil ausnutzen kann. Dann ist man aber in seinem Wachstum von vornherein beschränkt.

**Mittelgroße Dienstleister werden geschluckt**

**PLATTNER** Das Mittelgroße dazwischen hat die Tendenz, geschluckt zu werden. Das ist zumindest mit Softwarehäusern so. Das ist eine generelle Tendenz bei Dienstleistungsfirmen, und ich glaube, dieses Schnell-und-beweglich-sein ist nur für eine Startphase, wo eigentlich nur die Bestimmung des Unternehmens erforscht und gesucht wird. Und danach gelten diese Wachstumsgesetze, die sich erheblich in Richtung Globalisierung verlagert haben, sehr bald.

**Business-to-Consumer**

**SCHEER** Nun spricht man ja immer von B-to-B, also Business-to-Business, und B-to-C, also Business-to-Consumer, als ob das zwei verschiedene Welten wären. Wir haben ja bisher immer über B-to-B gesprochen. Ist denn die Welt B-to-C wirklich so völlig anders, oder sind nicht bestimmte Strukturen notwendig? Beispielsweise Trust-Management, dass man, wenn man bestellt, auch sicher ist, dass die Ware kommt, oder wenn man vorher bezahlt hat, dass die Ware auch hinterher kommt, oder wenn man die Ware erhält, dass hinterher auch bezahlt wird. Das heißt, dass die Abläufe, die ja schnell sind, virtuell vielleicht nicht ganz so dokumentiert werden, wie das früher war, wo man den Lieferanten genau kannte, wo man schon seine Qualitätsindizes hatte, seine Preisindizes, ist er vertrauenswürdig oder nicht. Jetzt geht das schneller, man sucht nur nach dem Preis aus, also muss man dem Lieferanten auch vertrauen, dass er seine Aufgabe wirklich auch ordnungsgemäß macht. Werden da plötzlich Services erforderlich, die auch in so einen Marktplatz eingebunden werden müssen, die aber über die rein technische Integration hinausgehen?

**Plattner** Überall dort, wo wir heute Kreditkarten verwenden, findet die Zahlung statt, nachdem die Leistung erbracht worden ist, nachdem wir also gegessen haben oder nachdem wir im Hotel geschlafen haben. Wir geben schon vorher die Kreditkarte ab, wir zeichnen den Beleg aber erst hinterher ab. Wenn ich den Beleg nicht abzeichne, erhalte ich trotzdem eine Rechnung. Es ist eigentlich nur noch ein marginaler Unterschied, aber es wird sicher der Service genutzt werden, dass ich etwas bestelle, dass ich den ganzen Vorgang definiere, dass ich meine Kreditkartennummer bekannt gebe, dass tatsächlich aber erst abgebucht wird, wenn die Lieferung oder Leistung erfolgt ist.

**Wer gewinnt im Internetspiel?**

**Scheer** Worauf ich hinaus wollte, ist, dass gerade ein Unternehmen wie SAP, das sich etabliert hat und kein Startup ist, seinen Partnern, die sich auf solche neuen Geschäftsprozesse einlassen, durch seine Größe und seine Seriosität auch einen zusätzlichen Nutzen stiften kann. Die Unternehmen vertrauen darauf, dass die Prozesse technisch funktionieren, aber auch darauf, dass hinterher die Abläufe von der kommerziellen Seite her abgesichert sind, und dies könnte auch etwas sein, was die SAP mit einbringt.

**Plattner** Bezogen auf unsere beiden Projekte Marktplatz und Workplace ist es natürlich ganz klar von Nutzen, dass die SAP auch noch in einer Reihe von Jahren da sein wird, dass die SAP gerade wieder als »AA-Unternehmen« gerankt wurde bezüglich der Kreditwürdigkeit, als bestes Unternehmen in Deutschland übrigens. Das spielt schon eine Rolle, dass wir Kundenbeziehungen haben zu über 20 000 Firmen, das ist schon ein Wert an sich. Wobei allerdings diese Internetwelt wie vielleicht jede quasi revolutionäre Bewegung eine gewisse Arroganz besitzt, indem sie der Meinung ist, die alten oder etablierten Unternehmen hätten nicht unbedingt hier etwas zu suchen.

Ich lese es ja immer wieder in der Zeitung, dass man uns das nicht zutraut. Es hat kürzlich jemand geschrieben, SAP habe den Kiss of Death bekommen und er sehe auch nicht, wie wir uns davon erholten. Da stellt man also einfach mal so etwas in den Raum – und was entnehme ich dem? Da gibt es schon eine unterschwellige Arroganz, dass so ein etabliertes Unternehmen so etwas gar nicht machen könne. Und da ist auch ein bisschen etwas Wahres dran. Ein europäisches Unternehmen muß es da ja schwer haben. Ich will es nicht härter ausdrücken.

Die Welt, die jetzt da groß wird im Internet, sieht jetzt nur diese kleinen Services – www.e-bay.com, www.priceline.com, www.amazon.com –, die sieht nicht, was eigentlich das übergreifende Ganze ist, dass das also nur ganz kleine, punktuelle Serviceleistungen sind. Wenn man einmal die Gesamtserviceleistung nimmt, die ein Unternehmen braucht, oder wenn man nach dem Anteil an der Serviceleistung der Summe aller Unternehmungen, also an der Weltserviceleistung, fragt, dann zeigt sich, dass sie nur eine ganz kleine Rolle spielen. Jede Fluggesellschaft ist von größerer Bedeutung. Nicht so viel Wert am Markt, aber von größerer Bedeutung.

Ich denke, dass die Zeit für die größeren Unternehmen, die eine langfristige Solidität bieten können, jetzt erst kommt. Und es gibt die Ersten, die schon in dieser Richtung schreiben und sagen: »Wartet nur ab, das ist ja noch lange nicht vorbei, dieses Internetspiel, das fängt ja jetzt erst an.«

**Die neue Herausforderung: die Prozesse ändern**

**SCHEER** Wir haben sehr ausführlich über diese Kulturrevolution bei der SAP gesprochen, vom R/2 zum R/3. Würdest Du die gegenwärtige Entwicklung damit vergleichen, oder ist sie noch dramatischer?

Das SAP-Hauptgebäude (EVZ) in der Neurottstraße

**Plattner** Dramatischer, ganz klar. Wie Du vorhin gesagt hast, wir ändern jetzt die Prozesse. Wir denken anders, haben andere Möglichkeiten, sowohl organisatorisch als auch betriebswirtschaftlich. Was geschieht, ist ja viel mehr, es ist interbetriebswirtschaftlich, und das sind keine ausgetretenen Pfade, das ist Neuland. Wir haben eigentlich die meiste Zeit ausgetretene Pfade technisch besser gemacht. Je weiter wir ins Backoffice reingehen, je ausgetretener werden die Pfade. Jetzt dagegen müssen wir mit irgendeiner Technik neue Prozesse machen. Es geht nicht darum, das technisch hundertprozentig und ein für allemal hinzukriegen. Die Technik ändert sich ja ständig.

Aber wir machen ganz neue Prozesse. Und das ist ein Unterschied. Es stellt auch ganz andere Anforderungen an die Mitarbeiter, teilweise ganz dramatische. Fantasie ist gefragt, und es dann umsetzen. Und so, wie ich es gerade geschildert habe, haben wir uns positioniert. Einerseits wollen wir Fantasie zeigen, und andererseits wollen wir es großflächig hinbekommen, beides, und das ist eine schwierige Aufgabe. Und ich glaube, es ist eine Aufgabe, die nur solche Unternehmen wie SAP lösen können.

Hasso Plattner spricht vor der Hauptversammlung der SAP AG in Mannheim 1997

**Scheer** Habt Ihr mal darüber nachgedacht, dieses ganze Gebiet als etwas völlig Neues auszugliedern? – dass man sagt, da gründen wir eines neues Unternehmen mit nur junge Leuten, die sollen das erst einmal machen, und das alte System verkaufen wir als Cash-Cow so weiter, solange es geht.

**Plattner** Es würde dem guten Namen der SAP schaden. Also ich finde es schlecht für die SAP und habe auch dagegen gestimmt, dass wir so etwas machen.

**Scheer** Also, es war überlegt worden?

**Plattner** Ja, zwangsläufig. Da sagt man, lasst uns doch eine neue Firma machen, dann gibt es auch neue Share Options usw. Lass die alten Aktionäre der SAP doch sehen, wie sie zurechtkommen. Gut, die wären dann indirekt Besitzer dieser Firma.

**Scheer** Das heißt, Ihr seid den schweren Weg gegangen, die Kulturrevolution selbst ins Haus zu holen.

**Plattner** Ich glaube, die Firma muss das mySAP.com wirklich erleben, erfühlen und daran auch die Begeisterung entwickeln. Jetzt geht es eben nicht nur darum, Bekanntes nur technisch besser zu machen, also wie wir in den letzten Jahren mit R/3 Dinge verbesserten, die wir gut kannten. Zwar sind auch neue Fertigungsverfahren dazugekommen, andere Philosophien von Unternehmen, wie virtuelle Unternehmen. Aber im Wesentlichen haben wir um die technische Realisierung gekämpft, darum, große Volumina abzuwickeln, Prozesse zu verfeinern, das User-Interface zu verbessern.

**Wie in den Anfangsjahren**

Das Erfinden von neuen Prozessen ist etwas anderes. Das ist wieder so ein bisschen wie Rückkehr in die Anfangsjahre der SAP. Also deswegen fühle ich mich auch ganz pudelwohl hier. Wir sind damals in Unternehmen gegangen und haben die Dinge neu gestaltet, beispielsweise einen Teil der Buchhaltung in den Einkauf hineinverlegt. Dort haben wir dann die Rechnungsprüfung gemacht. Für uns war es damals natürlich. Für die meisten Rechnungswesenleute war es eine Revolution.

**Scheer** Ja, das war es ja auch. Ihr habt ja eine betriebswirtschaftliche Revolution gemacht.

**Plattner** Wir haben aber nur zwei Sachen zusammen gebracht, den Einkauf, der die eigentliche Operation abwickelt und alle Daten hat, und das Rechnungswesen, das Vorschriften hat und eine ordnungsgemäße Ablage des Vorgangs zur späteren Betrachtung will. Und die beiden haben wir zusammen gebracht. Und wo sind sie zusammengekommen? Na, dort, wo die Daten hergekommen sind, bei der Rechnung. Jetzt aber werden ganze Anwendungen ausgelagert, ob es die Transporte sind, die Services, die Dienstleistungen. Wenn jemand den kompletten Einkauf für mich durchführt, dann muss die Schnittstelle neu konzipiert werden. Wie kommen dann die Daten in das Unternehmen hinein?

**Anforderungen an Outsourcing-Lösungen**

Nehmen wir eine Firma wie SAP. Wir sourcen alles, was SAP so einkauft, an einen Einkaufsprofi aus, und der sagt uns, jedes Jahr mache er 10 % Kostensenkung, und garantiert uns das. Das hört sich gut an. Was braucht denn der? Der braucht in seinem System eine so komplizierte Organisationsstruktur, wie die SAP kompliziert ist. Denn er muss uns ja kennen. Der muss jeden Anlieferungsort kennen, der muss wissen, dass wir in Hamburg sind, er muss wissen, dass Hamburg zu Deutschland gehört, weil er dann die Rechnung an die SAP AG in Deutschland schreiben muss. In Frankreich muss er sie an eine andere Firma adressieren. Er muss eigentlich die gesamte Organisationsstruktur unserer Firma kennen und in seinem Informationssystem abbilden. Das unterschätzen die alle, die jetzt einen Outsourcing-Service anbieten. Wir haben so ein bisschen Erfahrung damit, wenn wir den gleichen Outsourcer verwenden wollen in Deutschland und in Amerika. Der kann heute nicht das gleiche System verwenden.

**Business Process Outsourcing**

Ich glaube an dieses Outsourcing, an dieses Spezialisieren auf Process Outsourcing. Das heißt aber auch, dass die Process-Outsourcing-Systeme die gleiche Komplexität und das Gestaltungspotenzial haben müssen wie jetzt z. B. unsere Enterprise-Systeme. Weil sie Enterprise-Systeme sind. Grainger macht das z. B. über Werke. Die bauen ein Multiwerksystem für SAP auf und bedienen jetzt die Kunden als Werke darin. Dann gibt es eine Werksabrechnung, und die geht an das Unternehmen, für das sie das Business-Process-Outsourcing-System betreiben. Für die Systeme der Kunden müssen dazu die passenden Schnittstellen gebaut werden. Das ist eine Entwicklung, in der wir Prozesse anders sehen. Die Welt wird dadurch aber nicht viel einfacher. Die Komplexität eines Unternehmens, also die geographische Komplexität, die Produktkomplexität, die juristische Komplexität, die mit der geographischen zusammenhängt, die sprachliche Konplexität, die bleiben bestehen. Das wird zur Zeit noch völlig unterschätzt. Das ist vielleicht auch gut so. Man braucht erst die Euphorie, und dann sieht man, dass da noch viel Detailarbeit geleistet werden muss.

**Scheer** Darf ich noch einmal zurückkommen auf den Punkt B-to-B oder B-to-C. Siehst Du da große Unterschiede für die SAP? Dadurch dass sie ja ins Retail reingeht und ähnliche Dinge, hat sie ja plötzlich doch auch den Konsumenten in einer gewissen Weise als Kunden zu bedienen von dem System aus. Da kommen doch ganz andere Dinge, das Billing-Verfahren wird anders etc.

**Das Engagement im B-to-C-Bereich**

**Plattner** Wir waren mit unserer B-to-C-Initiative bisher nicht so erfolgreich. Wir haben ja selber Shops gemacht und ganz am Anfang auch gleich Kunden gekriegt, 1996, und dann haben wir das Momentum verloren. Hauptsächlich deswegen, weil andere sich darauf konzentriert haben: Wir machen das hübsch, schnell, wir machen wirre Sachen, irre Sachen auf dem Internet. 1997 haben wir darüber nachgedacht, wie man den Shop möglichst wartungsfreundlich machen kann. Das war nicht das Thema. Und das ist eine interessante Entwicklung.

Es war viel wichtiger, schnell einen Shop machen zu können, die Variationen, die Eigengestaltung einer Firma, das Branding einer Firma in dem Shop sichtbar zu machen, als die Verbindung zu der Logistikkette herzustellen. Dann haben wir ja die Alternative »Pandesic« entwickelt, eine Komplettlösung, die sehr erfolgreich bei den Firmen läuft. Die Zahl der Pandesic-Kunden geht jetzt ständig nach oben. Irgendwann werden da auch noch ein paar Ergebnisse kommen, es sind jetzt ein paar ganz gute Brand Names dabei. Wir sind jetzt mit Volldampf dabei, wieder die B-to-C-Seite zu betreiben.

Voraussetzung ist, und das war für uns das Problem, dass es projektorientiert geschieht. Es ist Projektgeschäft. Wir sind weit davon entfernt und werden vielleicht nie dahin kommen, dass man sich den Shop von der Stange kauft. Es gibt zwar vorgefertigte Bauelemente, dann muss aber individuell gebaut werden. Das ist so wie beim Hausbau. Es ist vieles vorgedacht und vorgefertigt, aber will man wirklich ein Fertighaus haben? Also ein Unternehmen, das es sich leisten kann, will das nicht. Es will sein eigenes Internet-Haus haben, seinen eigenen Internet-Shop. Und alle Leute, die daran beteiligt sind, kommen mit den allerneuesten Ideen. Das, was gerade gestern erst erfunden worden ist, das muss hinein, und das kann nur auf Projektbasis gemacht werden.

Dazu haben wir uns jetzt so umorganisiert, dass wir das stärker realisieren können. Die B-to-B- und die B-to-C-Linien laufen ja in einer Entwicklungsgruppe zusammen, und das heißt im Wesentlichen, wir müssen Software so bauen, das Gerüst der Software so bauen, dass wir möglichst viel andere Softwarekomponenten ganz leicht, technisch leicht, integrieren können. Also da heißt es Offenheit für neue technische Lösungen.

**Servicegedanke im Internet**

Wenn ich Schuhe verkaufen will über das Internet, brauche ich zumindest hohe Auflösung, und ich brauche wahrscheinlich 3D-Betrachtungsmöglichkeit, damit ich sie mir von allen Seiten anschauen kann. Ich brauche, was das Fernsehen leisten kann. Es liefert mir ein Bild. Wenn man diese Fernsehverkaufsveranstaltung ansieht, in denen Schmuck verkauft wird und solche Sachen, die beruhen darauf, dass jemand erzählt und erzählt, dann wird das Produkt gedreht und gezeigt, so dass man ein dreidimensionales Gefühl bekommt. Jetzt fällt man die Kauf- oder Nichtkauf-Entscheidung. Deshalb ist es notwendig, nun die allerbeste, letztlich kostengünstige 3D-Präsentationssoftware einzubauen, wenn ich so ein Gut verkaufen will.

Für ein anderes Gut ist es wichtig, dass ich vielleicht anbiete, dass der Montageservice über das Internet kommt. Also ich kaufe mir z. B. Möbel – das ist jetzt unser Demo-Modell, an dem wir gerade bauen –, ich kaufe mir Möbel, die zu Hause montiert werden müssen. Kann ich sie nicht montieren, dann besteht der Service darin, dass ich nur auf den Knopf zu drücken brauche im Internet, und schon komme ich ins Call-Center rein, wo mir einer zeigt, wie ich das montieren muss. Er verweist nicht darauf, dass es eine über mehrere Sprachen hinweg übersetzte Montageanleitung gibt, die ich nicht verstehe.

Also braucht man einen solchen Service. Auf der Verkaufsseite muss man sich ganz stark auf den Kunden ausrichten können. Man muss dem Kunden etwas Besonderes bieten können, sonst ist der Laden die bessere Lösung, sonst ist das Internet nur ein kurzlebiger Modegag.

**Kontinuität des Prozessdenkens**

**SCHEER** Was ich ganz wichtig fand, war diese Verlängerung, dass trotz dem ganzen Chaos in den letzten 20 Jahren eine unheimliche Stabilität in der Entwicklung ist. Das heißt, es werden Geschäftsprozesse betrachtet, vorher hat man Funktionen betrachtet, jetzt hat man die Prozesse analysiert und erst einmal gemerkt, ein Teil der Finanzbuchführung gehört gar nicht nur in die Funktion, sondern muss in den Prozess anders reingepackt werden. Das war die erste große Entwicklungslinie intern: Integration von Prozessen.

Die Verlängerung besteht nun darin, dass man über die Unternehmensgrenzen hinausgeht, und da muss man eigentlich nur eben dasselbe machen, was man vorher auch schon gemacht hat. Man muss überlegen, was wo hingehört, was bekomme ich von einem anderen Partner, wo habe ich die Schnittstellen? Und von daher sind eigentlich trotz dieser ganzen großen Hektik so viel Brüche doch nicht da, sondern es ist einfach das Denken in ganzen Abläufen: Wer ist daran beteiligt, wer hat welche Zuständigkeiten, und wie versuche ich diese Prozesse möglichst schlank zu machen?

**PLATTNER** Es verschiebt sich mehr vom Material- und Personalcontrolling zum Dienstleistungscontrolling. Dienstleistungscontrolling ist etwas Neues, von dem wir alle wissen, dass es nicht ganz einfach ist.

**SCHEER** Zu dem Einzelnen kommen natürlich auch viele neue Konzepte, beispielsweise auch die Verantwortung beim Bestellvorgang. Wenn wir uns moderne Automobilfertigungen anschauen, da wird ja nur noch nach Nachfrage bezahlt. Also dann, wenn sich das Teil im Auto befindet, wird rückwärts nochmals die Stückliste aufgelöst, und dann kriegt der Lieferant erst sein Geld. Aber bevor das Teil nicht an seinem endgültigen Platz ist, ist der Lieferant immer noch Eigentümer und ist immer noch für die Logistik verantwortlich. Es verschieben sich schon viele Dinge.

**Plattner** So sehr es eine Revolution ist, so ist es doch auch die Fortsetzung unserer unternehmerischen Tätigkeit, und es ist auch die Verwendung der Digitaltechnik, um unsere unternehmerische Tätigkeit zu unterstützen.

**Softwaredemonstration im Internet**

Aber ich will noch auf etwas anderes hinweisen, das Veränderung bringt und schon gebracht hat. Software ist ja immer noch so etwas Mystifiziertes. Man kann es nicht so richtig greifen, es wird anders dargestellt, als es ist, es wird eigentlich nicht richtig gezeigt, weil es für die meisten Beteiligten ja doch etwas langweilig und zu aufwendig ist. Es wird darum auf einer abstrakten Ebene über Software geredet. Und dann sieht man irgendwann das Produkt, und dann gibt es eine mehr oder weniger große Enttäuschung, dass das Einführen eines Softwareproduktes doch ein mühseliger Akt ist und dass vielleicht noch nicht alles, was man sich so vorgestellt hat, sich erfüllt hat. Es gibt eigentlich keine Art, Software zu prüfen, bevor man sie kauft.

Was Internetfirmen im Kleinen gemacht haben, wollen wir jetzt im Großen machen. Wir wollen unsere industriespezifischen Demonstrationssysteme auf dem Internet frei zur Verfügung stellen. Nicht nur Partnern und Kunden, sondern auch Nichtkunden, auch Konkurrenten können sich einwählen und unsere Systeme anschauen. Die Autohersteller können auch das Modell eines Konkurrenten kaufen, es auseinander nehmen und schauen, wie es denn nun gebaut ist, und ihre Schlüsse daraus ziehen. Und jeder Konsument kauft ein Auto nur, wenn er das Auto vorher mal angefasst, drübergestreichelt, sich hineingesetzt hat. Eine Probefahrt ist eigentlich eine ganz natürliche Sache. Und eigentlich ist jedes Ding von dieser Art, dass man es vor dem Kauf betrachten und ausprobieren kann, außer Dienstleistungen natürlich, da sie ja erst später da sind.

Software hat mehr von der Art eines Produktes. Ich kann sie ja anschauen vorher. Und wir glauben, dass das Bereitstellen von solchen Systemen auch unsere Mitbewerber dazu zwingen wird, das Gleiche zu tun, und dann wird sich zeigen, wer was zu bieten hat, dann kann man vergleichen.

Seit zwei Jahren gibt es eine Hochschule in Deutschland, die Softwarevergleiche macht. Wir können unsere Installationen dort auf den neuesten Stand bringen, wir können Fehler beheben, das dürfen wir machen. Alle Untersuchungen, alle Vergleiche werden von der Hochschule gemacht. Die Ergebnisse werden im Rahmen von Diplomarbeiten oder Doktorarbeiten veröffentlicht. In den Bewertungen schneidet SAP immer sehr gut ab, und zwar wesentlich besser, als wenn wir in einer Vertriebsveranstaltung gewinnen. Das heißt, zwischen dem Präsentieren eines Produktes, dem darüber Reden und dem echten Anfassen des Produktes klafft irgendwie eine Lücke. Man kann zwar ganz toll über Produkte reden, wenn man sie aber anfasst, kommen andere Qualitäten hervor.

Wer hätte gedacht, dass das R/3-System 4.0B schon mit Abstand das ergonomisch beste ist im Vergleich mit Peoplesoft, Oracle und Baan. Ich hätte da auch meine Zweifel gehabt, weil wir immer die schönen Bilder sehen, die Peoplesoft und andere haben. Gemessen über eine bestimmte Anzahl von Transaktionen bei einer bestimmten Anzahl von Nutzern, zeigt sich ein etwas anderes Bild.

**Software global testen und vergleichen**

Dass also Software vergleichbarer wird, das wird mit dem Internet möglich – dass Leute, die in England sitzen, in Amerika sitzen und in Deutschland sitzen, sich gleichzeitig an einem Demosystem die Informationen beschaffen können, die sonst in einem Verkaufsprozess gar nicht zu vermitteln sind, da ja

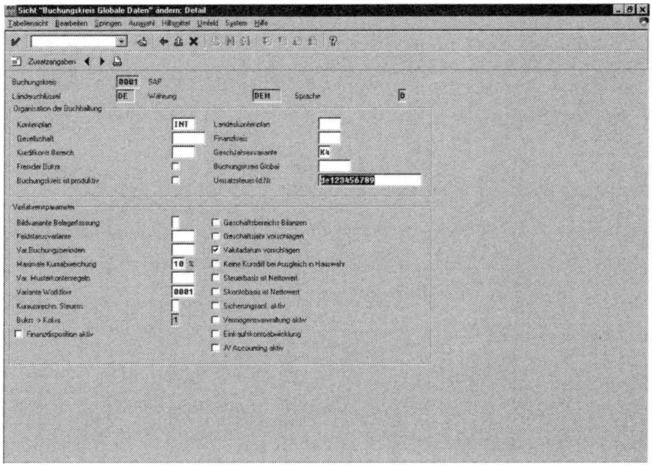

Benutzungsoberfläche des R/3-Releases 4.0B

das System noch gar nicht da ist. Sonst kann man kann nur darüber reden. Man gibt den Engländern eine Demo, den Amerikanern eine Demo, und die Deutschen kommen hierher und bekommen eine Demo, und dann zeigt sich nachher, wenn sie zusammen kommen, dass sie alle Unterschiedliches gesehen, alle Unterschiedliches verstanden haben, weil es ja eben nur eine Vorführung war. Sie haben nie die Zeit gehabt, sich mal mit einem System zu beschäftigen.

Wir wissen noch nicht, was das für Computerleistungen erfordert, vielleicht müssen wir die dann auch über das Internet vermieten, dass wir eine Kostendeckung bekommen, aber die Idee alleine, dass weltweit ein System zur Verfügung steht, die hat uns das Internet geschenkt.

**Künftige Bedingungen des Softwaregeschäfts**

**Scheer** Wenn man jetzt mal betrachtet, was das Internet bringt: eine wahnsinnige Transparenz generell, Kollaboration, aber auch negative Dinge. Ich glaube, dass es mit dem Urheberrecht Probleme geben wird. Man muss ja auch überlegen, wie man solche Dinge diskutiert. Das Urheberrecht ist ja, glaube ich, höchstens 200 Jahre alt. Wenn man sich eine mittelalterliche Handschrift anschaut, so findet man da vergeblich einen

Prof. Dr. Henning Kagermann,
seit 1991 Mitglied des Vorstands,
seit 1999 neben Hasso Plattner
Vorstandssprecher

Autor. Die hat irgendein Mönch gemalt, der wäre gar nicht auf die Idee gekommen, seinen Namen hinzuschreiben. Das ist erst hinterher aufgekommen, als die Buchdruckerkunst da war. Goethe hat schon mit seinem Verleger verhandelt. Vorher gab es das nicht. Es kann sein, dass es jetzt auch wieder verschwindet durch die Kopiererei. Vielleicht kann man nur durch unterschiedliche Versionen verdienen, die schnell hintereinander erscheinen.

**Plattner** Oder durch die Integration.

**Scheer** Ja, der Broker, der etwas zusammenbringt, der verdient noch etwas.

**Plattner** Da gibt es ja die Leute, die radikal sagen, Software ist eigentlich umsonst und nur die Dienstleistung kostet. Aber das würde ich für zu gewagt halten. Eher würde ich sagen, die Software ist umsonst, aber wenn du sie anschaltest und nutzt, dann kostet sie etwas. In jedem Falle geht es in die Richtung, dass wir die Eintrittschwelle zum Erwerb von Software senken wollen. Das war eine lange Diskussion bei der SAP, wo mein ehemaliger Kollege Paul Wahl vehement dagegen war.

Die Eintrittsschwelle zum Softwareerwerb – und da sind Henning Kagermann und ich uns absolut einig – wollen wir so niedrig machen, wie es geht. Die Firma, die SAP-Software großflächig einsetzen will, macht immer noch den Großabschluss, denn der ist bestimmt dadurch, dass jetzt das Projekt startet, dass jetzt das interne Momentum kreiert wird und dass man den maximalen Diskont erreichen will.

**Ambivalenz technischer Neuerungen**

**SCHEER** Die gesellschaftlichen Wirkungen des Internets können wir hier nicht im Detail besprechen, aber so weit es jeden von uns betrifft, gehört dazu sicherlich die enorme Transparenz. Die Transparenz zwischen den Unternehmungen, aber auch eine, die den privaten Bereich betrifft. Es geht ja so weit, dass man sagt, es drohe der Verlust der Privatsphäre des Menschen, weil er eben über GPS (Global Positioning System) ständig lokalisiert werden kann etc.

**PLATTNER** Ja, gut, aber nur, wenn ich einen GPS bei mir trage.

**SCHEER** Das ist aber auch über das Handy machbar. Offensichtlich stört sich der Mensch auch gar nicht so stark daran. Es gibt ja schon Leute, die damit verdienen, dass sie eine Kamera zulassen, die bei ihnen ins Badezimmer gerichtet ist, so dass man sich übers Internet deren Morgentoilette anschauen kann.

**PLATTNER** Das sind so Absonderlichkeiten, ich weiß nicht, ob das der Regelfall ist.

**SCHEER** Sicher nicht, aber vielleicht haben wir ja auch bestimmte Dinge hochstilisiert, die man jetzt als Gefahr sieht.

**PLATTNER** Da gibt es einen Wandel, glaube ich, in dem, was wir als normal empfinden und was wir als Bedrohung empfinden. Ich habe mal gesagt, für mich ist die Post, die ich ständig bekomme, eine größere Bedrohung. Alle möglichen Leute bekommen irgendwo her meine Adresse und haben ein paar Attribute. Und gesteuert über die Attribute schicken sie mir jetzt irgendwelche Post. Da steht dann drauf »persönlich«, und ich muss die Post öffnen usw. Wenn ich die nur noch als E-Mail bekommen würde, wäre das schon eine große Erleichterung. Dann könnte ich sie gleich abhandeln, dann müsste ich sie nicht mehr öffnen und all das, was damit zusammenhängt. Und wahrscheinlich wird es dagegen Abwehrmaßnahmen geben, Software also. Wenn ich das schon in digitaler Form bekomme, dann kann ich den Inhalt auf Stichworte hin prüfen lassen und gegebenenfalls die E-Mail in der Priorität so weit nach hinten stellen, dass ich sie mir gar nicht erst anschaue.

Was mich belastet, ist diese Post, die ich bekomme, und ich sehe, dass das Internet das wahrscheinlich verbessern und nicht verschlechtern wird. Und so ist es mit vielen Dingen. Als das Telefon gekommen ist, konnte man jemanden ständig anrufen. Also das Telefon hat auch negative Effekte. Und das Handy: Wo man hingeht, stören sie einen. Über kurz oder lang werden Mobiltelefone in Restaurants so verboten werden, wie das Zigarettenrauchen verboten ist.

**Scheer** Es gibt bereits solche Schilder, die nicht nur das Zigarettenrauchen verbieten, sondern auch den Gebrauch von Handies.

**Plattner** Na, wunderbar, die habe ich zwar noch nicht gesehen, aber genau so muss es kommen. Beispielsweise auf dem Golfplatz. Demnächst wird es zur Etikette gehören, dass man beim Golfspielen kein Handy dabei hat.

**Transparenz im Internet**

Wir ändern unsere Regeln und Normen. Und es war eine lange Diskussion über den Missbrauch im Internet und die Kriminalität im Internet. Da gibt es natürlich ein Potential, es ist vielleicht leichter, im Internet einzubrechen als durch Glas. Es ist eine andere Qualität. Beim Glas schlage ich zu, und im Internet hacke ich rum. Aber was ist denn die Negativseite für den Einbrecher, den Internetkriminellen? Alles ist aufgezeichnet und rückverfolgbar. Die letzten Fälle, bei denen sich

Leute des Internets kriminell bedient haben, waren innerhalb einer Woche bis ins Detail aufgeklärt. Digitale Systeme sind eben auch transparent.

**Scheer** Das bedeutet aber auch, dass man die Privatsphäre verliert, wenn solche Dinge rückverfolgt werden können.

**Plattner** Ja, davon ist auch der Herr Clinton ein Opfer geworden. Seine Telefonverbindungen waren bis ins Detail zurückverfolgbar.

**Eine Prognose**

**Scheer** Wenn Du mal eine Prognose wagen würdest – Ihr müsst ja auch solche Entscheidungen treffen: Deutschland, Europa, USA, Asien, wie würdest Du die Penetration dieser Gedanken, die Du vorhin so dargelegt hast, sehen?

**Plattner** Also, dass Amerika ganz klar zur Zeit der Vorreiter ist, ist offensichtlich.

**Scheer** Aber kann man dann von Deutschland aus trotzdem erfolgreich sein?

**Plattner** Erst einmal glaube ich, dass sich das weltweit ereignet. In Südafrika beschäftigt man sich genauso mit dem Einkaufen über das Internet wie anderswo in der Welt. Da ist ein Time Lag dazwischen, aber es ist nicht so, dass das prinzipiell in einem Land nicht gemacht wird und in einem anderen Land total. Es ist nur eine Frage der Geschwindigkeit. Also Schweden und die nordischen Länder werden es schneller adaptieren als andere. Überall da, wo schon eine Technik existiert oder eine hohe Affinität zur Technik besteht, wird es schneller gehen.

Es stand gerade in der Zeitung, dass der neue Wissenschafts- oder Wirtschaftsminister von Südafrika große Investitionen in Internettechnologie tätigen will, damit quasi von überall her zugegriffen und gekauft werden kann über das Internet. Das heißt also, in jedem Dorf, das heute nicht einmal eine Anbindung hat über Strom, werde ich bald über das Internet, über Satellit, weltweit kommunizieren können. Das geht schneller als Kupfer- oder Glasfaserleitungen legen.

Ich glaube, dass ist eine Bewegung, diese Vernetzung der Informationen zwischen den Konsumenten und den Anbietern wie auch zwischen den Firmen, die ist nicht mehr aufzuhalten.

# Integration und Vielfalt

*Ausblick von Hasso Plattner*

*Ich glaube, es ist vielen noch gar nicht richtig klar geworden, worin das wirkliche Potenzial steckt, wenn man Anwendungen verschiedenster Art wirklich mit Point & Click ansteuern und bedienen kann.*

Das letzte der in diesem Buch dokumentierten Gespräche liegt bereits wieder sechs Monate zurück – bezogen auf aktuelle Entwicklungen ist das im Internetzeitalter eine halbe Ewigkeit. Deshalb möchte ich die Ausführungen zu der neuen Internetinitiative der SAP mit einigen Bemerkungen über die Chancen und Risiken von mySAP.com aus heutiger Sicht weiterführen. Nicht zuletzt dieses neue Produkt hat die SAP vor die ausgesprochen schwere Aufgabe gestellt, sich selbst wieder neu zu erfinden. Kein leichtes Unterfangen, aber bis dato erfolgreich – auch weil die Mitarbeiterinnen und Mitarbeiter der SAP AG in aller Welt in bewundernswerter Weise mitgezogen und durchgehalten haben. Jetzt, zu Beginn des Jahres 2000, kann ich sagen: Die Grundkonzeption von mySAP.com ist richtig und wird vom Markt, also sowohl von den bestehenden als auch den neuen SAP-Kunden, akzeptiert.

**Die Portalstrategie: mySAP.com-Workplace**

Es gibt eine ganz klare Tendenz in den Unternehmen, möglichst alle Mitarbeiter an den Informationen, die digital zur Verfügung stehen und ständig anwachsen, teilhaben zu lassen. Es setzt sich auch immer mehr die Erkenntnis durch, dass Unternehmen, die ihren Mitarbeitern diese Möglichkeiten nicht einräumen, kaum mehr wettbewerbsfähig sind. Und darum hat der mySAP.com-Workplace (Arbeitsplatz) eine enorme Bedeutung.

Der mySAP.com-Workplace ist ein Portal, durch das die Mitarbeiter Zugang haben zu den Anwendungen, die im Unternehmen laufen. Sie können damit aber auch auf Anwendungen zugreifen, die unternehmensfremd sind, also beispielsweise im Internet angeboten werden. Dies können Angebote von Firmen oder Firmengruppen sein, die über ihr Internetportal Leistungen offerieren; es können aber auch Services von Application Service Providern (ASP) sein, die ganze Anwendungen im Web anbieten und damit mehrere Benutzer, also mehrere Firmen, gleichzeitig bedienen.

Dass wir auf diese Portaltechnologie gesetzt haben, erweist sich als die richtige Strategie. Wie in den Kapiteln zuvor erwähnt, haben wir unsere Arbeiten in den letzten Jahren sehr stark auf die Benutzerinterfaces hin ausgerichtet – Stichwort sei hier EnjoySAP. Mit deren Verbesserung haben wir sie nicht nur für den Anwender vereinfacht, wir haben sie auch internetgerecht gemacht. Und das zahlt sich jetzt aus.

Wir können nunmehr ein neues Angebot machen: Die Anwender müssen die einzelnen Transaktionen und Berichte, die es irgendwo im System gibt, nicht mehr selbst ansteuern; die SAP kann jetzt ein Paket für einzelne Benutzerkreise schnüren. Wir nennen das Rollen. In der jeweiligen Rolle fassen wir alles zusammen, was einem bestimmten Benutzerkreis zugehörig ist. So findet der einzelne Anwender mit dem Einschalten des PC auf seinem Bildschirm gleich den Arbeitsplatz vor, mit dem er seine täglichen Aufgaben erledigen kann. Und wenn dazu auch extern abgelegte Programme oder Applikationen gehören, können auch diese dem Arbeitsplatz auf dem Bildschirm hinzugefügt werden. Wir sprechen also von einem ständig erweiterbaren Paket, das die innerbetrieblichen Anwendungen ebenso umfasst wie Anwendungen, die für die Interaktion von Unternehmen bedeutsam sind. Machbar ist dabei auch, dass sich auf dem Workplace beispielsweise allgemeine Informationsdienste und Services befinden.

**Die Marktplatz-strategie: mySAP.com-Marketplace**

Die zweite wesentliche Komponente von mySAP.com ist der Marktplatz. Sie bezieht sich auf Anwendungen, die der Kommunikation und der Abwicklung von Geschäften zwischen Unternehmen dienen. Der Informationsaustausch, die Interaktion von Unternehmen hat damit nicht mehr nur den Charakter einer passiven Informationsübertragung; vielmehr wird es aktive Systeme geben, die Geschäftspartnerschaften vermitteln und diese auch ausführen. Dabei kann es sich um die unterschiedlichsten Arten von Dienstleistungen handeln – etwa Transport-, Beratungs- oder auch digitale Dienstleistungen. Mit priceline.com kann man beispielsweise das billigste Ticket für einen Flug von Frankfurt nach New York finden, mittels Optionsangeboten kann Kontakt hergestellt werden zu allen Lieferanten eines bestimmten Produktes usw. Der Phantasie sind hier fast keine Grenzen gesetzt.

Wir haben es heute mit immer besserer Software zu tun, die einen immer höheren Grad der betriebswirtschaftlichen Zusammenarbeit ermöglicht. Der nächste Schritt wird sein, Kooperationen bereits in der frühesten Phase der Produktdefinition herzustellen zwischen dem Unternehmen, das das Produkt erfunden hat und bauen will, und dem Unternehmen, das ihm auf der Engineering-Ebene helfen soll. Diese Perspektive ist für fast alle Fertigungsunternehmen von Bedeutung. Denn dort ist der Grad der Zusammenarbeit noch relativ gering. Die großen Automobilfirmen beispielsweise betreiben intern bereits seit Jahren kollaboratives Design. Ich denke hier etwa an Ford. Dort gab es vor einiger Zeit eine sehr gute Marketing-Inititative. Mit ihr wurde gezeigt, dass Ford 24 Stunden lang entwickelt und dabei Entwicklungsdokumente elektronisch austauscht.

Derartiges wird zukünftig nicht mehr nur innerhalb der Firma stattfinden, Collaborative Business wird als Marktprinzip die Zukunft bestimmen, und es wird ganz viele Unternehmen geben – in Ansätzen erleben wir dies ja bereits –, die neue Services erfinden. Es ist nunmehr technisch möglich, zwei oder mehr Firmen miteinander zu verbinden: Die hohen Übertragungsraten sind vorhanden, und die Software bietet heute Möglichkeiten, an die vor 20 Jahren, vor 10 Jahren, ja selbst vor 2 Jahren noch nicht zu denken war.

Insofern kommt Marktplätzen in der Zukunft eine ganz entscheidende Bedeutung zu. Firmen werden ihren Einfluß und ihre Bedeutung im Markt dazu nutzen, solche Marktplätze mit Volumen zu versorgen. Sie werden auch versuchen – nicht zuletzt weil dies ein profitables Geschäft zu werden verspricht –, diese Marktplätze wesentlich zu beeinflussen. Auf jeden Fall wird es eine ganze Reihe von firmenspezifischen Marktplätzen im Internet geben. Große Unternehmen haben bereits damit begonnen, solche Marktplätze einzurichten; und die Lieferanten dieser Unternehmen werden eingeladen, daran teilzunehmen. Auch für diese kleineren Unternehmen wird dies von Vorteil sein, da eine derartige digitale Verbindung, die auch permanent aufrecht erhalten wird, natürlich von grundlegend anderer Art ist als das Kommunizieren per Telefon, Fax oder gar Brief. Auch der Austausch digitaler Daten über EDI (Electronic Data Interchange) kann mit einer solchen wirklich transaktionalen Verbindung nicht verglichen werden. Meines Erachtens ist die Marktplatz-Technologie, über die wir heute verfügen und die es erlaubt, zwischen Unternehmen eine Kommunikation aufzubauen, die sowohl von Menschen als auch automatisch von Programmen betrieben werden kann, von neuer Qualität.

Es wird neben den Unternehmensmarktplätzen aber auch Marktplätze geben, die von Verbänden initiiert werden; und es wird natürlich Marktplätze geben, die von Staaten getragen sind. Ich sehe eine solche Entwicklung in Deutschland bereits in den Bundesländern. Kurz gesagt, wo immer es eine starke Community mit entsprechender Infrastruktur und »Kundenkreis« gibt – also eine politische Institution, ein Verband, ein Unternehmen mit entsprechender Bedeutung –, ist der Keim für einen elektronischen Marktplatz bereits vorhanden. Und da in diesem Bereich auch Anwendungssoftware und entsprechende Technologien bedeutsam sind, ist er auch für die SAP von erheblichem Belang. Aber nicht allein, weil sich hier ein neues Betätigungsfeld ergibt und damit für die SAP eine weitere Gelegenheit, Geschäftsbeziehungen zu festigen und neue aufzubauen. Diese neuen Anwendungen reichen vielmehr tief in Unternehmen hinein. Sie werden teilweise sogar Anwendungen ablösen, die heute innerhalb eines Unternehmens existieren.

**Beispiel: Wandel der Einkaufssysteme**

Ein Beispiel sind Einkaufssysteme. Einkaufssysteme sind seit über 25 Jahren Bestandteile von Anwendungssystemen in Unternehmen. Alle Einkaufssysteme beruhen darauf, dass sie einen Teil des Marktwissens aufsaugen und in Katalogen innerhalb des Unternehmens abspeichern. Anschließend greifen die Menschen, die einkaufen wollen, auf diese Kataloge zu. Aber, und dies ist ein entscheidender Nachteil, die Unternehmen müssen diese Kataloge ständig pflegen. Jedes Unternehmen pflegt für sich seinen eigenen Lieferantenkatalog, und innerhalb der Lieferantenkataloge wiederum müssen die Produktdaten gepflegt werden.

Eine offensichtlich effizientere Möglichkeit wäre, dass mehrere Unternehmen sich den Pflegeaufwand teilten. Damit wäre einerseits eine Kosteneinsparung erreichbar, auf der anderen Seite könnte eine Qualitätssteigerung damit einher gehen, da mehr Wissen zusammen kommt. In diesem Fall müssten die Kataloge außerhalb der Datenverarbeitung der einzelnen Unternehmen untergebracht werden. Also sie müssten an einem Ort »gehostet«, unterhalten werden, der einem Marktplatz nicht unähnlich ist. Und genau dies geschieht derzeit: Es gibt Kataloghersteller, die einen kompletten Katalog für bestimmte elektronische Bauteile oder einen Katalog für chemische Produkte bauen, pflegen und dann mehreren Firmen anbieten.

**Netzwerk von Katalogen**

Es ist heute technisch aber auch möglich, direkt auf die Angebotskataloge einzelner Unternehmen zuzugreifen. Jede Firma wird über kurz oder lang mit ihrem Produktkatalog ins Internet gehen (müssen). Wenn man auf diese Kataloge direkt zugreifen kann, dann braucht man sie weder im Unternehmen zu pflegen, noch sie für eine Gruppe von Unternehmen pflegen zu lassen. Und wenn die verschiedenen Kataloge der unterschiedlichen Firmen nun noch insofern kompatibel sind, dass man sie elektronisch interpretieren kann, dann müssen sie nicht mehr zusammengeführt werden, sondern werden quasi automatisch als Netzwerk von Katalogen vereinigt. Für mich stellt die Entwicklung vom selbstgemachten Katalog im Unternehmen über den extern gepflegten und den vorgefertigten Katalog hin zum Netzwerk von Katalogen, bei dem die Anbieter den Katalog pflegen, eine generische und fast natürliche Entwicklung dar. In der Bereitstellung von Anwendungen, die Kataloge interpretieren können, liegen also die Möglichkeiten.

Zum Einkauf gehört natürlich in vielen Fällen auch, dass die Konditionen zwischen dem verkaufenden und dem kaufenden Unternehmen geregelt werden müssen. Die verkaufende Firma hat ihre Vorstellung von den Konditionen, die sie ihren Kunden gewährt. Dies hat normalerweise zur Folge, dass ein Vertriebssystem mit entsprechenden Komponenten existiert, das die genannten Konditionen für die verschiedenen Kundenkategorien beinhaltet. Zudem gibt es innerhalb der Kundenkategorien nochmals weitere Unterscheidungen nach Kundenumsatz, nach Bedeutung oder auch nach eigenen Produktgruppen. Jede einkaufende Firma wiederum hat ihre Vorstellung, wie sie einkaufen will; und je nach ihrer Bedeutung und ihren Handelsbeziehungen mit der verkaufenden Firma versucht sie natürlich, ihre Konditionen durchzusetzen. Auch der elektronische Handel wird also in signifikantem Umfang auf spezifischen Konditionen basieren.

Nötig wäre ein System in der Mitte. Selbst wenn man davon ausgeht, dass solche Systeme auf den Marktplätzen lauffähig sind, sie müssen in der Lage sein – auch wenn sie generische Systeme für alle sind –, spezielle Konditionen anzubieten. Und das ist schwierig. Ich glaube deshalb eher, dass ein erheblicher Teil der Software, die im Unternehmen verbleibt, nicht mehr dazu dient, die Gesamtheit der Informationen – also den Katalog – zu pflegen, sondern nur noch die firmenspezifischen Konditionen. Der Katalog selbst dagegen ist Allgemeingut.

**Integration von Marktplatz- und unternehmenseigenen Business-Systemen**

Diese Tendenz ist derzeit unverkennbar und hat sich in den zurückliegenden sechs Monaten rasant beschleunigt. Die SAP wird hier einen wesentlichen Beitrag leisten. Die Entwicklung von Marktplatzsystemen ist bei uns oberste Priorität geworden. Und was für uns als SAP zusätzlich zur Entwicklung dieser neuen Systeme von Bedeutung ist: Wir haben ein spezielles Talent. Wir können diese neuen Systeme so mit den Systemen verknüpfen, die im Unternehmen noch laufen müssen und laufen werden, dass für die Benutzer der Übergang nahtlos ist. Der Benutzer wird in Zukunft nicht mehr wissen, wo genau seine Software läuft.

Stellen wir uns einmal vor, dass die SAP-Anwender im nächsten Jahr bereits ihre Systeme so benutzen werden, als würden sie sich über AOL in Internetsysteme verschiedenster Art einwählen. Über ein einheitliches, von AOL definiertes und gepflegtes Navigationssystem surfen sie zu den verschiedenen Internetangeboten und Anwendungssystemen. Sie werden nicht mehr spüren, ob sie gerade auf einer Produktinformationsdatenbank im Unternehmen, auf einer Datenbank mit Marketinginformationen, die von einem Marktforschungsunternehmen zur Verfügung gestellt werden, oder auf dem oben beschriebenen Katalog arbeiten. Diese Arbeitsweise über verschiedene Systeme hinweg ist etwas wirklich Neues.

Wir haben wahrscheinlich zu lange geglaubt, dass wir bei der Entwicklung unserer Anwendungssysteme alles hinein packen müssen. Das hat dazu geführt, dass wir sogar kleine Erweiterungen in die Warteschlange stellen mussten zusammen mit den großen, die unbedingt zu realisieren waren.

**Primat der funktionalen Integration**

Das Internet hat uns nun eine andere Sichtweise gelehrt: Der Benutzer ist wieder der Besitzer der Programme geworden!

Besitzer in dem Sinne, dass er wieder der Bestimmende ist, und diese Veränderung zeigt sich jetzt ganz deutlich. Wir müssen nicht mehr ein technisch einheitliches und integriertes System anbieten, das auch als eine Einheit installiert und gepflegt wird; wir können mehrere Systeme anbieten, solange wir den Benutzer nicht damit belasten. Das ist das einzige Kriterium, das wichtig ist. Fühlt sich der Benutzer nämlich belastet – etwa durch die unterschiedlichen Navigationsmechanismen oder die unterschiedlichen Darstellungen der verschiedenen Systeme, so dass die verschiedenen Oberflächen Verwirrung stiften –, wird sofort die Forderung nach technischer Integration kommen. Wir als SAP haben aber mit mySAP.com gezeigt, dass wir mit Hilfe der Portaltechnik, die ein wesentlicher Bestandteil unserer Konzeption ist, eine einheitliche Navigation und eine einheitliche Darstellung realisieren können.

Die Portaltechnologie ist eine große Befreiung auch für die SAP als Entwicklungshaus. Sie erleichtert nämlich die Parallelisierung. Wir können schneller mehr entwickeln und eine losere Integration auf der Programmseite anbieten. Mit loserer Integration ist dabei nicht gemeint, dass die Daten zwischen den Systemen nicht mehr ausgetauscht würden, gemeint ist vielmehr, dass der Austausch zwischen physisch voneinander unabhängigen Systemen heute über sich selbst beschreibende Dokumente wie XML das Gleiche leisten kann wie die physische Integration von Systemen. Voraussetzung ist allerdings, dass dabei die funktionale Integration für den Benutzer aufrecht erhalten wird.

In die Zukunft geschaut heißt dies, dass ich für die SAP und die Entwicklung des Unternehmens sehr positiv gestimmt bin. Wie es aussieht, ist der mySAP.com Workplace bereits jetzt sehr akzeptiert. Das Gesamtkonzept, nämlich aus dem Blickwinkel des Anwenders die Welt zu betrachten, hat sich in jedem Fall als richtig erwiesen – beginnend mit der EnjoySAP-Initiative bis hin zum nunmehr vorhandenen SAP-Workplace. Natürlich ist dieser Prozess noch nicht abgeschlossen. Es gibt immer noch Skeptiker, die sich und andere fragen, ob die SAP es schaffen werde, dieses Konzept umzusetzen und sich gegen die Konkurrenz zu behaupten, zumal wenn man sich anschaut, wie hoch doch die jungen Internetunternehmen derzeit bewertet werden.

Ein interessanter Aspekt dabei liegt in der Frage: Sind nur die kleinen Unternehmen schnell genug, um neue Ideen verwirklichen zu können, oder verfügen lediglich die Mega-Mergers, wie wir sie in letzter Zeit verstärkt erlebt haben, über die notwendige kritische Masse für die Bewältigung der Zukunftsaufgaben? Ich bin überzeugt, daß, sobald sich Tendenzen sichtbar gefestigt haben, sobald klar ist, wo der Weg hingeht, die großen Unternehmer zumindest gleich große Chancen haben, langfristig vielleicht sogar die besseren. Worum es jedenfalls geht, ist eine deutliche Steigerung der Qualität unserer digitalen Systeme, und dieses in einem Verbund.

**Trends erkennen und kooperativ agieren**

Daher halte ich es erstens für wichtig, dass große Unternehmen wie die SAP schnell und rechtzeitig erkennen, wie die Trends aussehen. Denn solange die neuen Trends noch nicht erkannt sind, kann man die »Muskeln« der großen Firma noch gar nicht richtig einsetzen. Zweitens muss man erkennen, dass es insbesondere in einem derart dynamischen Markt keinen stabilen Zustand geben wird. Es wird immer wieder Neues kommen; es wird immer wieder etwas kommen, was die gerade erst aufgestellten Prinzipien noch einmal überholt und verbessert. Das heißt, ein Unternehmen, will es überleben, muss vor allem eines besitzen: eine große Offenheit, anderes integrieren zu können und mit anderen zusammenarbeiten zu können.

Die erste Gefahr, die Trends zu übersehen, haben wir als SAP vorerst abgewendet. Ich glaube, dass wir ein klares Bild davon haben, wie die Zukunft in den kommenden drei Jahren aussehen wird. Die zweite Gefahr, nicht offen genug für die Zusammenarbeit mit anderen zu sein, ist weniger ein technologisches als ein mentales, ein firmenkulturelles Problem. Zumal jeder potenzielle Partner die Tendenz hat, sich selbst möglichst schnell zu vergrößern, insbesondere in unserer von Risiko- und Börsenkapital bestimmten Geschäftswelt, wo eben auch die kleinen Unternehmen schnell wachsen und damit die Überlappungsgefahr größer wird. Das macht Partnerschaften schwieriger. Und dennoch: Diese beiden Aspekte, zu erkennen, wohin es geht und darauf seine Energie zu richten, und offen zu sein für Partnerschaften – das sind die notwendigen Voraussetzungen, um diese Integration, die über Firmengrenzen und Anwendungen hinweg geht, anbieten zu können.

**Multimedialität und Informationsvielfalt**

Ich glaube, es ist vielen noch gar nicht richtig klar geworden, worin das wirkliche Potenzial steckt, wenn man Anwendungen verschiedenster Art wirklich mit Point & Click ansteuern und bedienen kann. Bill Gates, bis vor kurzem Vorstandsvorsitzender und jetzt Aufsichtsratschef von Microsoft, hat jahrelang einen Feldzug für Point & Click und Drag & Drop geführt und damit die Office-Anwendungen revolutioniert. Nun geht es aber weit über diese Office-Anwendungen hinaus, genauso wie es über die transaktionalen Geschäftsanwendungen der SAP weit hinaus geht. Nun können Anwendungen mit einer ganz anderen Intelligenz gebaut werden. Ein Beispiel, das wir derzeit in unserem Customer-Relationship-Management-Prototypen zeigen, ist die Verbindung eines sogenannten GIS-Systems (Graphical Information System) mit einem Data Warehouse mit Hilfe von transaktionalen Systemen. In einem nächsten Schritt werden wir auch Informationen damit verknüpfen können, die im Internet zur Verfügung stehen. Mit dieser neuartigen Business-Intelligence-Lösung kann ich mir fast in Denkgeschwindigkeit ein Bild davon machen, wie in einer bestimmten Region der Erde das Verhältnis zwischen Marktpotenzial und Marktdurchdringung aussieht. Außerdem kann ich mir Informationen aus dieser Region und zu den Produkten, die in dieser Region verkauft worden sind, schnell besorgen. Ich kann mit einem Klick in die Struktur hineingehen und herausfinden, wer in dieser Region welche Aufgaben wahrnimmt. Ich kann auf einen Blick feststellen, ob wir rückläufig sind, stagnieren oder gar ein exponentiellen Wachstum vor uns haben; und daraus kann ich sofort Aktionen ableiten – also beispielsweise im Management der Region etwas verändern oder Marketing-Aktionen auf den Weg bringen. Das ist wirklich neu, dass ich diese Fakten sehen kann. Solange ich Datenverarbeitung mache, habe ich das Manko gespürt, daß wir die Information in einem Spreadsheet nicht so unmittelbar verstehen wie das gesprochene Wort oder visuelle Information. Die bildliche Darstellung eines leeren Büros z. B. zeigt mir sofort, dass etwas mit dem Umsatz nicht stimmt.

**Ausbruch aus der abstrakten Datenwelt**

In den zurückliegenden 25 Jahren haben wir uns mit der Datenverarbeitung in einer doch sehr abstrakten Welt bewegt. Wir haben ein schmales digitales Abbild von der Wirklichkeit gebaut. Mit den Möglichkeiten des Internets beginnen wir nun aus dieser abstrakten Welt auszubrechen. Um bei dem Beispiel des GIS-Systems zu bleiben: Es stellt eine ganz andere Qualität von Information dar, wenn ich über ein solches System direkt und unmittelbar auf einer Karte angezeigt erhalte, wie Marktpotenzial und eigenes Verkaufsvolumen zueinander stehen.

Schon während meiner Schulzeit hat mich immer fasziniert, dass man Informationen aus ganz verschiedenen Quellen beziehen kann. Man kann sich einerseits eine Statistik anschauen etwa dazu, wo es Öl auf der Erde gibt. Da erfährt man, daß Saudi Arabien an der Spitze steht und daß es auch in Nigeria Öl gibt. Aber das ist nur irgendwie interessant. Betrachtet man dieselbe Information aber auf einer Landkarte, eröffnen sich zusätzliche Aspekte. Man beginnt also Informationen unterschiedlicher Arten miteinander zu verbinden. Und dies ist etwas ganz anderes als das Lesen eines Spreadsheets, auch wenn es noch so schön nach Prozentzahlen sortiert ist.

Mit dem Internet sind wir nun zum erstenmal wirklich in der Lage, parallel zu unserer kodierten Welt der Datenverarbei-

Möglichkeit mehrdimensionaler Information

tung zwei- oder gar dreidimensionale Informationen anbieten zu können. Allerdings wird deshalb natürlich das Testfahren eines Autos oder das Testhören einer Stereoanlage nicht überflüssig. Es betrifft eher Dinge, die ich als Individuum real nicht erleben kann. Für mich wäre es beispielsweise ein Erlebnis, könnte ich via Internet mit Mika Häkkinen oder Michael Schumacher auf den verschiedenen Rennstrecken der Welt mitfahren. Schon im Fernsehen ist das ein Erlebnis, das sich vom eigenen täglichen Autofahren sehr stark unterscheidet. Die Möglichkeiten des Internets versetzen uns insgesamt in die Lage, Dinge zu erleben, die wir ansonsten real nicht erleben könnten. Eine bemerkenswerte visuelle Umsetzung ist hier meines Erachtens vor Jahren Intel mit den Werbespots zu »Intel inside« geglückt: Sich per Hubschrauber »in« einem Chip zu bewegen, also im Mikrometerbereich oder in noch kleineren Dimensionen diesen Chip vorgeführt zu bekommen, das geht nur auf diese Art und Weise. Die Sinne werden in unser »reales« Erleben einbezogen. Diese Werbespots liefen zwar im Fernsehen und im Kino, aber vom Prinzip her ist dies natürlich auch denkbar für Vorgänge im Internet. Es wird meines Erachtens andere Qualitäten geben, die man im Geschäftsprozess zusätzlich anbieten kann. Ich sehe da eine explosionsartige Entwicklung auf uns zukommen.

Synthese von sinnlicher und abstrakter Erfahrungswelt

Hans-Georg Plaut hat einmal gesagt, ehe man ein Projekt beginnt, müsse man das betreffende Unternehmen besuchen. Wir, die wir Software herstellen, hatten diese Art von Kontakt fast immer als überflüssig erachtet. Wir hatten ein abstraktes Bild von einem Unternehmen, und da die Software ja auch nur ein abstraktes Gebilde ist, sahen wir keine Notwendigkeit, uns mit der Realität zu beschäftigen. Auf die Anregungen von Hans-Georg Plaut hin haben wir damals schließlich auch ein paar Firmenbegehungen gemacht. Und dabei stellten wir fest, dass der reale Eindruck, den man gewinnt, sofort einen Einfluß auf das abstrakte Bild ausübt. Deshalb haben wir in den zurückliegenden Jahrzehnten immer auf die Kundenkontakte unserer Mitarbeiter, auch aus der Entwicklung, besonderen Wert gelegt. Und diese Verbindung zwischen kodierter und realer Welt wird zunehmend wichtiger, da das Internet diesen Vorgang befördert. Sie wird die Welt der Informationsverarbeitung verändern.

Beginnend mit EnjoySAP haben wir wieder gelernt, dass wir die Menschen viel mehr bei ihrer Arbeit beobachten müssen. Wir müssen mit ihnen arbeiten und begreifen, wie sie arbeiten oder wie sie gerne arbeiten würden. Wir dürfen ihnen nicht einfach ein System hinstellen und sagen: Damit müsst ihr zurecht kommen! Mit mySAP.com hat sich die SAP auf diese Sichtweise eingelassen. Diese Sichtweise allein garantiert, dass wir die Verbindung zwischen realer und abstrakter Welt in Kodierung umsetzen können.

**Soziale Chancen in der digitalen Welt**

Nicht zuletzt wegen des Internets dreht sich gleichsam die Erde viel schneller und die Welten kommen einander näher. Was zählt, sind Informationen; und wer schneller als andere über Informationen verfügt, wird zu den Erfolgreichen gehören. Sicherlich gibt es heutzutage viele Menschen, die diesen Trend einfach nicht mitmachen können. In unserer digitalisierten Welt werden bestimmte Talente angesprochen, die nicht jeder in gleichem Maße besitzt. Zudem ist offensichtlich, dass jahrelanges Training in abstraktem Denken – also beim Arbeiten mit Computern und Software – es leichter macht, in dieser Welt zurecht zu kommen. Menschen mit höherer und längerer Ausbildung haben einen ganz klaren Vorteil.

Andererseits ist es so, dass das Internet geografisch unabhängig ist. Das heißt, dass es einen Standortnachteil eigentlich nicht mehr gibt. Wenn die Visionen Realität werden und das Internet die Bedeutung erreicht, die heute Bibliotheken und Archive – vielleicht auch das Fernsehen – haben, dann kann es zur Demokratisierung von Informationen beitragen.

Die Bereitstellung beispielsweise von universitären Inhalten weltweit stellt eine große Chance dar. Und wenn dann noch die Netze so schnell sind, dass wir die Vorlesungen von verschiedensten Universitäten auf der ganzen Welt live verfolgen können, sind wir noch einen Schritt weiter. Technisch denkbar wäre schließlich auch die Integration von Internet und Fernsehen, so dass weltweit ein einziges Informationsnetzwerk entsteht, das alle vorhandenen Informationen allen Menschen zur Verfügung stellt. Das heißt, dass wir in einer nicht allzu fernen Zukunft jedem dasselbe Wissenspotenzial zur Verfügung stellen können. Das heißt aber auch, dass wir dann sicherstellen müssen, dass die Ausbildungsstandards weltweit vergleichbare Qualität haben; schließlich muss jeder verstehen können, dass und wie man dieses Potenzial nutzen kann.

Daran muss gearbeitet werden. Dies ist meines Erachtens die vielleicht größte Herausforderung für die Zukunft: Die Menschheit muss in der Lage sein, ein wirklich weltweites Grundrecht auf Ausbildung zu definieren und auch seine Wahrung zu garantieren.

## Zeittafel Hasso Plattner

| | |
|---|---|
| 21. Januar 1944 | geboren in Berlin |
| 1963–1968 | Studium »Nachrichtentechnik« (TU Karlsruhe), Diplom-Ingenieur |
| 1968–1972 | Mitarbeiter der IBM Deutschland |
| 1. April 1972 | Gründung der SAP |
| 1973–1977 | Konzentration auf die Weiterentwicklung der Finanzbuchhaltung zu einem Standardpaket und dessen Einführung beim Kunden |
| ab 1978 | Konzentration auf die Basistechnologie der SAP-Systeme<br><br>Projektleiter bei der Entwicklung der Dialogsteuerung, Online-Dokumentation, programmierbare Datenerfassungsschnittstellen, Pufferungsalgorithmen, Performanceoptimierung |
| 1979 | Gesamtverantwortung für den Bereich Technologie<br><br>Treibende Kraft bei dem Vorstoß der SAP in den Client-Server-Bereich |
| 1987 | Leitung der Grundlagenarbeiten zur Neuentwicklung der SAP-Systeme |
| 1988 | Vorstandsmitglied (stellv. Vorsitzender) der SAP AG, Softwaretechnologie<br>▶ Anwendungsarchitektur<br>▶ Softwarequalitätssicherung<br>▶ Anwendungen des Rechnungswesens<br>▶ Dokumentation und Übersetzung |
| 1990 | Ehrendoktorhut der Universität Saarbrücken |

| | |
|---|---|
| 1994 | Honorar-Professor an der Universität Saarbrücken<br><br>Lehrbeauftragter für den Fachbereich Wirtschaftswissenschaften |
| 1996 | Plattner bricht mit seiner Hochseeyacht »Morning Glory«, für die er die Steuerungssoftware selbst programmiert hat, den über 20 Jahre gehaltenen Streckenrekord für die Sydney-Hobart-Regatta. |
| 1997 | Computerworld Smithsonian Award<br><br>Vorstandssprecher der SAP AG<br>▶ Entwicklung Basis, Technologie, Branchenlösungen<br>▶ Leiter des Forschungs- und Entwicklungszentrums in Palo Alto, USA |
| 1998 | Aufnahme in die German Hall of Fame (manager magazin)<br><br>Stiftung des Hasso-Plattner-Instituts für Softwaresystemtechnik GmbH (HPI) in Potsdam<br><br>Das Institut soll in Kooperation mit der Universität Potsdam Forschung betreiben und eine wissenschaftliche Ausbildung von Ingenieuren der Software-Systemtechnik ermöglichen.<br><br>Ehrensenator an der Universität Saarbrücken |
| 1999 | Zuständig für die SAP-Internetstrategie mySAP.com, einschließlich Marketing, Kommunikation und Öffentlichkeitsarbeit. |

## Zeittafel SAP

| | |
|---|---|
| 1972 | Gründung der SAP »Systemanalyse Programmentwicklung« als GbR im April durch die ehemaligen IBM-Systemberater Dietmar Hopp, Hasso Plattner, Klaus E. Tschira, Hans-Werner Hector und Dr. Claus Wellenreuther. Sitz der Firma ist Weinheim. Das Büro wird in Mannheim eröffnet, aber die fünf Gründer arbeiten vor allem in den Rechenzentren der Kunden.<br><br>Der erste Auftrag kommt von ICI, einem Chemiefaserwerk in Östringen.<br><br>Das System R wird für ICI entwickelt. »R« steht für Realtime.<br><br>Am Ende des erstes Geschäftsjahres beschäftigt die SAP neun Mitarbeiter; der Umsatz liegt bei 620 000 DM. |
| 1976 | Gründung der SAP GmbH Systeme, Anwendungen, Produkte in der Datenverarbeitung als Assistenz- und Vertriebsunternehmen. Die GbR wird fünf Jahre später aufgelöst und deren Rechte auf die SAP GmbH übertragen. |
| 1977 | Verlegung des Firmen- und Geschäftssitzes von Weinheim nach Walldorf. |
| 1978 | Projekt bei John Deere: Die erste französische Version der Buchhaltung kommt auf den Markt. |
| 1979 | SAP schafft sich den ersten eigenen Siemens-Großrechner mit zwei Megabyte Arbeitsspeicher an.<br><br>Beginn der Entwicklung des Systems R/2. |

| | |
|---|---|
| 1980 | SAP zieht in das erste eigene Gebäude in Walldorf.<br><br>Der SAP-Mitgründer Dr. Claus Wellenreuther verläßt das Unternehmen aus gesundheitlichen Gründen. |
| 1981 | Das vollständig überarbeitete System R wird als R/2 auf den Markt gebracht.<br><br>Erster Messeauftritt der SAP auf der Systems in München. |
| 1982 | Im 10. Jahr des Bestehens liegt der Umsatz bei rund 24 Millionen DM. Über 250 Unternehmen im deutschsprachigen Raum arbeiten mit der SAP-Software. Die Mitarbeiterzahl erreicht die 100er-Marke. |
| 1984 | SAP eröffnet in Biel die erste ausländische Niederlassung, die SAP (International) AG. |
| 1985 | SAP beginnt mit der Entwicklung des neuen Systems R/3. |
| 1986 | SAP ist zum ersten Mal auf der CeBIT in Hannover präsent.<br><br>In Österreich wird die erste SAP-Landesgesellschaft gegründet.<br><br>Der Umsatz erreicht die 100-Millionen-Mark-Grenze. |
| 1987 | Bau des Internationalen Schulungszentrums in Walldorf. |
| 1988 | Umwandlung der SAP GmbH in eine Aktiengesellschaft.<br><br>Die SAP AG geht im Oktober an die Frankfurter Börse.<br><br>Gründung der SAP North America in Philadelphia.<br><br>Dow Chemicals ist der 1000. Kunde der SAP. |

| | |
|---|---|
| 1989 | Erste Benutzer-Konferenz SAPPHIRE in Nordamerika.<br><br>Erste Hauptversammlung im Juni in Karlsruhe.<br><br>Neue benutzerfreundliche Oberfläche für das System R/2. |
| 1990 | Mit der Einheit Deutschlands ist die SAP auch im Osten Deutschlands präsent. Gemeinsam mit Siemens Nixdorf und Robotron gründet die SAP die SRS in Dresden. In Berlin entsteht eine neue Geschäftsstelle der SAP. |
| 1991 | SAP erweitert ihren Vorstand, zu dem nun außer den Firmengründern Prof. Dr. Kagermann gehört.<br><br>Das auf der Client-Server-Technologie basierende System R/3 wird auf der CeBIT vorgestellt. |
| 1992 | Im 20. Gründungsjahr erreicht der Auslandsanteil am Gesamtumsatz von 831 Millionen Mark die 50-Prozent-Marke.<br><br>Einweihung des neues Entwicklungs- und Vertriebszentrums (EVZ).<br><br>Die SAP-Software ist Jahr-2000-fähig. |
| 1993 | SAP geht eine Kooperation mit Microsoft ein. Ein Ziel ist die Portierung des Systems R/3 auf Windows NT.<br><br>Mit dem Aufbau eines Entwicklungszentrums in Foster City (USA) ist die SAP nun auch nahe dem Silicon Valley präsent.<br><br>Den japanischen Markt kann die SAP mit einer R/3-Version in Kanji-Schriftzeichen beliefern.<br><br>Dr. Peter Zencke wird Mitglied des Vorstands. |

| | |
|---|---|
| 1994 | SAP wird die Nr. 1 unter den Herstellern von Unternehmenssoftware.<br><br>Auslieferung des Systems R/3 für Windows NT.<br><br>SAP gewinnt IBM als Kunden für R/3. |
| 1995 | Die SAP-Aktie wird in den DAX aufgenommen.<br><br>Die Deutsche Telekom und Microsoft entscheiden sich für den Einsatz von R/3. Der Auftrag der Deutschen Telekom ist der größte in der Firmengeschichte.<br><br>Hans-Werner Hector verläßt den SAP-Vorstand und wechselt in den Aufsichtsrat. |
| 1996 | SAP stellt gemeinsam mit Microsoft ihre Internetstrategie vor. Über offene Schnittstellen können Internet-Anwendungen mit dem System R/3 gekoppelt werden. R/3 3.1 ist damit die erste internetfähige Business-Software.<br><br>Als neue Plattform steht den Kunden auch die AS/400 von IBM zur Verfügung.<br><br>Die Vereinigung der europäischen Wirtschaftsjournalisten wählt die SAP zum Unternehmen des Jahres.<br><br>Mit Coca-Cola entscheidet sich der größte Hersteller von Softdrinks für den Einsatz von R/3.<br><br>Zahlreiche Kundenveranstaltungen der SAP setzen neue Höchstmarken: Auf der europäischen SAPPHIRE in Wien informieren sich 4 300 Kunden und Interessenten über Produkte und Strategie der SAP, auf der amerikanischen SAPPHIRE zählt die SAP über 8 000 Teilnehmer. |

| | |
|---|---|
| | Bereits zum dritten Mal wird die SAP vom manager magazin zum Unternehmen des Jahres gewählt.<br><br>SAP entwickelt mit ASAP (AcceleratedSAP) eine Methode zur effizienten R/3-Einführung.<br><br>Der SAP-Vorstand wird um drei (stellvertretende) Mitglieder erweitert: Dr. Claus E. Heinrich, Gerhard Oswald und Paul Wahl. |
| 1997 | Hasso Plattner wird gleichberechtigt neben Dietmar Hopp zum Vorstandssprecher der SAP.<br><br>Die SAP feiert ihr 25jähriges Firmenjubiläum.<br><br>SAP und die Software AG gründen gemeinsam das Beratungsunternehmen SAP Systems Integration.<br><br>Strategische Ausrichtung auf Branchen mit dem Aufbau von mittlerweile 20 Industry Solutions.<br><br>25 000 Motorola-Anwender arbeiten mit SAP R/3-HR (Personalwesen).<br><br>Ende des Jahres wird das Release 4.0 des Systems R/3 fertig. |
| 1998 | Führungswechsel: Dietmar Hopp und Dr. h.c. Klaus Tschira, zwei der Gründer der SAP, wechseln im Mai aus dem Vorstand in den Aufsichtsrat, Dietmar Hopp übernimmt dort den Vorsitz. Zum zweiten Vorstandssprecher neben SAP-Gründer Prof. Dr. h.c. Hasso Plattner beruft der Aufsichtsrat Prof. Dr. Henning Kagermann.<br><br>Mit der EnjoySAP-Initiative stellt SAP den Anwender in den Mittelpunkt. |

| | |
|---|---|
| | Neuer Höchststand des SAP-Börsenkurses im Juli: 1325 DM<br><br>Am 3. August Gang an die New York Stock Exchange, die größte Börse der Welt.<br><br>Neue Besucherrekorde auf der europäischen SAPPHIRE in Madrid mit 8000 Teilnehmern und auf der amerikanischen SAPPHIRE in Los Angeles mit 15000 Teilnehmern.<br><br>Mit der Einführung der Produktfamilie New Dimension wird SAP zur Mehrproduktfirma. |
| 1999 | Auf der 6. Europäischen Anwenderkonferenz SAPPHIRE in Nizza stellt Hasso Plattner die neuen Angebote für den elektronischen Handel vor, darunter erstmals die Strategie mySAP.com für die Geschäftsabwicklung über das Internet.<br><br>Eröffnung des mySAP.com-Internetmarktplatzes im Oktober.<br><br>Im Dezember kündigt die SAP mit Chemie- und Pharmakonzernen einen branchenbezogenen mySAP.com-Marketplace an.<br><br>R/3-Release 4.6 mit der neu gestalteten Enjoy-Benutzeroberfläche.<br><br>Über 20000 R/3-Installationen weltweit.<br><br>R/3 läuft auf Linux. |
| 2000 | Die SAP startet ins neue Jahrzehnt mit neuen Börsenrekorden, Höchststand über 850 €.<br><br>SAP und Statoil kündigen die gemeinsame Errichtung des ersten globalen offenen Online-Marktplatzes für die Öl- und Gasindustrie an. |

| | |
|---|---|
| | Seit Januar bietet SAP das Application Hosting mit mySAP.com an.<br><br>Im Mittelpunkt des Auftritts auf der CeBIT 2000 steht mySAP.com, das neue Lösungskonzept der SAP für die optimale Integration aller relevanten Geschäftsprozesse über das Internet. |

| Umsatzentwicklung SAP (in Mio. DM, gerundet) | |
|---|---|
| 1972 | 0,6 |
| 1976 | 4 |
| 1982 | 24 |
| 1988 | 245 |
| 1989 | 367 |
| 1990 | 499 |
| 1991 | 707 |
| 1992 | 831 |
| 1993 | 1101 |
| 1994 | 1831 |
| 1995 | 2696 |
| 1996 | 3722 |
| 1997 | 6017 |
| 1998 | 8472 |
| 1999 | 5110 € |

| Mitarbeiterentwicklung | |
|---|---|
| 1972 | 9 |
| 1976 | 25 |
| 1982 | 100 |
| 1988 | 940 |
| 1989 | 1367 |
| 1990 | 2138 |
| 1991 | 2685 |
| 1992 | 3157 |
| 1993 | 3648 |
| 1994 | 5229 |
| 1995 | 6857 |
| 1996 | 9202 |
| 1997 | 12856 |
| 1998 | 19308 |
| 1999 | 21699 |

# Kleines SAP-Glossar

**ABAP** Advanced Business Application Programming; die SAP-Entwicklungssprache der 4. Generation. Mit dem R/3-Release 4.6 hat die SAP-Programmiersprache ABAP einen weiteren Evolutionsschritt getan und ist zu ABAP Objects geworden, einer Sprache, in der alle wichtigen Konzepte der objektorientierten Programmierung realisiert sind.

**AcceleratedSAP** AcceleratedSAP (ASAP) ist eine standardisierte Einführungsmethode, in der die neuesten Erkenntnisse für die Implementierung von R/3 integriert sind. Mit ASAP lassen sich der Zeitbedarf einer R/3-Einführung um bis zu 50 % minimieren, die Qualität verbessern und mit der effizienten Nutzung von Ressourcen die Kosten auf ein Minimum reduzieren.

**Advanced Planner and Optimizer** APO ist eine Software-Lösung für ein dynamisches Supply Chain Management. Anwendungen für die Feinplanung, Optimierung und Terminierung ermöglichen eine präzise und globale Überwachung und Steuerung der Logistikkette über die Grenzen des eigenen Unternehmens hinaus. APO umfasst die Module »Supply Chain Cockpit«, »Absatzplanung«, »Supply Network Planning and Deployment«, »Produktions- und Feinplanung« sowie »Globale Verfügbarkeitsprüfung« (siehe Available-to-Promise). Durch den kombinierten Einsatz von APO und Business Information Warehouse (BW) können SAP-Kunden Performance und Kosten entlang der gesamten Logistikkette optimieren.

**APO** siehe Advanced Planner and Optimizer

**Application Hosting** Neues Outsourcing-Modell, nach dem Unternehmen ihre Hard- und Software nicht mehr im eigenen Haus betreiben, sondern an entsprechende Dienstleistungsunternehmen auslagern und nur noch für die jeweils benötigten Anwendungen bezahlen. Ziel ist es, Kosten sowohl für Hard- und Software als auch für EDV-Mitarbeiter zu senken.

**ASAP** siehe AcceleratedSAP

**Available-to-Promise** Mit der Globalen Verfügbarkeitsprüfung (Global Available-to-Promise) lassen sich Angebot und Nachfrage weltweit aufeinander abstimmen. Diese Anwendung überprüft die Verfügbarkeit von Materialien und Komponenten in den Distributionszentren, Produktionsbetrieben sowie an den Lagerstandorten – systemübergreifend, simultan und auf unterschiedlichsten Ebenen.
Siehe auch Advanced Planner and Optimizer.

**BAPI** Abkürzung für Business Application Programming Interface. Die von der SAP entwickelten BAPIs sind offene und herstellerunabhängige Schnittstellen zur Manipulation von Geschäftsobjekten in verteilten Systemen. Als Objekt-Methoden lösen BAPIs Transaktionen in entfernten Anwendungen aus und übernehmen einen möglichen Rückgabewert in die eigene Applikation.

**Branchenlösungen** siehe Industry Solutions

**Business Framework** Integrierte, offene, komponentenbasierte Produktarchitektur, die sowohl die betriebswirtschaftlichen Anwendungskomponenten des R/3-Systems als auch Produkte und Technologien anderer Hersteller umfasst. Das SAP Business Framework erleichtert die Durchführung von System-Upgrades und Wartungen, ermöglicht eine enge Interaktion von R/3, Altsystemen, kundenspezifischen Anwendungen sowie Lösungen anderer Hersteller und bietet eine flexible Plattform für die Umsetzung von Veränderungen.

**Business Information Warehouse** Data Warehouse der neuen Generation zur Unterstützung von strategischen und operativen Unternehmensentscheidungen. Es verbindet modernste Warehousing-Technologie mit vorkonfigurierten betriebswirtschaftlichen Inhalten (Business Content) und bietet einen umfassenden Überblick über unternehmensinterne und relevante externe Daten. Das SAP Business Information Warehouse umfaßt eine große Auswahl an vordefinierten Berichtsschemata, die auf die besonderen Anforderungen bestimmter Branchen und Anwendergruppen, z. B. Produktionsplaner, Finanzcontroller, Personaldirektoren, zugeschnitten sind.

**Business Intelligence** Die SAP Business Intelligence-Lösung bietet ein umfassendes, geschlossenes System, mit dem man geschäftsrelevante Entscheidungen treffen, diese Entscheidungen in die operationalen Systeme einbetten und anschließend die Ergebnisse überwachen kann. Bei der Informationserstellung werden operationale Daten, analytisches und kontextbezogenes Wissen miteinbezogen. Die Grundlage für die SAP Business Intelligence-Lösung bilden zum einen die quantitativen Informationen aus dem System R/3. Zum anderen analytisches Wissen, das von anderen Applikationen stammt wie dem SAP BW. Und als drittes werden kontextbezogene Informationen von den SAP Knowledge Management-Applikationen geliefert wie der SAP Information Database (SAP InfoDB). Zusammen tragen diese drei Säulen das gesamte Unternehmenswissen. Das »Wissensdach« auf diesen drei Säulen bilden zusätzliche analytische Applikationen, wie sie im SAP SEM enthalten sind.

**Business-Szenarien** Bei den Business-Szenarien handelt es sich um überbetriebliche Geschäftsprozesse, mit denen Mitarbeiter Geschäfte elektronisch abwickeln können. Business-Szenarien bieten Beispiele für die Möglichkeiten von mySAP.com und dienen als Vorlagen für die Entwicklung eigener Internet-Geschäftsprozesse. Damit unterstützen die Business-Szenarien die Benutzer nicht nur dabei, ihre Rolle bei der geschäftlichen Nutzung des Internets zu verstehen, sondern sind auch beim Einstieg in die Internet-Geschäftswelt behilflich.
Siehe auch mySAP.com.

**Business-to-Business Procurement** SAP Business-to-Business Procurement (SAP BBP) ist eine innovative Komplettlösung für den Einkauf via Internet. Mit SAP BBP hat jeder autorisierte Mitarbeiter die Möglichkeit, über eine bedienungsfreundliche, webbasierte Oberfläche direkt von seinem Arbeitsplatz aus Waren und Dienstleistungen eigenständig zu beschaffen.

**BW** siehe Business Information Warehouse

**B2B** siehe Business-to-Business Procurement

**Collaboration** Neue Stufe der integrierten Geschäftsabwicklung zwischen Unternehmen. Ziel von mySAP.com ist es, diese neue Stufe der Kooperation zu fördern. Vorgänge, die bislang aus mehreren Transaktionen bestanden, können via Internet und über das Marketplace-Portal von mySAP.com in einem Schritt bearbeitet werden.

**Community** Gruppe von Personen oder Unternehmen mit gemeinsamen Interessen, die zum Erreichen ihrer Ziele aktiv kommunizieren und/oder zusammenarbeiten. Communities, die das WWW als Kommunikationsinfrastruktur einsetzen, bezeichnet man auch als virtuelle Communities. Auch die Personen und Unternehmen im SAP-Umfeld stellen eine Community bzw. Business-Community dar. Als Komponenten des Systems mySAP.com werden Dienstleistungen und Anwendungen diese Community unterstützen. Unter www.mysap.com hat die SAP zudem ein Portal für Business-Communities eingerichtet.

**CRM** siehe Customer Relationship Management

**Customer Relationship Management** SAP Customer Relationship Management (CRM) unterstützt sämtliche Geschäftsprozesse, an denen Kunden und externe Geschäftspartner beteiligt sind. Als umfassendes Produkt für alle Anwender mit Kundenkontakt beinhaltet SAP CRM Lösungen für Vertrieb

(SAP Sales), Service (SAP Service) und Marketing (SAP Marketing). Dabei handelt es sich zum einen um vorhandene Funktionen des Systems SAP R/3 wie Customer Service, zum anderen um neue Komponenten wie Mobile Sales, Mobile Service, Customer Interaction Center sowie Internet Sales. CRM- und Internetszenarien verschmelzen immer mehr. Diesem Aspekt trägt SAP durch die Integration von SAP CRM in das System mySAP.com Rechnung. Konkret: Die CRM-Lösungen ermöglichen auch die Interaktion, wie z. B. Einkauf, zwischen Unternehmen und Geschäftspartnern per Internet.

**Employee Self-Service** Ermöglicht die aktive Einbeziehung von Mitarbeitern in Geschäftsprozesse der Personalwirtschaft (HR). Sie können bestimmte Daten zeit- und standortunabhängig über einen einfach zu bedienenden Web-Browser anzeigen lassen, anlegen oder pflegen. Kunden und Mitarbeiter profitieren von aktuellen Daten, während die Personalabteilung von zeitraubenden Erfassungsaufgaben befreit ist und sich auf strategische Aufgaben konzentrieren kann.

**EnjoySAP** Mit der EnjoySAP-Initiative richtet die SAP ihre Software konsequent am Nutzen der Anwender aus. Die Software ist dadurch leichter zu erlernen, schneller zu bedienen und besser an die spezifischen Arbeitsanforderungen anzupassen. Im Rahmen dieser Initiative hat die SAP einen ganzheitlichen Ansatz zur Gestaltung von optisch attraktiven, interaktiven und persönlichen, rollenbezogenen Benutzerschnittstellen entwickelt. Die Ausrichtung der Software am persönlichen Arbeitsstil des Anwenders resultiert in einer höheren Benutzerzufriedenheit. Einarbeitungszeiten werden verkürzt, Schulungskosten gesenkt, und die Vorteile betriebswirtschaftlicher Standardsoftware stehen so einem breiten Benutzerkreis zur Verfügung.

**Enterprise Resource Planning** Die SAP zählt zu den Begründern des Marktes für betriebswirtschaftliche Anwendungssoftware (Enterprise Resource Planning, ERP). Die Vision der siebziger Jahre, Geschäftsprozesse im Dialog mit dem Computer zeitnah zu bearbeiten und kontinuierlich zu optimieren, wurde mit den Produkten der SAP zur Realität. Mit dem System R/3 setzt die SAP weltweit technologische und betriebswirtschaftliche Maßstäbe: R/3 ist eine Familie integrierter Komponenten (z. B. Produktion, Vertrieb, Controlling, Personalwirtschaft), die als Ganzes oder stufenweise eingesetzt werden können. Mehr als 20 000mal installiert, wird R/3 von Unternehmen und Organisationen unterschiedlichster Branchen und Größen genutzt. Eine international vernetzte Service-Organisation betreut die Kunden der SAP rund um die Uhr und rund um die Welt. R/3 ist internetfähig und lässt sich mit der Software von Drittanbietern und kundeneigenen Entwicklungen leicht verknüpfen.

**ERP** siehe Enterprise Resource Planning

**ESS** siehe Employee Self-Service

**IDES** International Demonstration and Education System; im R/3-System vollständig entwickeltes und integriertes Modellunternehmen, das der SAP auf internationaler Ebene als Basissystem für interne und externe Schulungen dient.

**Industry Solutions** Viele Kunden der SAP erwarten eine gezielte Software-Unterstützung ihrer branchenspezifischen Geschäftsprozesse. Seit 1997 hat die SAP daher 13 Industry Business Units (IBUs) aufgebaut. Sie tragen die Produktverantwortung für eine oder mehrere der bisher 20 Industry Solutions. Diese Branchenlösungen sind auf der Grundlage des Systems R/3 entstanden und werden im engen Kontakt mit Kunden und Partnern ständig weiterentwickelt. Ein Ergebnis dieser Zusammenarbeit sind »Baupläne« für Geschäftsprozesse einer Branche – die sogenannten Solution Maps. Sie erleichtern die systematische Umsetzung von umfassenden Informationstechnologie-Lösungen aus standardisierten und unternehmensspezifischen Komponenten. Mit der strategischen Ausrichtung auf Branchen erfüllt die SAP wachsende Marktanforderungen im Hinblick auf die Individualität und Integrationsfähigkeit von Softwarelösungen.

**Internet Transaction Server** Schnittstelle zwischen dem R/3-System und dem Internet. Der Internet Transaction Server (ITS) erlaubt es Benutzern im Internet und im Intranet, direkt mit dem R/3-System zu kommunizieren, indem sie betriebswirtschaftliche Transaktionen, Funktionsbausteine und Reports als Internet-Anwendungskomponenten (IACs) starten.

**ITS** siehe Internet Transaction Server

**LES** siehe Logistics Execution System

**Logistics Execution System** Teil von SAPs Supply-Chain-Management-Lösung, der Produktion, Beschaffung, Lager, Distribution, Transport und Verkauf miteinander verbindet. SAP LES besteht aus zwei Anwendungen: Transportation Management und Warehouse Management.

**Marketplace** Im Kontext der Initiative mySAP.com ein Ort auf dem WWW, in dem Communities Waren und Dienstleistungen elektronisch austauschen können. SAP stellt einen solchen »Marktplatz« unter der URL www.mysap.com zur Verfügung.
Siehe auch mySAP.com.

**mySAP.com** Neues Produkt der SAP zur bestmöglichen Nutzung der Möglichkeiten, die das Internet bietet. Ziel ist es, Kundenbeziehungen durch die verstärkte Zusammenarbeit von Communities zu stärken, indem Zugriffsmöglichkeiten rund um die Uhr und rund um den Globus gewährt werden.
mySAP.com sollte jedoch nicht verwechselt werden mit dem Portal www.mysap.com, das den Zugang zum Marketplace bildet und somit eine Komponente von mySAP.com darstellt.
mySAP.com besteht aus vier Kernbereichen:

- Dem Marketplace, einem offenen elektronischen Marktplatz für Geschäftspartner, über den unternehmensübergreifende Kauf-, Verkaufs- und Kommunikationsprozesse abgewickelt werden können.
- Dem Workplace, einem Unternehmensportal, das dem Benutzer eine browserbasierte, personalisierte Arbeitsum-

gebung mit allen Funktionen zur Verfügung stellt, die er zur Erledigung seiner täglichen Arbeit benötigt.

- Den mySAP.com-Business-Szenarien, die unternehmensübergreifende, rollenbasierte Business-to-Business- und Business-to-Consumer-Lösungen bereitstellen, sowohl durch SAP-Anwendungen als auch durch Anwendungen anderer Anbieter.
- Dem webbasierten Application Hosting, das über eine schnelle, kostensparende Bereitstellung von Anwendungen die gesamte Bandbreite der mySAP.com-Lösungen zur Verfügung stellt.

**New Dimension** Mit »New Dimension« hat die SAP eine Produktoffensive gestartet, die erweiterten Kundenbedürfnissen gerecht wird und hohes Wachstumspotential verspricht. Die speziellen Lösungen steuern und optimieren logistische Prozeßketten über Unternehmensgrenzen hinweg (SAP Supply Chain Management); operative Daten werden zu entscheidungsrelevanter Information zusammengefaßt und verdichtet, um flexibel auf veränderte Märkte zu reagieren (SAP Business Information Warehouse); Mitarbeiter eines Unternehmens können zeit- und kostensparend vom eigenen Schreibtisch aus Waren und Dienstleistungen beschaffen (Business-to-Business Procurement); das Management trifft strategische Entscheidungen auf einer fundierteren Informationsgrundlage (SAP Business Intelligence Software). Diese und andere Initiativen setzen auf der Kernkompetenz des Systems R/3 auf, sind aber eigenständige Lösungen.

**Pandesic** Von Intel und SAP America gemeinsam entwickelte und vermarktete Komplettlösung aus Hardware, Software und Services für den elektronischen Handel im Internet. Pandesic basiert auf einer Teilmenge der in R/3 enthaltenen Geschäftsprozesse und wendet sich an kleinere und mittlere Unternehmen.

**Personalisierung** Meint die Anpassung von Software an die individuellen Anforderungen eines Benutzers. Innerhalb des

Workplace-Konzepts beschreibt Personalisierung eine Applikation auf dem Bildschirm eines Anwenders, die mit einem Web-Browser zusammenarbeitet und einen personalisierten, rollenspezifischen Blick auf das gesamte Geschäftsszenario bietet. Dieses Szenario beinhaltet Marktplätze, Anwendungen, Services, die vom Arbeitgeber über das Intranet oder über das Internet zur Verfügung gestellt werden.

**Portal** Neue Bezeichnung für eine Website, die als Einstiegspunkt für eine strukturierte Präsentation von Suchfunktionen und Inhalten dient. Heute gibt es Portale für eine Vielzahl von verschiedenen Communities sowie Internet-Portale wie das SAPNet. www.mysap.com, als Teil des neuen Produkts mySAP.com, ist ebenfalls ein Portal.

**Rolle** Im Kontext von mySAP.com beschreiben Rollen ein Set von Aktivitäten, das für ein Business-Szenario benötigt wird. Rollen wie beispielsweise HR-Manager oder Handelsvertreter richten sich nach den individuellen Aufgaben im Unternehmen und beantworten die Frage: Wie erledige ich meine Arbeit? Mitarbeiter können bei ihrer Arbeit verschiedene Rollen ausfüllen. Der Workplace bietet einen rollenbasierten Blick auf alle Funktionen, die der Anwender für sein Business-Szenario braucht.

**SAP InfoDB** Die SAP Information Database ist Bestandteil der SAP Knowledge Management-Lösung.
Siehe auch Business Intelligence.

**SAP Knowledge Management** Die SAP-Lösung für einen kontinuierlichen und optimalen Know-how-Transfer im Unternehmen. Sie enthält die kompletten SAP-Schulungskurse, multimediale Selbstlerneinheiten, umfassende technische Enzyklopädien und ein spezielles Dokumentenverwaltungssystem, mit dem auch eigene Schulungen erstellt und verwaltet werden können.

**SAP Marketing** SAP Marketing ist Teil der Customer-Relationship-Management-Lösung der SAP und stellt die Werkzeuge und Funktionen bereit, die Marktstrategen benötigen, um Vermarktungsprogramme wirksamer zu planen, umzusetzen, auszuwerten und zu integrieren. SAP Marketing bietet Segmentanalyse, datenbankgestützte Marktanalyse und Marktforschung. Produkt- und Markenmanager können mit Hilfe dieser Analyseinstrumente Zielmärkte identifizieren und die Wirkung von Vermarktungsprogrammen auswerten.

**SAP Sales** Das Produkt aus der SAP Customer Relationship Management-Lösung unterstützt Vertrieb und Aussendienst eines Unternehmens. Vom Erstkontakt mit dem Kunden bis zur Auftragsnachbearbeitung wird der gesamte Vertriebsprozeß vollständig abgebildet und effizient geplant und gesteuert. Ziel ist es, ein hohes Maß an Flexibilität zu erreichen sowie eine ausgeprägte Kundenorientierung und -bindung.

**SAP Service** SAP Service ermöglicht Servicemitarbeitern, Kundenprobleme schnell und kompetent zu lösen. SAP Service unterstützt sämtliche Service-Szenarien: vom Service vor Ort über die Betreuung durch Call-Center-Mitarbeiter bis zum Self-Service im Internet. Alle Szenarien zeichnen sich durch eine enge Integration mit dem System R/3 aus. Dies erleichtert die kompetente und schnelle Abwicklung von Servicevorfällen: Der Servicemitarbeiter hat zum einen Zugriff auf umfassende Kunden- und Servicedaten, zum anderen kann er direkt den notwendigen Workflow im System R/3 anstoßen.

**SAPNet** Das Intranet-Portal der SAP. SAPNet steht über eine rollenspezifische Sicht auch Partnern und Kunden zur Verfügung. Mitarbeiter können SAPNet über Personalisierungsfunktionen individuell einrichten und als Eingangskorb sowie zentralen Einstiegspunkt für Employee Self-Service und Beschaffungsfunktionen nutzen.

**SEM** siehe Strategic Enterprise Management

**Solution Maps** »Wegweiser« zu einem maßgeschneiderten, umfassenden Branchensystem – verschafft dem Unternehmen einen Überblick über branchenspezifische Geschäftsprozesse. Solution Maps wurden von branchenbezogenen User Groups, Partnern und SAP-Entwicklungsteams gemeinsam erstellt, um die Anforderungen einzelner Branchen zu definieren.
Siehe auch Industry Solutions.

**Strategic Enterprise Management** Gruppe von Werkzeugen und Prozessen, über die leitende Mitarbeiter und Führungskräfte unternehmensweit wertschöpfungsorientierte Managementverfahren einführen können. SAP SEM liefert eine integrierte Echtzeit-Sicht der Leistungsindikatoren eines Unternehmens über alle Organisationsstrukturen hinweg. Damit können Führungskräfte den Unternehmenswert sowohl beurteilen als auch steigern.

**Supply Chain Management** Die aktive Abwicklung der gesamten Logistikkette (Supply Chain) vom Lieferanten bis zum Kunden. Die SAP unterstützt ihre Kunden durch Lösungen, die Informationen und Entscheidungen aus der gesamten Logistikkette in eine nahtlose, automatisierte und optimierte Informationsinfrastruktur integrieren. Im Rahmen des Supply Chain Managements liefert SAP die Anwendungen SAP Advanced Planner and Optimizer (APO) und SAP Logistics Execution System (LES) aus.

**TeamSAP** Initiative der SAP, die Mitarbeiter und Partner, Prozesse und Produkte kombiniert – unter der Zielsetzung, R/3 mit besseren Ergebnissen, in kürzerer Zeit, zu niedrigeren Kosten und zum größeren Nutzen anbieten zu können.

**ValueSAP** Value SAP ist ein ganzheitlicher Ansatz, der Methoden, Werkzeuge und Erfahrungen der SAP (z.B. AcceleratedSAP, TeamSAP) zu einer durchgängigen Infrastruktur integriert. Ziel ist es, dass SAP-Lösungen schnell zur Wertschöpfung in Unternehmen beitragen.

**Workplace** Von SAP geprägte Bezeichnung für eine Anwendung am Arbeitsplatz eines Mitarbeiters, die mit einem Web-Browser verbunden ist und eine personalisierte, rollenspezifische Sicht auf die betriebswirtschaftlichen Abläufe im Unternehmen bietet. Hierzu gehören Marketplaces und Anwendungen sowie Leistungen, die der Arbeitgeber über das Intranet und andere Unternehmen über das Internet bereitstellen.
Siehe auch mySAP.com.

**XML** Abkürzung für eXtensible Markup Language. Datenformat für den strukturierten Datenaustausch über das WWW. XML selbst ist keine Beschreibungssprache wie HTML, sondern eine Art Metasprache, mit der andere spezialisierte Sprachen erzeugt werden können. XML-Dokumente werden verstärkt eingesetzt, um die Zusammenarbeit zwischen Unternehmen, d. h. den Austausch geschäftlicher Dokumente über das Internet, zu ermöglichen.

# Index

**C**



**D**

**N**



**O**



**P**

## T



## U

## Business Roadmap

Die Reihe SAP Business Roadmap vermittelt spezifisches Prozeß- und Branchenwissen und zeigt Ihnen die Wege, wie Sie mit der SAP-Software Ihre betrieblichen Abläufe effektiv gestalten können.

Britta Stengl,
Reinhard Ematinger

**Instandhaltung mit SAP R/3**

Rollenbasierte Geschäftsprozeßoptimierung mit PM

350 S., geb., mit CD
99,90 DM
ISBN 3-934358-11-X

Michael Hölzer,
Michael Schramm

**Qualitätsmanagement mit SAP R/3**

Prozeßmodellierung, Customizing, Anwendung von R/3-QM

500 S., geb., mit CD
99,90 DM
ISBN 3-934358-07-1

Sandra Brinkmann,
Axel Zeilinger

**Finanzwesen mit SAP R/3**

Betriebswirtschaftliches Customizingwissen für SAP R/3-FI

300 S., geb.
89,90 DM
ISBN 3-934358-06-3

Henning Kagermann,
Gerhard Keller

**SAP-Branchenlösungen**

Business Units erfolgreich managen

300 S., geb.
99,90 DM
ISBN 3-934358-44-6

Das Buch nimmt seinen Ausgang bei der Darstellung der unterschiedlichen Märkte und der Wandlungen, denen sie durch das Internet unterliegen. In diesem Kontext werden dann die einzelnen Branchenlösungen (IBU) der SAP vorgestellt. Zahlreiche Fallstudien dokumentieren deren Funktionalität und Einsatzspektrum und vermitteln Erfahrungen aus Implementierungsprojekten. Entscheider in Unternehmen, Berater und Manager erhalten authentische Informationen über die Produktstrategie der SAP für das nächste Jahrhundert.

SAP PRESS

SAP PRESS ist eine Gemeinschaftsinitiative von SAP und Galileo Press.

Die Deutsche Bibliothek – CIP-Einheitsaufnahme
Ein Titelsatz für diese Publikation ist bei der Deutschen Bibliothek erhältlich

**ISBN 3-934358-55-1**


1. Auflage 2000

Der Name Galileo Press geht auf den italienischen Mathematiker und Philosophen Galileo Galilei (1564-1642) zurück. Er gilt als Gründungsfigur der neuzeitlichen Wissenschaft und wurde berühmt als Verfechter des modernen, heliozentrischen Weltbilds. Legendär ist sein Ausspruch **Eppur se muove** (Und sie bewegt sich doch). Das Emblem von Galileo Press ist der Jupiter, umkreist von den vier Galileischen Monden. Galilei entdeckte die nach ihm benannten Monde 1610.

**Lektorat** Tomas Wehren, Oliver Knapp
**Textredaktion** Michael Hoffmann, Saarbrücken, Dr. Bernd-Uwe Pagel, Walldorf
**Einbandgestaltung** Hommer Design Production, Haar
**Titelbild** SAP AG
**Herstellung** Petra Strauch, Bonn
**Satz** Petra Strauch, Bonn
**Druck und Bindung** Bercker Graphischer Betrieb, Kevelaer